Leiter, Halbleiter, Supraleiter

Rudolf Huebener

Leiter, Halbleiter, Supraleiter

Eine kompakte Einführung in Geschichte, Entwicklung und Theorie der Festkörperphysik

2. Auflage

Springer Spektrum

Rudolf Huebener
Fakultät für Mathematik und Physik
Universität Tübingen
Tübingen, Deutschland

ISBN 978-3-662-53280-5 ISBN 978-3-662-53281-2 (eBook)
DOI 10.1007/978-3-662-53281-2

Die Deutsche Nationalbibliothek verzeichnet diese Publikation in der Deutschen Nationalbibliografie; detaillierte bibliografische Daten sind im Internet über http://dnb.d-nb.de abrufbar.

Springer Spektrum

Planung: Lisa Edelhäuser

Gedruckt auf säurefreiem und chlorfrei gebleichtem Papier

Springer Spektrum ist Teil von Springer Nature
Die eingetragene Gesellschaft ist Springer-Verlag GmbH Germany
Die Anschrift der Gesellschaft ist: Heidelberger Platz 3, 14197 Berlin, Germany

Vorwort zur zweiten Auflage

Die zweite Auflage ist ein erweiterter Nachdruck der ersten Auflage. In mehreren Kapiteln wurde die mathematische Behandlung der verschiedenen Themen ergänzt. Ein Abschnitt über magnetische Verunreinigungen und den Kondo-Effekt sowie eine Bibliografie wurden hinzugefügt.

Der Autor dankt Silvia Haindl und Vladimir Kresin für detaillierte Hinweise für mögliche Erweiterungen des Buches. Thomas Dahm und Nils Schopohl ist er dankbar für klärende Diskussionen und Hinweise.

Rudolf Huebener

Tübingen, Deutschland
im März 2016

Vorwort zur ersten Ausgabe

Nur wenige wissenschaftlich-technische Entwicklungen des letzten Jahrhunderts haben unser heutiges Leben ähnlich stark beeinflusst wie die spektakulären Erkenntnisfortschritte bei den elektronischen Eigenschaften der festen Stoffe. Viele der gegenwärtigen Errungenschaften hängen auf das Engste mit diesen Fortschritten zusammen. Um nur einige zu nennen: der Transistor und seine extreme Miniaturisierung in der Mikroelektronik, die elektronische Datenverarbeitung und die hoch entwickelten, enorm leistungsfähigen Computer, das Mobiltelefon und die Satellitenkommunikation, Fernsehen und Unterhaltungselektronik sowie zahlreiche Instrumente und Systeme in der Medizintechnik.

Letztendlich ist der Schauplatz all dieser Ereignisse des Fortschritts die Welt der Elektronen in Kristallen, wobei auch die (quantisierten) Schwingungen des Kristallgitters immer wieder ihre Wirkung zeigen. Die umwälzenden Erkenntnisfortschritte sind mit vielen Einzelpersönlichkeiten verknüpft. Häufig war auch ein regelrechter Paradigmenwechsel notwendig, um die neuen Erkenntnisse richtig zu ordnen. Daher überrascht es auch nicht, dass die Pioniere mit ihren neuen Ideen fast in der Regel zunächst große Schwierigkeiten und Ablehnung überwinden mussten, bevor das Neue langsam akzeptiert wurde. In bestimmten Fällen war auch eine gezielte Forschung in großen Industrielaboratorien der Schlüssel zum Fortschritt. Dies wird besonders durch die Erfindung des Transistors in den amerikanischen Bell-Laboratorien eindrucksvoll verdeutlicht.

Das vorliegende Buch ist eine stark überarbeitete und ergänzte Ausgabe des vor knapp zehn Jahren vom selben Autor erschienenen Titels *Kristalle: Spielfeld der Elektronen*. Insbesondere wurden die physikalischen Inhalte durch die mathematisch formulierten Grundlagen verdeutlicht. Das Buch richtet sich an Studenten der Naturwissenschaften und besonders der Physik sowie an Ingenieure als Einführung in das weite Gebiet der Festkörperphysik, sozusagen als motivierende Vorstufe zu den etablierten und sehr ausführlichen Lehrbüchern.

Neben den physikalischen Inhalten behandelt das Buch die wichtige Rolle zahlreicher berühmter und oft noch sehr junger Wissenschaftler. Durch entsprechende Ergänzungen wird in dem Buch versucht, die grundlegenden Entwicklungen in ihrem weiteren Umfeld darzustellen.

Marius Orlowski, Virginia Polytechnic Institute, Blacksburg, Virginia, bin ich für wichtige Ratschläge dankbar. Vera Spillner und Martina Mechler im Lektorat von Springer Spektrum danke ich für ihre exzellente Unterstützung.

Tübingen
im September 2012

Rudolf Huebener

Inhaltsverzeichnis

Verwendete Symbole zur mathematischen Abkürzung

a	Abstand der benachbarten Atome oder Bausteine im Kristallgitter
e	elektrische Elementarladung
f	Federkonstante
$\mathbf{f}_L$	Lorentz-Kraft
h	Stunde
h	Planck'sche Konstante
$\hbar$	$h/2\pi$
j	elektrische Stromdichte
j_s	Suprastromdichte
k	Wellenzahl $= 2\pi/\lambda$
$\mathbf{k}$	Wellenvektor $= k_X + k_Y + k_Z$
k_Z	Komponente des Wellenvektors in z-Richtung
$\mathbf{k}_F$	Fermi-Wellenvektor
k_B	Boltzmann'sche Konstante
ℓ	freie Weglänge
$m = m_e$	Elektronenmasse
m_h	Masse der Löcher
m_c	Zyklotronmasse der Elektronen
n	Elektronenkonzentration
n_s	Dichte der supraleitenden Elektronen
p	Löcherkonzentration
$\mathbf{r}$	Gittervektor
$\mathbf{r}$	Elektronenkoordinate
t	Zeit
v_D	Driftgeschwindigkeit
v_F	Fermi-Geschwindigkeit
z	Gütefaktor
mA	Milliampère
mg	Milligramm
nm	Nanometer $= 10^{-9}$ Meter
µm	Mikrometer $= 10^{-6}$ Meter

eV	Elektronenvolt (Energieeinheit)
$\mathbf{A}$	Vektorpotenzial
$\mathbf{B}$	magnetische Flussdichte
C_V	spezifische Wärme bei konstantem Volumen
D_2	Zustandsdichte im zweidimensionalen Fall
D_e	Zustandsdichte pro Volumen
E	Energie
$\mathbf{E}$	elektrisches Feld
F	Freie Energie
$\mathbf{G}$	Vektor im reziproken Gitter
G	Dichte der Freien Gibbs-Energie
G_o	Einheit des quantisierten Leitwerts
GeV	Giga-Elektronenvolt $= 10^9$ eV
GHz	Giga-Hertz $= 10^9$ pro Sekunde
H	Magnetfeld
H_C	kritisches Magnetfeld der Supraleitung
H_{C1}	unteres kritisches Magnetfeld der Supraleitung
H_{C2}	oberes kritisches Magnetfeld der Supraleitung
I	elektrischer Strom
I_C	kritische elektrische Stromstärke der Supraleitung
I_g	Generationsstrom
I_r	Rekombinationsstrom
J	Austauschintegral
K	Kelvin
$\mathbf{K}$	Wellenvektor der Phononen
L	Lorenz-Zahl
$\mathbf{L}$	Bahn-Drehmoment
M	Magnetisierung
N	Zahl der Kristallatome
R	elektrischer Widerstand
R_H	Hall-Konstante
S	Seebeck-Koeffizient
$\mathbf{S}$	Spin-Drehmoment
S_m	Mischungsentropie
T	Temperatur
T_C	kritische Temperatur der Supraleitung
T_D	Debye-Temperatur $= h\nu_D/k_B$
T_{CU}	Curie-Temperatur
THz	Tera-Hertz $= 10^{12}$ pro Sekunde
U	gesamte Schwingungsenergie im Kristall
U	innere Energie
V	Volumen
V	elektrische Spannung
α	Polarisierbarkeit
δ	Streuwinkel

κ	Wärmeleitfähigkeit
κ_e	Wärmeleitfähigkeit der Elektronen
κ_G	Wärmeleitfähigkeit des Kristallgitters
θ	Debye-Temperatur
ε	Elektronenenergie
ε_F	Fermi-Energie
λ	Wellenlänge
λ_m	magnetische Eindringtiefe der Supraleitung
μ	magnetisches Moment
μ_o	magnetische Feldkonstante
μ_B	Bohr'sches Magneton
η	Dämpfungskoeffizient bei der Bewegung von Flussquanten
ω	Kreisfrequenz
ω_B	Bloch-Frequenz
ω_c	Zyklotron-Frequenz
ω_D	Debye-Frequenz
ω_L	Larmor-Frequenz
ν	Frequenz
ν_c	$\omega_c/2\pi$ = Zyklotron-Frequenz
ν_D	$\omega_D/2\pi$ = Debye-Frequenz
ν_E	Einstein-Frequenz
χ	magnetische Suszeptibilität
χ_p	paramagnetische Suszeptibilität
τ	mittlere Stoßzeit
ξ	Kohärenzlänge der Supraleitung
$\boldsymbol{\rho}$	Gittervektor
ρ_f	spezifischer Flusswanderungswiderstand
σ	elektrische Leitfähigkeit
φ	Phase einer Wellenfunktion
$\boldsymbol{\varphi}_o$	magnetisches Flussquant
φ_0	atomare Wellenfunktion
ψ	Wellenfunktion der supraleitenden Cooper-Paare
Π	Peltier-Koeffizient

Kapitel 1
Rasante Entwicklung

Zusammenfassung Während der zweiten Hälfte des letzten Jahrhunderts erlebte die Festkörperphysik und Materialwissenschaft einen großen Fortschritt und etablierte sich als ein wichtiges eigenes neues Gebiet. Die Erschließung von tiefen Temperaturen durch die Verflüssigung des Edelgases Helium war ein entscheidender Schritt. Neben der Beugung von Röntgenstrahlen wurden weitere neue analytische Methoden wie Neutronenbeugung, Elektronenmikroskopie, verschiedene Versionen mechanischer Abtastverfahren sowie Elektronen- und Laser-Raster-Mikroskopie verfügbar. Materialermüdung, Strahlenschädigung und die Herstellung von Einkristallen wurden wichtige neue Themen. Die Erfindung des Transistors war vielleicht der ultimative Höhepunkt.

Die Physik der festen Stoffe hat in der zweiten Hälfte des vorigen Jahrhunderts einen gewaltigen Aufschwung erfahren, wobei viele wichtige Grundlagen hierfür schon in der ersten Hälfte gelegt waren. Ein entscheidender früher Anstoß für diese Entwicklung war die Entdeckung der Röntgenstrahlen durch Wilhelm Conrad Röntgen 1895 in Würzburg, die anschließend schon bald zur ersten Beobachtung der Beugung von Röntgenstrahlen an Kristallen durch Max von Laue 1912 in München geführt hat. William Henry Bragg, Professor im englischen Leeds, und sein damals erst 22-jähriger Sohn William Lawrence Bragg haben dann die systematische Analyse von Kristallstrukturen durch die Beugung von Röntgenstrahlen mit eingeleitet.

Die physikalischen Forschungen an Festkörpern haben allein schon deshalb bis heute einen besonders großen Umfang angenommen, da man Festkörper immer für die Herstellung von Gegenständen benötigt, was man in ähnlichem Maß sicher nicht von Flüssigkeiten und Gasen behaupten kann. Die genaue Kenntnis der physikalischen Eigenschaften der benutzten Materialien wird umso wichtiger, je weiter wir im Bereich der Hochtechnologie vorstoßen. Der große Aufwand an Forschung und Entwicklung auf dem Gebiet der Festkörperphysik wird eindrucksvoll deutlich, wenn man bis vor wenigen Jahren die Programmbücher der jährlichen Fachtagungen etwa der Deutschen Physikalischen Gesellschaft (DPG) oder der American Physical Society (APS) mit bis zu mehr als 2000 Seiten in der Hand hielt. (Heute werden diese Tagungsprogramme meistens elektronisch übermittelt).

R. Huebener, *Leiter, Halbleiter, Supraleiter*,
DOI 10.1007/978-3-662-53281-2_1

Es sind die technologischen Anwendungen, die oft den entscheidenden Anstoß für die Grundlagenforschung in der Festkörperphysik liefern. Dies soll an den beiden folgenden Beispielen erläutert werden. Am 10. Januar 1954 brach ein englisches Passagierflugzeug des Typs Comet kurz vor der Insel Elba in 8200 m Höhe ohne jede Vorwarnung auseinander und stürzte ins Mittelmeer. Die Erforschung der Unfallursache bei dem mit 3681 Flugstunden noch relativ neuen Flugzeug erwies sich als äußerst schwierig, obwohl man fieberhaft an der Aufklärung des Unglücks arbeitete. Da man aber weiterhin völlig im Dunklen tappte, gelangte man schließlich zu dem Ergebnis, dass der Absturz durch eine unglückliche Verkettung widriger Umstände herbeigeführt worden sein muss. Daraufhin wurde am 23. März 1954 das schon sofort am Unglückstag erlassene Startverbot für sämtliche Flugzeuge des gleichen Typs wieder aufgehoben. Zuvor hatte man noch 62 Modifikationen an allen im Einsatz stehenden oder sich im Bau befindenden Comet-Flugzeugen durchgeführt, um sämtliche bis dahin für möglich gehaltene Unfallursachen auszuschließen (Abb. 1.1). Dann geschah das völlig Unerwartete. Am 8. April, also ganze 16 Tage nach der Wiederaufnahme des planmäßigen Flugbetriebs, stürzte eine zweite Maschine mit nur 2704 absolvierten Flugstunden bei Neapel ins Mittelmeer. Wiederum war das Flugzeug in großer Höhe von diesmal 10.000 m offenbar plötzlich auseinandergebrochen. Jetzt wurde es ernst. Die Ursachen mussten auf höchster Ebene unter Einsatz aller verfügbaren Mittel geklärt werden. Nachdem man wieder die verschiedensten Möglichkeiten in Betracht

Abb. 1.1 Comet-Passagierflugzeug vor einem Probeflug nach dem Absturz einer Maschine vor Elba. (Foto: © ullstein bild)

gezogen hatte, gerieten jetzt Probleme der sogenannten Materialermüdung, hauptsächlich im Bereich der Tragflächen, in den Mittelpunkt der Vermutungen. In einem riesigen Wassertank versenkte man den ganzen Rumpf eines Flugzeugs, um ihn dort wechselnden und vor allem zyklischen Belastungen auszusetzen. So konnte man dann herausfinden, dass nach einiger Zeit tatsächlich Ermüdungserscheinungen an den Tragflächen auftraten. Jedoch waren die Ermüdungsprobleme am Rumpf noch viel schwerwiegender. Schließlich verdichteten sich die Indizien zur Gewissheit, dass durch die Belastungen Risse am Rumpf auftraten, wobei sämtliche Risse von den rechtwinkligen Kanten der Kabinenfenster ausgingen. Man hatte die Ursache für beide Abstürze gefunden. Das Ergebnis bedeutete jedoch das jähe Ende der britischen Führungsrolle im Luftverkehr. Die geschilderten dramatischen Ereignisse lösten an vielen Stellen intensive Forschungsaktivitäten aus, da das Phänomen der Materialermüdung sowie die Mechanismen zur Bildung von Mikrorissen und die Auswirkungen auf die mechanischen Stoffeigenschaften bis dahin nur wenig aufgeklärt waren. (Ein großes, aus dem Mittelmeer geborgenes Stück der Bordwand eines der beiden abgestürzten Flugzeuge kann heute im Science Museum in London besichtigt werden).

Im Zusammenhang mit dieser Frage der Materialermüdung im Fall des Comet-Passagierflugzeugs vor mehr als sechzig Jahren lohnt sich ein Blick auf das kürzlich fertiggestellte, bisher größte Passagierflugzeug, den Airbus A 380. Seine Entwicklung hat ein aufwendiges und sorgfältiges Testprogramm im Hinblick auf mechanische Materialermüdung eingeschlossen, wobei als kritischer Schritt umfangreiche hydraulische Anlagen eingesetzt wurden. Im Jahr 2005 wurde begonnen, das komplette Flugzeug A 380, also seinen Rumpf und die Flügel, für 26 Monate einer zeitlich veränderlichen mechanischen Belastung auszusetzen und so eine Anzahl von insgesamt 47.500 Start-Lande-Zyklen zu simulieren. Dieses Testprogramm entsprach einer Nutzungsdauer des A 380 Flugzeugs von 25 Jahren.

Als zweites Beispiel nennen wir die möglichen Schwierigkeiten, die vor mehr als 60 Jahren bei den Baukomponenten für die ersten Kernreaktoren zu erwarten waren. Man wusste damals so gut wie noch nichts darüber, wie sich etwa Grafit verhält, wenn es als Moderator für die Neutronen, die bei der Atomkernspaltung im Reaktor freigesetzt werden, verwendet wird. Wäre es nicht möglich, dass die Kohlenstoffatome des Grafitgitters durch die Bestrahlung mit energiereichen Neutronen aus ihren richtigen Gitterplätzen herausgeschossen werden und dass so mit der Zeit ein energetisch hoch angeregter Stoff mit Dynamitcharakter entsteht, der seine gespeicherte überschüssige Energie plötzlich explosionsartig freisetzt? Diese Fragen haben die beteiligten Wissenschaftler damals stark beunruhigt. Der aus Ungarn stammende Amerikaner Eugene Paul Wigner, späterer Nobel-Laureat und berühmt durch seine theoretischen Arbeiten über die mathematischen Gruppen- und Symmetrieprinzipien in der Atom-, Kern- und Elementarteilchen-Physik, war einer der Ersten, die die physikalischen Eigenschaften von Gitterdefekten und Strahlenschäden in Kristallen theoretisch analysiert haben. Ein junger Mitarbeiter von Wigner, Frederick Seitz, hat damals erste genaue Berechnungen hierzu durchgeführt (Abb. 1.2). Von beiden wurde der Begriff der sogenannten Wigner-Seitz-Zelle in die Festkörperphysik eingeführt. Nach diesen Anfängen hat sich das

Abb. 1.2 Eugene P. Wigner (*links,* Foto: © Deutsches Museum) und Frederick Seitz (*rechts,* © Privatfoto)

Gebiet der strukturellen Gitterfehler in Kristallen zu einem wichtigen Teilgebiet der Festkörperphysik entwickelt, auf dem heute in vielen Laboratorien gearbeitet wird. Von Seitz stammt auch das weltweit erste umfassende Lehrbuch über Festkörperphysik *„The Modern Theory of Solids"* aus dem Jahr 1940.

Eine enorm wichtige Entwicklung ist mit der Mikroelektronik verknüpft. Hier hat die Physik der Festkörper geradezu zu einem Paradigmawechsel in der Elektrotechnik geführt. Es war Mervin Kelly, einer der oberen Manager der berühmten amerikanischen Bell-Laboratorien in Murray Hill im Bundesstaat New Jersey, der gegen Ende des Zweiten Weltkriegs erkannt hatte, dass das alte mechanische Relais und die Verstärkerröhre aus Glas durch Besseres ersetzt werden sollten. Als besonders vielversprechend erschien Kelly der Kristall, wenn er die geeigneten elektrischen Leitungseigenschaften aufweist. In den Bell-Laboratorien wurde daher eine Gruppe von Wissenschaftlern gebildet, die die Erforschung der elektrischen Leitungseigenschaften zum Ziel hatte. Eine zentrale Rolle spielten hierbei Halbleiterkristalle aus Germanium und Silizium. Ein außerordentlich folgenschweres Ergebnis war dann schon bald die Erfindung des Transistors durch John Bardeen, Walter Brattain und William Shockley. Am 23. Dezember 1947 konnten sie den Transistor zum ersten Mal den Firmendirektoren vorführen. Als neues elektronisches Bauelement hat der Transistor anschließend noch eine intensive Weiterentwicklung und Verbesserung erfahren. Seine Erfindung kann zweifellos als die Geburtsstunde des modernen Zeitalters der digitalen Mikroelektronik angesehen werden.

Die großen Erkenntnisfortschritte auf dem Gebiet der Physik der Festkörper gingen naturgemäß einher mit entsprechenden Fortschritten bei den apparativen und methodischen Möglichkeiten. Vor allem zu nennen ist hier die Erschließung des Bereichs von sehr tiefen Temperaturen. 1908 gelang dem Holländer Heike

Kamerlingh Onnes in Leiden zum ersten Mal die Verflüssigung des Edelgases Helium. Durch diesen Erfolg wurde der Tieftemperaturbereich bis 4 K (–269 Grad Celsius) zugänglich. In diesem Zusammenhang war dann das spektakulärste Ereignis die Entdeckung der Supraleitung durch Kamerlingh Onnes im Jahr 1911. Das hundertjährige Jubiläum dieser Entdeckung wurde 2011 in zahlreichen Veranstaltungen gefeiert. In den Kap. 8 und 9 werden wir zu diesem Thema zurückkehren. Bis in die 1930er-Jahre konnte weltweit die Zahl der Laboratorien, die die Möglichkeit zum Experimentieren mit flüssigem Helium hatten, etwa an den Fingern einer Hand abgezählt werden. Im Gegensatz hierzu sind gegenwärtig weltweit ca. 800 Anlagen zur Heliumverflüssigung in Betrieb (Abb. 1.3). Die größte gesamte Anlage befindet sich heute an dem Teilchenbeschleuniger „Large Hadron Collider" (LHC) in Genf. Dort stehen 8 Anlagen mit einer Verflüssigungsrate von jeweils 3600 L pro Stunde, also insgesamt mit einer Rate von 28.800 L pro Stunde. Dies entspricht weltweit etwa 40 % des Inventars an großen Verflüssigungsanlagen für Helium.

Mit der Zeit wurde der Bereich zum Experimentieren immer weiter zu tieferen Temperaturen ausgedehnt. Zu nennen ist hier besonders ein Verfahren, bei dem die atomaren Elementarmagnete einer paramagnetischen Substanz die zentrale Rolle spielen. Eine paramagnetische Salzpille wird zunächst auf etwa 1 K vorgekühlt, sodass ihr Inhalt an Wärmeenergie schon deutlich reduziert ist. Die Elementarmagnete in dem Salz werden dann durch ein starkes Magnetfeld alle ausgerichtet, wobei die dabei auftretende Magnetisierungswärme abgeführt wird.

Abb. 1.3 Moderne Anlage zur Verflüssigung des Edelgases Helium. *Links* sind die Steuerung und die Coldbox des Verflüssigers abgebildet, *rechts* der Vorratsbehälter für flüssiges Helium. (Foto: © Linde AG)

Im nächsten Schritt wird die Salzpille von ihrer Umgebung thermisch entkoppelt. Anschließend wird das Magnetfeld abgeschaltet. In der jetzt thermisch isolierten Probe stellt sich die Unordnung der Elementarmagnete allmählich wieder ein, wobei die hierfür benötigte thermische Energie nur der paramagnetischen Substanz selbst entnommen werden kann. Die Temperatur der Salzpille senkt sich deshalb zwangsweise ab. Auf diese Weise lassen sich tiefe Temperaturen von nur noch wenigen tausendstel Kelvin erzielen. Dieses Verfahren der sogenannten adiabatischen Entmagnetisierung wurde 1926 von dem Holländer Peter Debye und 1927 von dem Amerikaner William Francis Giauque vorgeschlagen. 1933 wurde es zum ersten Mal praktisch durchgeführt. Die Erweiterung der Anwendung dieses Prinzips auf die Elementarmagnete von Atomkernen haben der Holländer Cornelis Jacobus Gorter schon 1934 sowie Nicholas Kurti und Franz Eugen Simon in Oxford 1935 vorgeschlagen. Diese Kernentmagnetisierung wurde 1956 zum ersten Mal experimentell realisiert. Hiermit konnten dann extrem tiefe Temperaturen bis zu einem Millionstel Kelvin oder tiefer erzielt werden. Bei diesen tiefen Temperaturen wird allerdings die Einstellung des thermischen Gleichgewichts zwischen den verschiedenen Bestandteilen des Festkörpers, nämlich den Elektronen und ihren Elementarmagneten, den Gitterschwingungen und den Elementarmagneten der Atomkerne, zunehmend problematisch.

Wegen ihrer jüdischen Herkunft hatten Kurti und Simon Deutschland verlassen müssen, als Hitler 1933 an die Regierung kam. Vorher hatten beide zuerst in Berlin und dann an der Technischen Hochschule in Breslau (heute Wroclaw) gearbeitet. Der Engländer Frederick Alexander Lindemann (später Viscount Cherwell) hat den beiden dann eine Stelle am Clarendon Laboratory im englischen Oxford besorgt. Das Gleiche tat Lindemann als Leiter des Clarendon-Labors damals übrigens auch für die Brüder Fritz und Heinz London sowie für Kurt Mendelssohn. Nachdem sie Deutschland verlassen mussten, haben alle genannten Personen in den folgenden Jahren Herausragendes in der Physik bei tiefen Temperaturen geleistet, und Oxford erlangte eine Spitzenposition auf diesem Gebiet.

Ein heute viel verbreitetes Gerät, um Temperaturen deutlich unterhalb von 1 K zu erreichen, ist der „Mischkryostat" (Abb. 1.4). In ihm werden die beiden Isotope des Edelgases Helium, die sich nur durch die Anzahl der Neutronen im Atomkern unterscheiden (^{3}He mit einem Neutron und ^{4}He mit zwei Neutronen) durch eine mehrstufige Anordnung von Wärmeaustauschern gepumpt, sodass sich in der am kältesten Ende befindlichen Mischkammer eine fast reine flüssige ^{3}He-Phase oberhalb einer flüssigen Mischphase aus ^{3}He und ^{4}He befindet. Bei diesem Prozess ist ebenfalls die Starttemperatur durch Vorkühlung schon auf 1 K abgesenkt. Im kontinuierlichen Betrieb werden ständig ^{3}He-Atome aus der oberen konzentrierten Phase in der unteren stark verdünnten Phase gelöst. Dieser Vorgang ist in vieler Hinsicht ähnlich einem gewöhnlichen Verdampfungsprozess, wobei die obere Phase der Flüssigkeit und die untere Phase dem Dampf entsprechen. Als Ergebnis resultiert eine kontinuierliche Abkühlung der Flüssigkeit.

Mit diesem Verfahren kann auch die zu untersuchende Probe kontinuierlich abgekühlt werden. Die tiefsten erreichten Temperaturen betragen wenige Tausendstel Kelvin. Das Prinzip des Mischkryostaten wurde 1951 zum ersten Mal von Heinz London, von dem auch zusammen mit seinem Bruder Fritz London eine

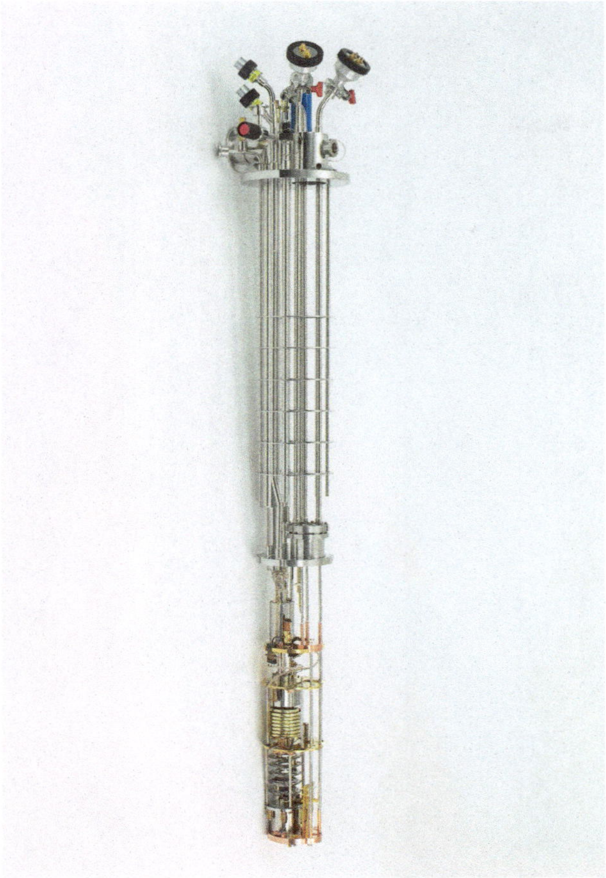

Abb. 1.4 Mischkryostat zur Abkühlung auf Temperaturen deutlich unterhalb 1 K. Unten befindet sich das kälteste Ende mit der Mischkammer. Oben erkennt man den Flansch zum Einbau in den evakuierbaren Kryobehälter. (© Fa. Oxford. Mit freundlicher Genehmigung)

frühe Theorie der Supraleitung stammt, vorgeschlagen. Der erste Prototyp wurde 1965 in Betrieb genommen.

Neben der ständigen Weiterentwicklung der experimentellen Geräte und der Verfeinerung der Messverfahren wurden auch große Fortschritte bei der Probenpräparation und der Materialentwicklung erzielt. Ein wichtiger Schritt war hierbei die Herstellung von Einkristallen mit extrem hohem Reinheitsgrad. Nur mit solchen ultrareinen Einkristallen wurde es möglich, viele physikalische Eigenschaften der Stoffe genau zu bestimmen und anhand dieser Daten ein theoretisches Verständnis zu gewinnen (Abb. 1.5). Bei der Zucht von großen Einkristallen wird ein kleiner Impfkristall unter Schutzgas in die Schmelze des gleichen Materials eingetaucht und dann langsam und genau geregelt herausgezogen. Hierdurch

Abb. 1.5 Silizium-Einkristall. (Foto: © Wacker-Chemie AG)

wird beim Erstarren der Schmelze die atomare Ordnung des Impfkristalls fortgesetzt. Rekordwerte solcher zylinderförmigen Einkristalle von mehr als einem Meter Höhe und bis zu fast einem halben Meter Durchmesser sind schon erzielt worden. Die Konzentration von atomaren Verunreinigungen im Kristall kann durch den Prozess des Zonenschmelzens weiter reduziert werden. Hierbei wird eine Querschnittszone des Kristalls zum Beispiel durch Wirbelstromheizung bis zur Schmelztemperatur erwärmt, während gleichzeitig diese Zone langsam von einem zum anderen Kristallende geführt wird. Im entstandenen Temperaturgefälle werden die Verunreinigungsatome dabei mitgeführt. Falls notwendig, wird der Prozess mehrmals wiederholt. Die heute in der Halbleiterindustrie bei Silizium-Einkristallen routinemäßig erzielte Konzentration an Verunreinigungen beträgt nur noch etwa ein einziges Fremdatom auf eine Milliarde Siliziumatome.

Der rasante Fortschritt beim physikalischen Verständnis der mikroskopischen Eigenschaften der festen Stoffe war auf das Engste verknüpft mit den Fortschritten bei den für die Materialanalyse zur Verfügung stehenden Methoden und Geräten. Neben der schon genannten Aufklärung der Kristallstrukturen mithilfe der Beugung von Röntgenstrahlen wurde beginnend in den 1950er-Jahren auch die Beugung von Neutronenstrahlen mehr und mehr zur Strukturaufklärung eingesetzt. Hierbei dienten spezielle Kernreaktoren, die für Forschungszwecke gebaut wurden, als Neutronenquellen. Beispielhaft genannt sei hier das in den 1960er-Jahren entstandene „Atomei" an der Technischen Universität München in Garching (Abb. 1.6). Es wurde dann, gewissermaßen als Übungsplatz, der Ausgangspunkt für den viel größeren deutsch-französischen Forschungsreaktor am Laue-Langevin-Institut in Grenoble. Im Jahr 2004 wurde es durch den neuen Forschungsreaktor FRM II (Forschungsneutronenquelle Heinz Maier-Leibnitz) in Garching abgelöst. Analoge Baumaßnahmen von Forschungsreaktoren gab es auch in den anderen hoch entwickelten Industrieländern.

Ähnlich wie es vielen neuen Ideen ergeht, hatte auch die Erfindung des Elektronenmikroskops zunächst mit großen Schwierigkeiten und mit Ablehnung zu kämpfen. Ihren Anfang genommen hatte diese Angelegenheit mit zwei Doktoranden, nämlich Ernst Ruska und Bodo von Borries, die seit Dezember 1928 bzw. April 1929 der Arbeitsgruppe von Max Knoll am Lehrstuhl für Hochspannungstechnik und elektrische Anlagen der Technischen Hochschule Berlin angehörten. Hier befassten sich die beiden zunächst mit der Weiterentwicklung des Kathoden-Strahl-Oszillographen.

Abb. 1.6 Atomei in Garching bei München. In dem linken Gebäude befindet sich der im Jahr 2004 fertiggestellte neue Forschungsreaktor. (Foto: © Albert Scharger/TU München)

Aufgrund der gemachten Erfahrungen entwickelte sich bei ihnen aber schon bald die Idee, schnelle Elektronenstrahlen zur vergrößerten Abbildung in einem neuartigen Mikroskop zu verwenden. Am 17. März 1932 haben Ernst Ruska und Bodo von Borries die ersten und entscheidenden Patente für das künftige Elektronenmikroskop angemeldet. Noch waren aber einige Hürden zu überwinden. „Wozu braucht man Elektronenmikroskope, wir haben doch Lichtmikroskope?" war zu hören. Schließlich konnten sich die beiden jungen Forscher aber durchsetzen. Die Firma Siemens & Halske in Berlin erklärte sich bereit, die Idee aufzugreifen und fertigte Anstellungsverträge für Bodo von Borries und Ernst Ruska aus. Am 7. Dezember 1937 konnte das erste bei Siemens gebaute Elektronenmikroskop den Firmendirektoren vorgeführt werden (Abb. 1.7).

Nach nur dreijähriger Entwicklung hatte das Elektronenmikroskop das Lichtmikroskop im Auflösungsvermögen überholt. Ab 1939 wurde eine erste Serie des sogenannten „Übermikroskops", wie es damals genannt wurde, von Siemens für den Verkauf gebaut.

Grundlage ist bei diesem Mikroskop wieder die Welleneigenschaft von Elementarteilchen, die zum ersten Mal in der Materie-Wellen-Hypothese des Franzosen Louis de Broglie in seiner Dissertation im Jahr 1924 vorgeschlagen worden war. Den direkten experimentellen Nachweis für die Welleneigenschaften der Elektronen haben dann 1927 die Amerikaner Clinton Joseph Davisson und Lester Germer von den Bell Telephone Laboratorien durch die Beugung von Elektronen am Atomgitter von Kristallen erbracht. Das räumliche Auflösungsvermögen bei der Abbildung durch die Beugung von Wellen ist immer durch ihre Wellenlänge begrenzt. Je kürzer die Wellenlänge, umso kleinere Strukturen können noch aufgelöst werden. Die Wellenlänge der Elektronen im Strahl ist umgekehrt proportional zur Quadratwurzel aus der Beschleunigungsspannung.

Abb. 1.7 Siemens-Elektronenmikroskop, ein Vorläufer des Siemens Elmiskops 1, das in den 1950er-Jahren vermarktet wurde. (Foto: © TU Berlin)

Für eine elektrische Spannung von 10.000 V ergibt sich die Wellenlänge von $\lambda = 1,2 \cdot 10^{-2}$nm (nm = Nanometer = 10^{-9} m). Demgegenüber ist die Wellenlänge für sichtbares Licht viel größer, $\lambda = 400 - 800$ nm, und das Auflösungsvermögen ist hier entsprechend viel geringer.

Einen großen Erfolg, neben vielen anderen, feierte die Elektronenmikroskopie schon in den 1950er-Jahren bei der Sichtbarmachung der oben erwähnten strukturellen Fehler im Kristallgitter und bei der Aufklärung des Phänomens der Materialermüdung. Die im letzteren Fall eine zentrale Rolle spielenden „Kristallversetzungen" wurden zum ersten Mal 1956 am Batelle-Institut in Genf in rostfreiem Stahl und am Cavendish-Laboratorium in Cambridge in Aluminium direkt beobachtet. Im Laufe der Zeit wurden Elektronenmikroskope mit immer größeren Beschleunigungsspannungen und damit höherer Auflösung gebaut. Inzwischen ist man bei Geräten mit einer Beschleunigungsspannung von einer Million Volt angekommen (Abb. 1.8).

Für die Materialanalyse haben schnelle Elektronenstrahlen noch in einem weiteren Gerät eine wichtige Anwendung gefunden: im Raster-Elektronenmikroskop. Die Pionierarbeiten haben hierzu in den 1930er-Jahren der oben schon erwähnte

Abb. 1.8 Modernes Elektronenmikroskop mit einer Beschleunigungsspannung von einer Million Volt. (Foto: © A. Tonomura)

Max Knoll an der Technischen Hochschule Berlin sowie Manfred von Ardenne in seinem Laboratorium in Berlin-Lichterfelde geleistet. Ein auf einen sehr geringen Strahldurchmesser von 1–10 nm kollimierter Elektronenstrahl wird über die Oberfläche des zu untersuchenden Objekts gerastert. Gleichzeitig wird ein vom Strahl verursachtes geeignetes Signal in Abhängigkeit von der Ortskoordinate im Fenster des Rastervorgangs aufgezeichnet. Eine geeignete elektronische Verarbeitung liefert dann ein zweidimensionales „Bild" des Objekts. Als Antwortsignal lassen sich verschiedene Effekte verwenden. Besonders häufig benutzt man beispielsweise die vom Strahl verursachte Emission von „Sekundärelektronen". Es kann aber auch die lokale Änderung einer Probeneigenschaft wie der elektrische Widerstand das Signal für die Abbildung liefern. Das elektrische Widerstandssignal wird heute bei dünnen Schichtstrukturen aus Halbleitern oder Supraleitern häufig verwendet. Im Fall der Supraleiter lassen sich die Supraleitungseigenschaften ortsaufgelöst direkt abbilden, wenn die Probe beim Abrastern mit dem Elektronenstrahl auf entsprechend tiefe Temperaturen abgekühlt ist.

In der letzten Zeit wurde das Rasterprinzip zur Objektabbildung auch auf Lichtstrahlen ausgedehnt. Notwendige Voraussetzung hierzu war allerdings die Verfügbarkeit von Laserstrahlen mit ihrer extrem starken Bündelung. Das Laser-Rastermikroskop findet heute vielseitige Verwendung.

Ein wichtiger Meilenstein bei den Fortschritten in den Methoden zur Materialanalyse ist der Bau des ersten Raster-Tunnelmikroskops durch Gerd Binnig und Heinrich Rohrer vom IBM-Forschungslabor in Rüschlikon bei Zürich. Ihre erste Patentanmeldung zum Raster-Tunnelmikroskop stammt vom Januar 1979. Bei ihrem Gerät wird die zu untersuchende Oberfläche mit einer feinen Metallspitze mechanisch abgerastert. Mithilfe von piezoelektrischen Verstellelementen kann die Metallspitze dreidimensional mit hoher Empfindlichkeit verschoben werden. Beim Rasterprozess wird die Spitze der Probenoberfläche auf etwa 1 nm genähert. Hierbei wird der quantenmechanische Tunnelstrom gemessen, der bei Anlegen einer elektrischen Spannung zwischen Spitze und Objekt fließt, obwohl zwischen beiden keine metallisch leitende Verbindung besteht. Wegen der starken exponentiellen Abhängigkeit des Tunnelstroms vom Abstand zwischen Spitze und Objekt kann erreicht werden, dass der Tunnelstrom nur durch wenige oder nur noch durch ein einzelnes vorstehendes Atom auf der Spitze bestimmt wird. Auf diese Weise kann heute fast routinemäßig atomare Auflösung in lateraler Richtung erzielt werden (Abb. 1.9). In jüngster Zeit ist es sogar gelungen, subatomare Strukturen von Siliziumatomen aufgrund der verschiedenen Orbitale der Elektronen abzubilden (Abb. 1.10).

Schon bald nach der Erfindung des Raster-Tunnelmikroskops wurde das Prinzip des mechanischen Abtastverfahrens auf verschiedene andere Wechselwirkungen zwischen Sondenspitze und Untersuchungsobjekt erweitert. Zu erwähnen sind hier insbesondere das atomare Kraftmikroskop und das magnetische Kraftmikroskop. Im ersten Fall wird die mechanische Kraftwechselwirkung zwischen der Abtastspitze und der Probenoberfläche ausgenutzt. Im zweiten Fall wird eine magnetische Spitze verwendet, die die magnetischen Probeneigenschaften abtastet. In der letzten Zeit werden besondere Anstrengungen unternommen, die genannten

Abb. 1.9 Raster-Tunnelmikroskop. Das Gerät ist auf einen Flansch für einen Betrieb im Ultra-Hochvakuum montiert. (Foto: © OMICRON Nano Technology)

Techniken auch bei sehr tiefen Temperaturen und in hohen Magnetfeldern einzusetzen. Bei den Geräten wird heute besonders auf große Bedienungsfreundlichkeit geachtet.

Abschließend ist jedoch zu betonen, dass die meisten der besprochenen Analysemethoden auf die Probenoberfläche und deren nahe Umgebung beschränkt sind (Abb. 1.11).

Die geschilderte Entwicklung war in vielen Fällen von der Verleihung von Nobelpreisen für Physik und in einigen Fällen für Chemie an die Beteiligten begleitet. Um dies zu verdeutlichen, haben wir im Anhang eine Liste sämtlicher Nobelpreisträger zusammengestellt, bei denen ein enger Bezug zur Physik der festen Stoffe besteht.

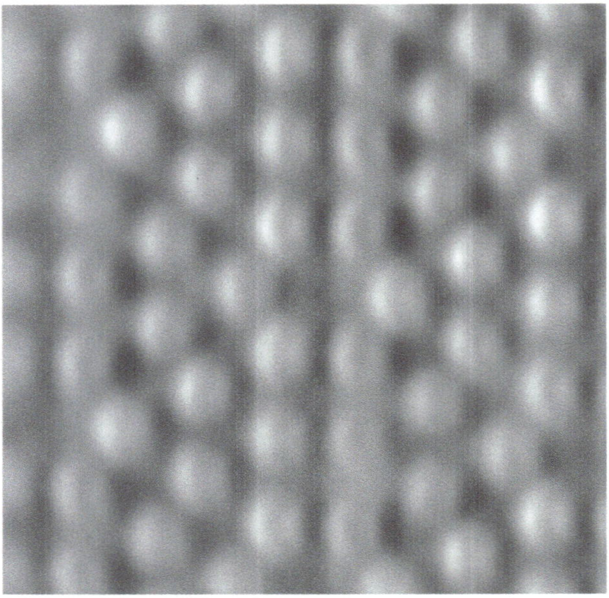

Abb. 1.10 Durch atomare Kraftmikroskopie erzeugte Abbildung der individuellen Atome auf einem Ausschnitt von 5 nm × 5 nm an der Oberfläche eines Siliziumkristalls. Bei den Siliziumatomen ist eine subatomare Struktur zu erkennen, die von den Orbitalen der Elektronen herrührt. (Foto: © F. J. Giessibl)

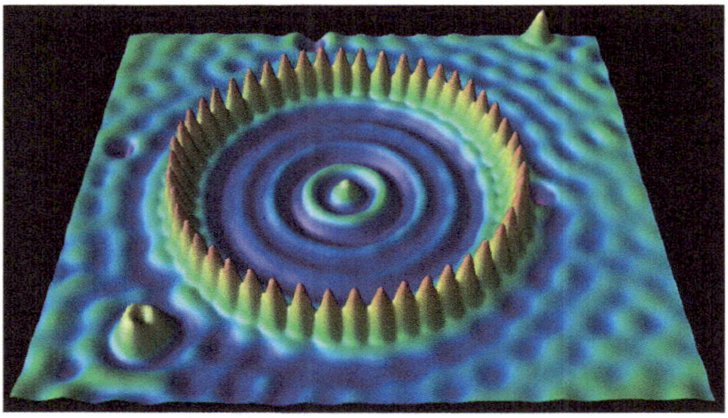

Abb. 1.11 Das Bild zeigt einen Ring von Eisenatomen auf einer Kupferoberfläche. Auf diese Weise wurde auf atomarer Ebene ein künstliches Korallenriff aus 48 Eisenatomen geschaffen. Die innerhalb des Rings auftretenden Linien entstehen durch die Dichte der sich innerhalb dieses Rings befindlichen Elektronen. (Foto: © Almaden Research Center 2000)

Kapitel 2
Geordnete Gitter in Kristallen

Zusammenfassung Die Gitterstruktur von Kristallen wird durch spezifische Symmetrieeigenschaften gekennzeichnet. Translationssymmetrie ergibt die 14 Bravais-Gitter. Rotation, Reflexion an einer Spiegelebene und Inversion an einem Punkt ergeben die 32 kristallografischen Punktgruppen. Die im Jahr 1912 durch Max von Laue initiierte Beugung von Röntgenstrahlen an einem Kristall ist der erste experimentelle Beweis für die regelmäßige räumliche Gitterstruktur von Kristallen. Die Grundzüge der Beugungstheorie sowie reziprokes Gitter und Brillouin-Zonen werden erklärt. Das Kapitel endet mit einer Diskussion der Quasikristalle und der verschiedenen Bindungskräfte.

Schon immer ging von Kristallen auch wegen ihres Farb- und Formenreichtums eine besondere Faszination aus. Während seit dem 17. Jahrhundert die systematische Erforschung der Natur zunehmend an Bedeutung gewinnt, entwickelt sich gleichzeitig die Gesteinskunde als ein eigener Zweig und als Sammlungsort der vielen Einzelbeobachtungen. Die damals mit ihrem Werkzeug durch die Gebirge streifenden Gesteinskundler oder Mineralogen müssen als wichtige Vorläufer für die moderne wissenschaftliche Bearbeitung der Festkörpereigenschaften angesehen werden. Aus der Mineralogie stammen auch die kristall-geometrischen Grundlagen und Begriffe zur Beschreibung des gefundenen Formenreichtums.

Physikalisch ist bei den Kristallen der perfekte Gitteraufbau mit strenger periodischer Wiederholung der exakt gleichen elementaren Bausteine in allen drei Raumrichtungen die wichtigste Eigenschaft. Die elementaren Bausteine sind hierbei Atome oder Moleküle, die mehr oder weniger viele Atome enthalten können. Beispielsweise bestehen die Einzelbausteine in Proteinkristallen aus bis zu 100.000 Atomen. Aufgrund ihres streng periodischen Gitteraufbaus besitzen Kristalle immer eine Reihe markanter Symmetrieeigenschaften. Besonders herausragend ist die sogenannte Translationssymmetrie aufgrund der periodischen Anordnung der Bausteine in allen drei Raumrichtungen.

Im Kristall wird der Ort der Gitterbausteine mathematisch durch die Gittervektoren

$$\mathbf{r} = \mathrm{n}_1\mathbf{a} + \mathrm{n}_2\mathbf{b} + \mathrm{n}_3\mathbf{c} \tag{2.1}$$

R. Huebener, *Leiter, Halbleiter, Supraleiter*,
DOI 10.1007/978-3-662-53281-2_2

beschrieben. Hier sind n_1, n_2 und n_3 ganze Zahlen. **a**, **b** und **c** sind die drei fundamentalen Translationsvektoren. Hier und im Folgenden kennzeichnen wir Vektoren durch fett gedruckte Symbole. Die Werte n_1, n_2, n_3 der ganzen Zahlen ergeben die Gitterpunkte des Kristalls. (In Gl. 2.1 nehmen wir an, dass der Koordinatenursprung auf einem Gitterpunkt liegt). Die Translationsvektoren **a**, **b**, **c** erzeugen die Elementarzelle (Abb. 2.1), die ihrerseits durch ihre räumlich periodische Wiederholung das Kristallgitter aufbaut. Durch diese Bedingung der Translationssymmetrie werden gleichzeitig die Möglichkeiten für den dreidimensionalen Kristallaufbau stark eingeschränkt. Wie der Franzose Auguste Bravais schon im Jahr 1850 abgeleitet hat, gibt es insgesamt nur 14 fundamentale Gittertypen, die „Bravais-Gitter" genannt werden (Abb. 2.2). Durch die spezielle Auswahl der Längen der drei Vektoren **a**, **b**, **c** der Elementarzelle (Gitterkonstanten) und der drei Winkel zwischen ihnen ergeben sich zunächst sieben fundamentale Typen von Kristallgittern. Falls noch weitere Gitterpunkte an speziellen Orten der Elementarzelle hinzukommen (am Mittelpunkt der Elementarzelle oder in der Mitte der äußeren Oberflächen), ergeben sich insgesamt 14 Translationsgitter.

Im Allgemeinen ist die Kristallstruktur komplexer als die von einem der 14 Bravais-Gitter. Durch eine Symmetrieoperation wird das Kristallgitter aber exakt wieder mit sich selbst zur Deckung gebracht. Neben der Translation sind die folgenden fundamentalen Symmetrieoperationen maßgeblich: Rotation, Reflexion an einer Spiegelebene sowie Inversion an einem Punkt. Im Fall der Rotation unterscheidet man, wie oft das Kristallgitter bei einer vollständigen Rotation um 2π reproduziert wird. So gibt es ein-, zwei-, drei-, vier- und sechszählige Rotationsachsen, die jeweils einer Rotation um 2π, $2\pi/2$, $2\pi/3$, $2\pi/4$ und $2\pi/6$ entsprechen. Die Kombination von Rotation, Reflexion an einer Spiegelebene und Inversion spezifiziert eine der 32 Punktgruppen. Die Hinzunahme der Translation ergibt eine der 230 Raumgruppen, die die Kristallstruktur kennzeichnet. Die Gruppentheorie der Mathematik hat hier wesentlich zur Aufklärung beigetragen.

Johannes Kepler, der in der schwäbischen Reichsstadt Weil der Stadt bei Stuttgart in Württemberg 1571 geboren wurde und später an der Universität Tübingen studiert hat, ist vielen aufgrund seiner berühmten drei Kepler'schen Gesetze der Astronomie bekannt. Er hat sich aber neben vielem anderen auch bereits mit der Frage beschäftigt, wie der Raum regelmäßig und vollständig mit den gleichen Körpern als Bauteile gefüllt werden kann. So hatte er schon Anfang des 17. Jahrhunderts, also mehr als 200 Jahre vor den Feststellungen von Auguste Bravais, beispielsweise darüber spekuliert, warum Schneeflocken immer sechs Ecken haben, dagegen niemals fünf

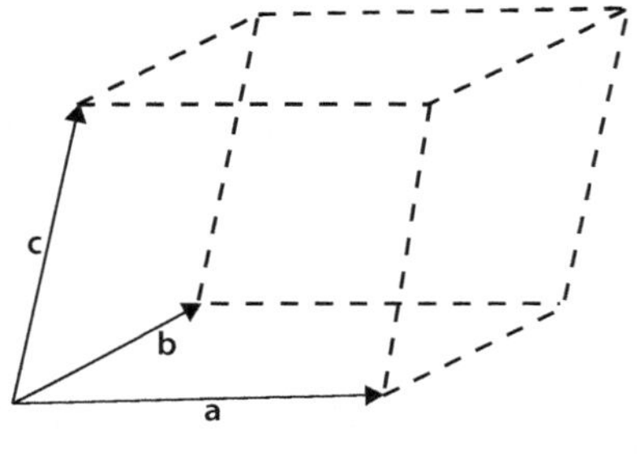

Abb. 2.1 Durch die Translationsvektoren **a**, **b**, **c** aufgespannte Elementarzelle

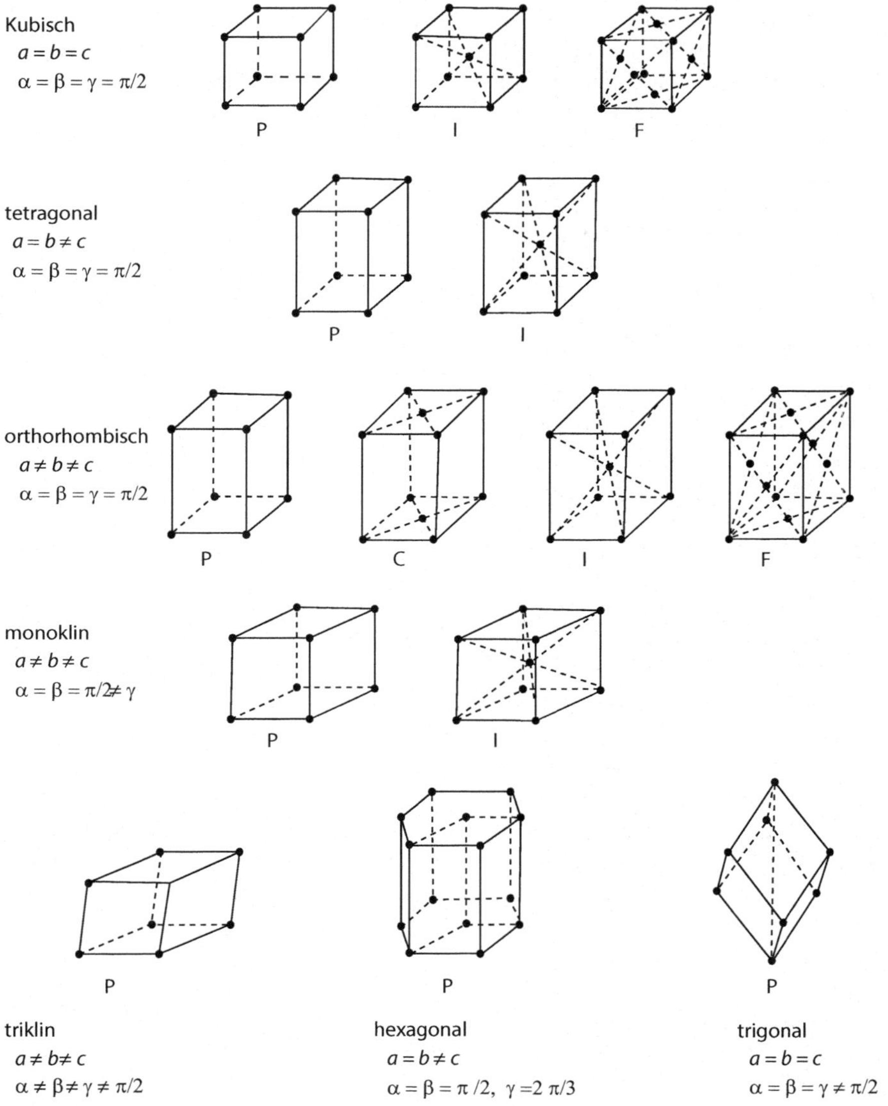

Abb. 2.2 Die 14 Bravais-Gitter, die alle Möglichkeiten für den Aufbau eines dreidimensionalen Kristallgitters enthalten

oder sieben. Er hat gezeigt, wie die dichte Packung von Kugeln ein sechseckiges Muster erzeugt. Ohne Zweifel sind diese Arbeiten Keplers ein bedeutender früher Beitrag zur geometrischen Kristallografie.

Durch das Kristallgitter können immer in bestimmten Richtungen Ebenen gelegt werden, sogenannte Netzebenen, die perfekt periodisch und dicht mit Atomen bzw. den Elementarbausteinen belegt sind. Außen ergeben diese Ebenen dann die sehr glatten Kristalloberflächen. Diese Tatsache verbunden mit den vorhandenen Symmetrieeigenschaften macht sich die Schmuckindustrie beim Schleifen von Edelsteinen ausgiebig zunutze. Besonders eindrucksvoll ist die große Vielfalt der Erscheinungsformen von Schneekristallen. Sehr schön erläutert diese prachtvolle Natur der Schneeflocken Thomas Mann in seinem Roman „Der Zauberberg“:

> Kleinodien, Ordenssterne, Brillantagraffen, wie der getreueste Juwelier sie nicht reicher und minuziöser hätte herstellen können [...], und unter den Myriaden von Zaubersternchen in ihrer untersichtigen, dem Menschenauge nicht zugedachten, heimlichen Kleinpracht war nicht eines dem anderen gleich.

Der erste strenge experimentelle Beweis für den regelmäßigen Gitteraufbau der Kristalle wurde 1912 an der Universität München geliefert. Schon bald nach seiner großen Entdeckung der nach ihm benannten Röntgenstrahlen in Würzburg hatte Röntgen diesen Arbeitsplatz verlassen und war einem Ruf an die Universität München gefolgt (Abb. 2.3). Dort verfolgte seine Arbeitsgruppe gemeinsam mit den theoretischen Physikern am Lehrstuhl von Arnold Sommerfeld das Ziel, die Natur der Röntgenstrahlen aufzuklären. Es ging vor allem um die Frage, ob es sich um elektromagnetische Wellen wie beim Licht, jedoch mit deutlich kürzerer Wellenlänge, oder um eine neue Art von Teilchenstrahlung handelte. Max von Laue, ein junger Privatdozent an Sommerfelds Lehrstuhl, dachte über Beugungsexperimente mit Röntgenstrahlen nach (Abb. 2.4). Als er gerade dabei war, die Beugung elektromagnetischer Wellen an Strich- und Punktgittern zu berechnen, hörte er während einer Unterhaltung mit Paul Peter Ewald, einem Doktoranden von Sommerfeld, dass Kristalle wahrscheinlich aus einer regelmäßigen Gitteranordnung von Atomen bestehen. Von Laue erkannte sofort, dass Kristalle für die Beugung von Röntgenstrahlen ausgezeichnet geeignet sein sollten, solange die Atomabstände im Kristall und die Wellenlänge der Röntgenstrahlen ähnliche Größenordnung besitzen. Eine erste Abschätzung war ermutigend. Die ersten Experimente wurden schon bald durchgeführt, und der Erfolg blieb nicht lange aus. Hierbei halfen Walter Friedrich, ein gerade erst eingestellter Mitarbeiter von Sommerfeld, und Paul Knipping, ein Doktorand von Röntgen. Am 8. Juni und am 6. Juli 1912

Abb. 2.3 Wilhelm Conrad Röntgen. (Foto: © Deutsches Museum)

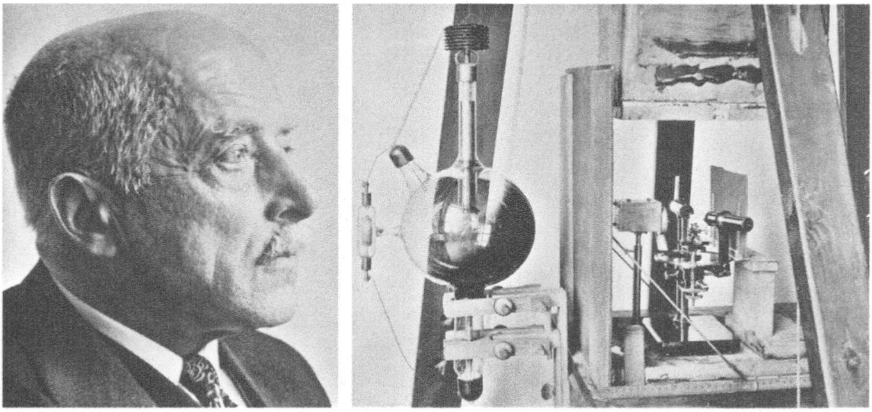

Abb. 2.4 *Links:* Max von Laue. *Rechts:* Laue-Apparatur. Links erkennt man die Röntgenröhre und rechts die Einrichtung zur Montage des Kristalls. (Fotos: © Deutsches Museum)

konnte Sommerfeld die ersten Beugungsbilder von Röntgenstrahlen an einem Kristall der Bayerischen Akademie der Wissenschaften vorlegen. Durch Röntgen wurde er hierbei deutlich unterstützt. Diese bahnbrechende Entdeckung hatte zwei wichtige neue Erkenntnisse gebracht: Röntgenstrahlen sind elektromagnetische Wellen, und Kristalle bestehen aus einer regelmäßigen dreidimensionalen Gitteranordnung von Atomen (oder Molekülen).

Für seine Entdeckung hatte Röntgen schon 1901 den ersten Nobelpreis für Physik erhalten. Sein Brief an das königliche bayrische Staatsministerium für Kirchen- und Schulangelegenheiten, in dem er um Beurlaubung zur Annahme des Preises in Stockholm gebeten hat, ist ein besonders interessantes Zeitdokument, das wir an dieser Stelle zitieren wollen. Am 6. Dezember 1901 schrieb Röntgen:

> Nach einer vertraulichen Mittheilung von der K. Schwedischen Akademie der Wissenschaften hat der ehrerbietigst, gehorsamst Unterzeichnete den ersten Nobel Preis für das Jahr 1901 erhalten. Die K. Schwedische Akademie legt besonderen Werth darauf, dass die Preisgekrönten am Vertheilungstag (10 Dez. d. J.) die Preise persönlich in Stockholm in Empfang nehmen. Da diese Preise einen ausnahmsweise hohen Werth haben und besonders ehrenvoll sind, so glaubt der ehrerbietigst, gehorsamst Unterzeichnete dem Wunsch der K. Schwedischen Akademie, wenn auch nicht leichten Herzens, nachkommen zu müssen, und bittet er deshalb, ihm für die Dauer der nächsten Woche Urlaub gewähren zu wollen.
>
> Dr. W. C. Röntgen

2.1 Beugungstheorie

Nach der Beugungstheorie für Wellen an einem Punktgitter geht bei der Welleneinstrahlung von jedem Gitterpunkt eine Welle aus, die sich in allen drei Raumrichtungen kugelförmig ausbreitet (Abb. 2.5). Uns allen ist die ähnliche

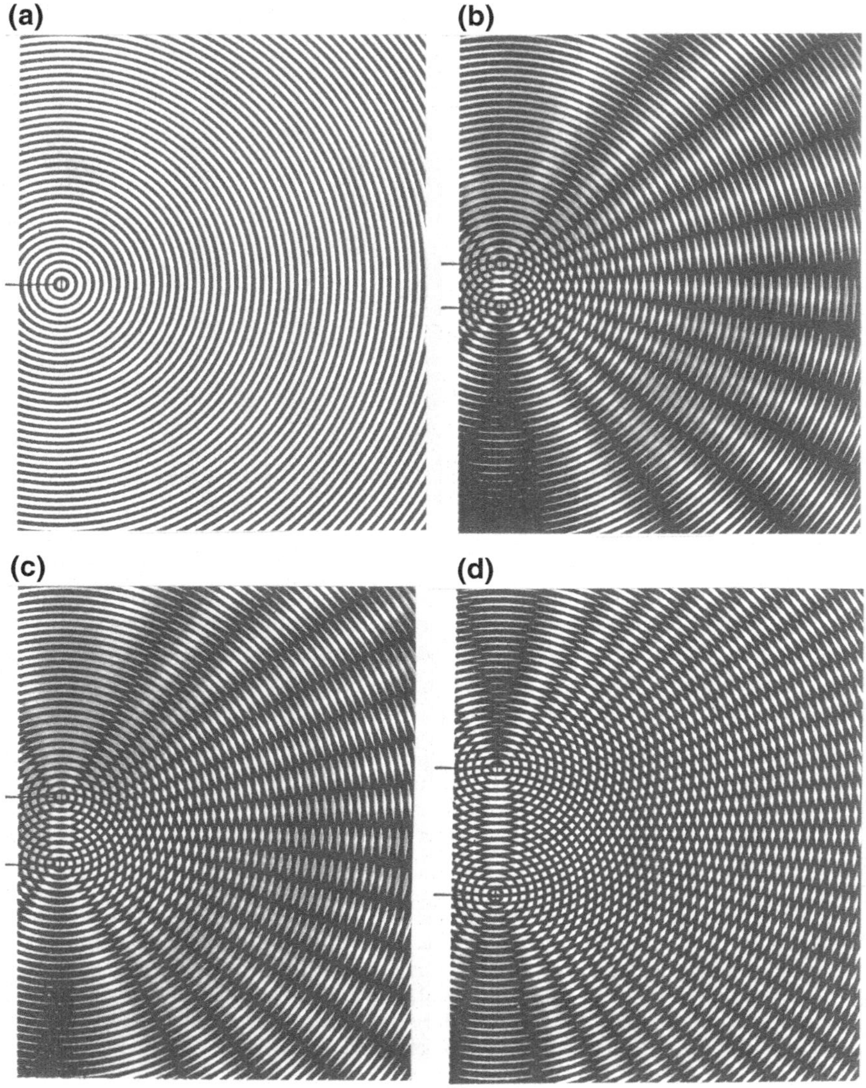

Abb. 2.5 **a** Ausbreitung einer von einem Punkt ausgehenden Kugelwelle. Die dunklen Ringe veranschaulichen die Wellenberge, die im räumlichen Abstand von einer Wellenlänge aufeinander folgen. Das Bild entspricht einer Momentaufnahme und zeigt die Ausbreitung in einer Ebene wie beispielsweise auf einer Wasseroberfläche. **b** Interferenz von zwei gleichen Wellen wie bei **a**, die von zwei verschiedenen Zentren ausgehen. Von **b** bis **d** wird der Abstand zwischen den beiden Wellenzentren größer. In bestimmten Richtungen fallen die Wellenberge und die Wellentäler der beiden Wellen zusammen, sodass beide Wellen sich auslöschen. Mit zunehmendem Abstand der beiden Zentren folgen die Richtungen, bei denen die Auslöschung stattfindet, immer enger aufeinander

Wellenausbreitung auf der Wasseroberfläche, die verursacht wird, wenn wir einen Stein ins Wasser werfen, gut bekannt. Die von den verschiedenen Gitterpunkten stammenden Kugelwellen überlagern sich und können sich dabei verstärken oder auch auslöschen. Man spricht von Interferenz. Wir betrachten hierzu die (elastische) Reflexion einer Welle an einer Serie von parallelen Gitterebenen (Abb. 2.6). Den Abstand zwischen zwei benachbarten Gitterebenen bezeichnen wir mit a, und den Winkel zwischen den Ebenen und der Richtung der ankommenden bzw. der austretenden Welle mit θ. Die Differenz der Wegstrecke, die von der Welle bei der Reflexion an den beiden Ebenen zurückgelegt wird, beträgt 2 a $\sin\theta$. Für konstruktive Interferenz, bei der sich die Amplituden beider Wellen genau addieren, muss diese Wegdifferenz ein ganzzahliges Vielfaches der Wellenlänge λ sein. Somit erhalten wir das berühmte Bragg'sche Reflexionsgesetz

$$2\,a\sin\theta = n\,\lambda \tag{2.2}$$

wobei n eine ganze Zahl ist.

Unsere Diskussion beschränkte sich bisher auf eine Serie von parallelen Gitterebenen, die alle den gleichen Normalvektor besitzen. Im Fall eines dreidimensionalen Kristalls haben wir aber auch noch zwei weitere Orientierungen von Gitterebenen mit den dazu gehörigen beiden Richtungen der Normalvektoren zu berücksichtigen. Hierzu ist es zweckmäßig, von einer geradlinigen periodischen Anordnung von Punkten, die eine Kette bilden, auszugehen (Abb. 2.7). Die von sämtlichen Punkten ausgehenden Kugelwellen verstärken sich zu maximaler Intensität, wenn sich die Ausbreitungsstrecke aus benachbarten Punkten exakt um eine Wellenlänge oder um ein Vielfaches davon unterscheidet. Andererseits erfolgt bei einem Unterschied von einer halben Wellenlänge oder dem ungeraden Vielfachen davon vollständige Auslöschung. Auf diese Weise findet man, dass Richtungen mit maximaler bzw. minimaler Intensität entstehen, die kegelförmig um die geradlinige Punktreihe angeordnet sind. Je kleiner der Punktabstand, umso größer ist der Öffnungswinkel der Kegel. Auf einer um die gemeinsame Spitze dieser

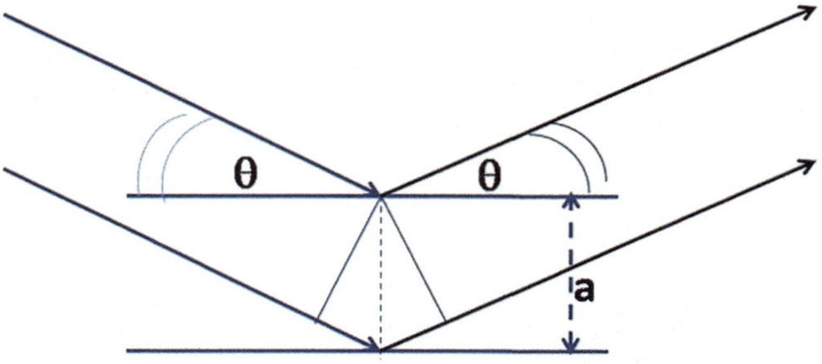

Abb. 2.6 Reflexion einer Welle an zwei im Abstand a voneinander befindlichen Gitterebenen. Die Differenz der von beiden Wellen zurückgelegten Wegstrecke beträgt 2 a $\sin\theta$. Θ ist der Winkel zwischen den Gitterebenen und der ankommenden bzw. der austretenden Welle

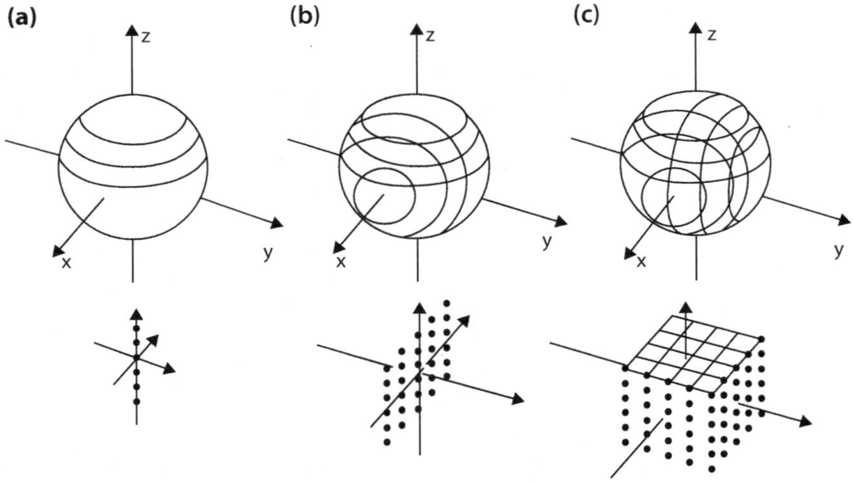

Abb. 2.7 Erzeugung des Laue-Diagramms als Interferenzmuster durch die Beugung von Röntgenstrahlen an einem dreidimensionalen Punktgitter. Bei einer eindimensionalen Punktkette **a** liegen die Richtungen mit maximaler bzw. minimaler Intensität auf Kegeln, die um die Punktreihe angeordnet sind. Auf einer um die gemeinsame Spitze dieser Kegelfamilie als Mittelpunkt gedachten Kugeloberfläche ergeben die Richtungen mit maximaler oder minimaler Intensität eine Serie von Kreisen. Bei einem zweidimensionalen ebenen Punktgitter **b** muss eine zweite Kegelfamilie hinzugefügt werden, die um die Richtung der zweiten, neu hinzugekommenen geradlinigen Punktreihe angeordnet ist. Auf der Kugeloberfläche ergibt sich jetzt eine zweite Serie von Kreisen, deren Schnittpunkte die Richtungen mit maximaler bzw. minimaler Intensität liefern. Bei einem dreidimensionalen Punktgitter **c** haben wir schließlich entsprechend mit drei Kegelfamilien zu tun. Die resultierenden drei Serien von Kreisen auf der Kugeloberfläche haben aber im Allgemeinen keine gemeinsamen Schnittpunkte mehr, die die Richtungen maximaler bzw. minimaler Intensität markieren. Solche gemeinsamen Schnittpunkte existieren jetzt nur noch für spezielle Werte der Wellenlänge oder der Frequenz der Röntgenstrahlen

Kegelfamilie als Mittelpunkt gedachten Kugeloberfläche ergeben die Richtungen mit maximaler oder minimaler Intensität eine Serie von Kreisen. Erweitern wir jetzt unsere eindimensionale Anordnung von Punkten zu einem zweidimensionalen ebenen Gitter, so müssen wir eine zweite Kegelfamilie hinzufügen, die um die zweite, neu hinzugekommene geradlinige Punktreihe angeordnet ist. Auf der Kugeloberfläche liefern die Richtungen mit maximaler oder minimaler Intensität eine zweite Serie von Kreisen. Insgesamt sind in diesem Fall Richtungen mit maximaler Intensität nur für die Schnittpunkte der Kreise von beiden Kegelfamilien zu erwarten. Solche Schnittpunkte lassen sich jedoch immer finden. Gehen wir schließlich zum dreidimensionalen Punktgitter über, so haben wir es mit drei Kegelfamilien zu tun. Wieder sind es die Schnitte aller drei Kegelfamilien mit der Kugeloberfläche, die die Richtungen mit maximaler Beugungsintensität festlegen. Die entsprechenden drei Serien von Kreisen auf der Kugeloberfläche besitzen jedoch im Allgemeinen keine gemeinsamen Schnittpunkte mehr (Abb. 2.7). Gemeinsame Schnittpunkte, die hohe Intensität der gebeugten Strahlung markieren, gibt es jetzt nur noch in Ausnahmefällen, also nur für besonders ausgewählte

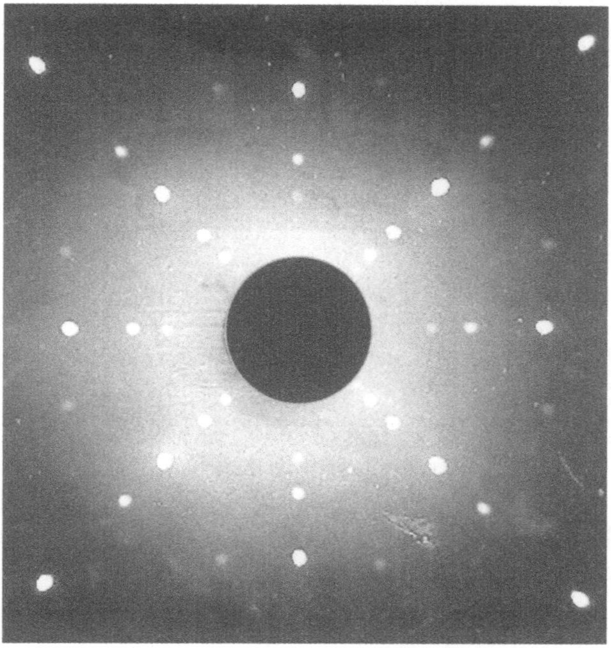

Abb. 2.8 Durch die Beugung von Röntgenstrahlen erzeugtes Laue-Diagramm für einen kubischen K_2SnCl_6 Kristall. (Foto: © J. Ihringer)

Wellenlängen oder Frequenzen der Röntgenstrahlen. Für diese selektierten Wellenlängen existieren einzelne bestimmte Beugungsrichtungen mit hoher Intensität, die auf dem zum Nachweis benutzten fotografischen Film ein charakteristisches Punktmuster, das sogenannte Laue-Diagramm, erzeugen (Abb. 2.8). Damit das Verfahren funktioniert, muss allerdings ein ganzes Frequenzband der Röntgenstrahlung zur Verfügung stehen, aus dem dann für die Richtungen hoher Intensität die geeigneten Frequenzen automatisch selektiert werden.

Das Bragg'sche Beugungsgesetz in Gl. 2.2 ist nach den beiden englischen Wissenschaftlern William Henry Bragg und seinem Sohn William Lawrence Bragg benannt, die wir oben erwähnt haben. Unmittelbar nach der Veröffentlichung des ersten Laue-Diagramms haben sie die zugrunde liegenden Interferenzphänomene theoretisch analysiert. Aus dem Punktmuster eines Laue-Diagramms lässt sich besonders gut die Kristallsymmetrie bestimmen.

2.2 Reziprokes Gitter, Brillouin-Zonen

Die Beugungserscheinung einer Welle an einem räumlich periodischen Kristallgitter (periodisches Potenzial) lässt sich mathematisch besonders einfach durch das Konzept des reziproken Gitters darstellen. Das Konzept beruht auf dem abstrakten mathematischen Wellenvektor- oder Impulsraum (Fourier-Raum) und wurde von dem Amerikaner Josiah Willard Gibbs vorgeschlagen. Eine sich in x-Richtung fortpflanzende Welle lässt sich als komplexe Funktion schreiben

$$F(x, t) = F_0\, e^{i(kx-\omega t)} \tag{2.3}$$

Hier bedeutet t die Zeit und ω die Kreisfrequenz. Die Wellenzahl k hängt über die Beziehung $k = 2\pi/\lambda$ mit der Wellenlänge λ zusammen. Im dreidimensionalen Fall kann die Funktion Gl. 2.3 verallgemeinert werden, und man erhält

$$F(\mathbf{r}, t) = F_0\, e^{i(\mathbf{k}\,\mathbf{r}-\omega t)} \tag{2.4}$$

wobei $\mathbf{r} = \mathbf{x} + \mathbf{y} + \mathbf{z}$ und $\mathbf{k} = \mathbf{k_x} + \mathbf{k}_y + \mathbf{k}_z$. Die Wellenzahl k des eindimensionalen Falls ist durch den Wellenvektor **k** mit seinen drei Komponenten $\mathbf{k}_x$, $\mathbf{k}_y$, $\mathbf{k}_z$ ersetzt.

Das reziproke Gitter ist folgendermaßen definiert

$$\mathbf{G} = h_1\,\mathbf{A} + h_2\,\mathbf{B} + h_3\,\mathbf{C} \tag{2.5}$$

wobei h_1, h_2, h_3 ganze Zahlen sind. Die fundamentalen Vektoren **A, B, C** sind mit den Translationsvektoren **a**, **b**, **c** der Elementarzelle (Abb. 2.1) verknüpft und sind folgendermaßen definiert

$$\mathbf{A} = 2\pi\frac{\mathbf{b} \times \mathbf{c}}{\mathbf{a}\,\mathbf{b} \times \mathbf{c}};\ \mathbf{B} = 2\pi\frac{\mathbf{c} \times \mathbf{a}}{\mathbf{a}\,\mathbf{b} \times \mathbf{c}};\ \mathbf{C} = 2\pi\frac{\mathbf{a} \times \mathbf{b}}{\mathbf{a}\,\mathbf{b} \times \mathbf{c}} \tag{2.6}$$

Wir sehen, dass die Vektoren **A**, **B**, **C** des reziproken Gitters jeweils senkrecht auf zwei fundamentalen Achsen des Kristallgitters stehen. Den Nutzen der Einführung des reziproken Gitters erkennt man insbesondere, wenn man eine Funktion mit der genauen Periodizität des Kristallgitters (zum Beispiel das Streupotenzial für die Elektronen) mathematisch ausdrücken möchte. Man erhält eine solche Funktion in der Form

$$U(\mathbf{r}) = \sum\nolimits_G u_{\mathbf{G}} e^{i\,\mathbf{G}\,\mathbf{r}}, \tag{2.7}$$

wobei über alle Vektoren **G** des reziproken Gitters summiert wird. Diese Funktion erfüllt die Periodizitätsbedingung

$$U(\mathbf{r} + \boldsymbol{\rho}) = U(\mathbf{r}). \tag{2.8}$$

Hierbei ist $\boldsymbol{\rho}$ ein Gittervektor in der Form von Gl. 2.1. Für alle Gittervektoren $\boldsymbol{\rho}$ erfüllen die reziproken Gittervektoren **G** die Beziehung

$$e^{i\mathbf{G}\boldsymbol{\rho}} = 1 \tag{2.9}$$

Wir erkennen dies, indem wir schreiben

$$\mathbf{G}\,\boldsymbol{\rho} = (h_1\mathbf{A} + h_2\mathbf{B} + h_3\mathbf{C})(n_1\mathbf{a} + n_2\mathbf{b} + n_3\mathbf{c}) = 2\pi(h_1 n_1 + h_2 n_2 + h_3 n_3). \tag{2.10}$$

Aus dem ganzzahligen Vielfachen von 2π ergibt sich direkt die Periodizität (Gl. 2.8):

$$U(\mathbf{r} + \rho) = \sum_{\mathbf{G}} u_{\mathbf{G}} e^{i\mathbf{G}(\mathbf{r}+\rho)} = \sum_{\mathbf{G}} u_{\mathbf{G}} e^{i\mathbf{G}\mathbf{r}} = U(\mathbf{r})$$

Wir wenden uns jetzt dem Beugungsproblem zu, der Streuung einer Welle aus dem eintreffenden Wellenvektor **k** in den austretenden Wellenvektor **k′**. Die Intensität der gestreuten Welle ist proportional zu

$$\text{Intensit}\ddot{a}\text{t} \sim \int d\tau\, e^{i\mathbf{r}(\mathbf{k}-\mathbf{k}')} U(\mathbf{r}) = \sum_{\mathbf{G}} u_{\mathbf{G}} \int d\tau\, e^{i\mathbf{r}(\mathbf{k}-\mathbf{k}')} e^{i\mathbf{G}\mathbf{r}}$$

($d\tau$ = Volumenelement). Das letzte Integral verschwindet aufgrund Auslöschung durch Interferenz, außer in dem Fall, für den der Exponent selbst verschwindet, also für den Fall $\mathbf{k} - \mathbf{k}' + \mathbf{G} = 0$. Wir finden so die wichtige neue Form der Bragg'schen Beziehung für die konstruktive Interferenz zwischen zwei Wellen, die durch den Kristall von **k** nach **k′** gestreut werden:

$$\mathbf{k}' - \mathbf{k} = \mathbf{G} \tag{2.11}$$

Aus der einfachen Form von Gl. 2.7 und Gl. 2.11 erkennen wir wieder den besonderen Vorteil vom Konzept des reziproken Gitters.

Der abstrakte Impulsraum (**k**-Raum) mit dem reziproken Gitter wird in Brillouin-Zonen eingeteilt. Die Grenzen der Brillouin-Zonen findet man, indem man auf der halben Verbindungsstrecke zu einem Punkt des reziproken Gitters in senkrechter Richtung eine Fläche legt. Indem man immer größere Vektoren bei dieser Konstruktion im reziproken Gitter verwendet, erhält man die erste, zweite, dritte, usw. Brillouin-Zone. In Abb. 2.9 zeigen wir als Beispiel die erste Brillouin-Zone für den (zweidimensionalen) Fall der beiden senkrecht zueinander orientierten fundamentalen Vektoren **A** und **B**. Wie wir in Kap. 4 sehen werden, spielen die Brillouin-Zonen für die elektronische Bandstruktur von Materialien eine wichtige Rolle.

Nach den ersten Erfolgen mit der Beugung von Röntgenstrahlen wurde die Methode schnell in verschiedenen Richtungen weiter entwickelt. Bei der „Drehkristallmethode" wird ein gut gebündelter, monochromatischer Röntgenstrahl auf den Kristall gerichtet, wobei der Kristall gleichzeitig um eine feste Achse gedreht wird. Große Intensität der gebeugten Strahlung wird nur für bestimmte Winkeleinstellungen des Kristalls relativ zum einfallenden Röntgenstrahl beobachtet, für die die Bragg-Bedingung erfüllt ist.

Für die beiden bisher genannten Verfahren sind genügend große Einkristalle erforderlich. Wie Peter Debye und Paul Scherrer als Erste gezeigt haben, kann jedoch auch Kristallpulver benutzt werden, das unter Umständen in die Form eines kleinen Zylinders gepresst ist. Man verwendet bei dieser Pulvermethode wieder monochromatische Röntgenstrahlung. Unter den vielen ungeordneten Kriställchen des Pulvers finden sich immer genügend, bei denen ihre Orientierung die Beugungsbedingung gut erfüllt. Die Drehung der Probe bei der Drehkristallmethode wird hier quasi automatisch erledigt. Als ein wichtiges Ergebnis können mit allen drei Methoden die Atom- oder Molekülabstände im Kristallgitter genau bestimmt werden, wenn die Wellenlänge der Röntgenstrahlen bekannt ist.

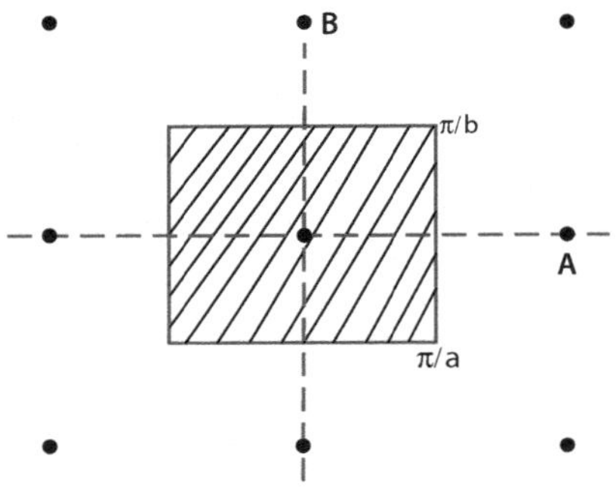

Abb. 2.9 Konstruktion der ersten Brillouin-Zone in dem (zweidimensionalen) Fall der beiden senkrecht zueinander orientierten fundamentalen Vektoren **A** und **B** des reziproken Gitters

Bei seinen Experimenten in Würzburg hatte Röntgen die neuen Strahlen entdeckt, als er in einer hochevakuierten Kathodenstrahlröhre das physikalische Verhalten der Gasentladung untersuchte. Im Laufe nur einiger Wochen intensiver Forschungsarbeit hatte er herausgefunden, dass die Strahlen immer dann auftreten, wenn die schnellen Elektronen in der Glasröhre durch einen festen Gegenstand abgebremst werden. Besonders wirkungsvoll waren hierbei Gegenstände aus schweren Elementen wie Wolfram oder Platin. Das Prinzip zur Erzeugung der „Bremsstrahlung", wie sie später oft genannt wird, war gefunden und wurde dann bis heute bei der Konstruktion von Quellen für Röntgenstrahlen beibehalten. Eine seiner ersten für die Strahlerzeugung speziell entwickelten Glasröhren mit eingeschmolzener Kathode und Anode hatte Röntgen noch von der Glashütte der Firma Greiner und Friedrichs in dem kleinen Ort Stützerbach bei Ilmenau in Thüringen bezogen. Im Laufe der Zeit haben später die großen Firmen der Elektrotechnik den Bau von Röntgengeräten aufgegriffen, und dieser Bereich hat sich zu einem wichtigen Geschäftsfeld entwickelt. Dabei hat der Grad an Automatisierung und komfortabler Ausstattung der Geräte ständig zugenommen.

Als neueste Entwicklung ist die Erzeugung von Röntgenstrahlen in großen, ringförmigen Elektronenbeschleunigern, sogenannten Elektronen-Synchrotrons, zu nennen. Ein eindrucksvolles Beispiel ist die große europäische Synchrotron-Strahlenquelle in Grenoble mit ihrem Ringdurchmesser von 270 m (Abb. 2.10). Entlang der Ringstruktur ist Platz für etwa 60 verschiedene Messstationen. Die Elektronen laufen mit einer hohen Energie von 6 GeV auf einer kreisförmigen Bahn, auf der sie gehalten werden, indem sie viele Ablenkmagnete durchlaufen. Aufgrund dieser (seitlichen) Beschleunigung der Elektronen wird die Synchrotronstrahlung emittiert, deren Frequenz von der kinetischen Energie der Elektronen abhängt. Durch den Einbau spezieller Ablenkelemente, sogenannte Wiggler oder Undulatoren, in die Ringstrecke können Strahlen mit speziellen Eigenschaften für die einzelnen Messplätze zur Verfügung gestellt werden. Ähnliche große Lichtquellen wie in Grenoble sind heute weltweit an mehreren Orten in Betrieb. Mit ihnen wird elektromagnetische Strahlung hoher Intensität vor allem im fernen ultravioletten Spektralbereich und im nahen Röntgenbereich erzeugt.

Die Beugung von Röntgenstrahlen ist heute eines der wichtigsten Werkzeuge für die Materialanalyse. Als besondere Höhepunkte dieser Strukturaufklärung mithilfe von Röntgenstrahlen, neben dem schon genannten ersten Hinweis auf den Gitteraufbau von Kristallen, nennen wir beispielsweise die Röntgenanalyse des für den menschlichen Sauerstofftransport verantwortlichen roten Blutfarbstoffs Hämoglobin

Abb. 2.10 Luftaufnahme der großen europäischen Synchrotron-Strahlenquelle in Grenoble (heller Ring im Vordergrund). Der runde turmartige Behälter neben dem Ring ist die Außenhülle des deutsch-französischen Forschungsreaktors des Laue-Langevin-Instituts. (© Studio de la Révirée, Grenoble)

von Max Perutz sowie den Strukturvorschlag für die DNS-Doppelhelix von Francis Harry Compton Crick und James D. Watson, der dann im Winter 1952/53 durch die Röntgenaufnahmen von Rosalind Franklin entscheidend beeinflusst wurde. An dieser Stelle sind auch die Arbeiten von Robert Huber, Johann Deisenhofer und Hartmut Michel zur Aufklärung der dreidimensionalen Struktur des Reaktionszentrums der Fotosynthese mithilfe der Röntgenbeugung zu erwähnen. Die drei letzten Beispiele unterstreichen die große Bedeutung der Röntgenstrahlung für die Strukturaufklärung von komplizierten organischen Stoffen wie etwa der Proteine oder der Nukleinsäuren. Die auf Max von Laue, W. H. Bragg und W. L. Bragg zurückgehenden Konzepte wurden allmählich so verfeinert, dass aus den Reflexen der Röntgenbeugung nicht nur die periodische Anordnung der Gitterplätze des molekularen Kristalls, sondern auch der innere atomare Feinbau des einzelnen Proteinmoleküls genau rekonstruiert werden kann. Die Präparation der hierzu notwendigen organischen Kristalle erfordert allerdings besondere Anstrengungen.

Neben der Beugung von Röntgenstrahlen ist abschließend die oben schon erwähnte (elastische) Neutronenstreuung und ihre zunehmende Bedeutung für die Aufklärung von Kristallstrukturen noch einmal zu nennen. In den letzten Jahren wurden die Einrichtungen für die Neutronenbeugung in verschiedenen Forschungszentren stark ausgebaut.

2.3 Quasikristalle

Schließlich wollen wir noch eine Erscheinung besprechen, deren Entdecker zunächst Ablehnung und Verspottung erfuhr, bis er nach der allmählichen Akzeptanz seiner Ideen im Jahr 2011 durch die Verleihung des Nobelpreises in Chemie geehrt wurde: Wir meinen Daniel Shechtman und seine Entdeckung der Quasikristalle. Am 8. April 1982 erhielt er an der Johns-Hopkins-Universität in Baltimore, USA, mit seinem Elektronenmikroskop ein Beugungsbild einer Legierung aus Aluminium und Mangan, das eine zehnfache Symmetrie aufwies. Bei einer kompletten Drehung wurde also insgesamt zehnmal (nach jeweils weiteren 36 Grad) ein identisches Bild reproduziert. Die weitere Untersuchung zeigte, dass der Kristall selbst eine fünfzählige Symmetrie aufwies, was nach dem damaligen Kenntnisstand unmöglich sein sollte. In einem solchen Kristall mit fünfzähliger Symmetrie sind die Atome zwar regelmäßig angeordnet, aber keineswegs mehr streng periodisch. Wieso konnte Shechtman das scharfe Beugungsmuster erhalten?

Für sein Ergebnis erntete Shechtman scharfe Kritik von allen Seiten. Er musste sogar seine Arbeitsgruppe in Baltimore verlassen und ging zurück nach Israel. Erst zweieinhalb Jahre später konnte er seine Ergebnisse publizieren. Anschließend setzte aber allmählich Unterstützung für Shechtman ein. Fünf Wochen nach seinem Artikel erschien eine Veröffentlichung, in der diese neue Art von Kristallen diskutiert und der Name „Quasikristalle“ vorgeschlagen wurde. Schon Mitte der 1970er-Jahre hatte der Mathematiker Roger Penrose gezeigt, dass man mit nur zwei Bausteinen, einem schlanken und einem gestauchten schiefwinkligen Rechteck, ein die Fläche vollständig bedeckendes Muster erzeugen kann, das sich aber niemals genau wiederholt. Mittlerweile sind Quasikristalle bei zahlreichen Materialsystemen und auch in der Natur gefunden worden.

In der Mitteilung des Nobelkomitees zum Fall Shechtman wird eigens die „wichtige Lektion für die Wissenschaft“ hervorgehoben:

> Die Leistung Dan Shechtmans besteht offenkundig nicht nur in der Entdeckung der Quasikristalle, sondern auch darin, dass er die Bedeutung dieser Entdeckung erkannte und entschlossen war, dies einer skeptischen Wissenschaftlergemeinde zu vermitteln.

2.4 Bindungskräfte

Im letzten Teil dieses Kapitels wollen wir uns mit den Bindungskräften beschäftigen, die die (atomaren oder molekularen) Bestandteile eines Festkörpers zusammenhalten. Grundsätzlich haben wir es hier immer mit einer anziehenden elektrostatischen Wechselwirkung zwischen Elektronen und den positiv geladenen Atomkernen zu tun. (Gravitation und Kernkräfte spielen bei dieser Diskussion keine Rolle.) Dabei sind spezielle Fälle möglich, die die verschiedenen Bindungstypen ergeben. Als Festkörper (oder als kondensierte Materie) ist die Gesamtenergie aller Bestandteile stets geringer als die des in seine Atome oder Moleküle ohne gegenseitige Wechselwirkung völlig zerlegten Körpers. Der entsprechende Energiegewinn erscheint als Bindungsenergie.

Man unterscheidet die folgenden Hauptbindungstypen: Van-der-Waals-Bindung, Ionenbindung, kovalente Bindung, metallische Bindung und Wasserstoffbrückenbindung.

Als Ausgangspunkt bei der ***Van-der-Waals-Bindung*** betrachten wir schwer ionisierbare Atome mit abgeschlossenen Elektronenschalen (beispielsweise Edelgase). Im Zeitmittel finden wir bei jedem Atom eine kugelsymmetrische Ladungsverteilung der negativen Elektronenschalen um den positiven Atomkern. Während das elektrische Feld im Außenraum im stationären Zustand verschwindet, ergibt sich durch die Bewegung der äußeren Elektronen (Fluktuationen) ein zeitlich veränderliches Dipolmoment (mit verschwindendem zeitlichem Mittelwert). Betrachten wir zwei Atome (1) und (2) im Abstand R, dann erzeugt das momentane Dipolmoment p_1 von (1) das elektrische Feld

$$|\mathbf{E}| = 2\,p_1/R^3 \tag{2.12}$$

am Ort von (2). Es resultiert das induzierte Dipolmoment

$$p_2 = \alpha\,|\mathbf{E}| = 2\,\alpha\,p_1/R^3 \tag{2.13}$$

von (2). Hier bezeichnet α die Polarisierbarkeit. Die anziehende Wechselwirkung zwischen $\mathbf{p}_1$ und $\mathbf{p}_2$ erkennt man anhand der beiden in Abb. 2.11 dargestellten Fälle. Im Fall 1 ergibt sich aufgrund der Abnahme von $\mathbf{E}$ mit zunehmender Entfernung von $\mathbf{p}_1$ eine nach links gerichtete Kraft auf $\mathbf{p}_2$. Im Fall 2 erfolgt wieder eine Anziehung, da die Abstände zwischen den (sich anziehenden) entgegengesetzten Ladungen kleiner sind als die zwischen den (sich abstoßenden) gleichen Ladungen.

Wie man aus der Elektrostatik weiß, beträgt die potenzielle Energie U($\mathbf{R}$) zweier sich im Abstand $\mathbf{R}$ voneinander befindlichen Dipole $\mathbf{p}_1$ und $\mathbf{p}_2$

$$U(\mathbf{R}) = \frac{\mathbf{p}_1\mathbf{p}_2}{\mathbf{R}^3} - \frac{3(\mathbf{p}_1\mathbf{R})(\mathbf{p}_2\mathbf{R})}{\mathbf{R}^5} \tag{2.14}$$

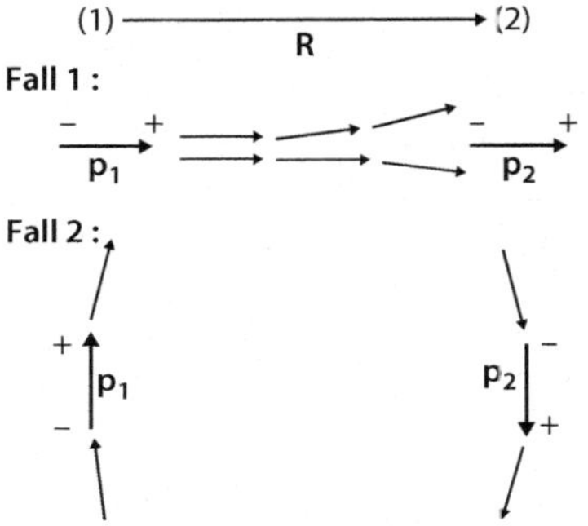

Abb. 2.11 Anziehende Wechselwirkung zwischen den Dipolen $\mathbf{p}_1$ und $\mathbf{p}_2$ der beiden Atome (1) und (2) bei der Van-der-Waals-Bindung. Weitere Erläuterungen im Text

Für den Fall 1 in Abb. 2.11 ergibt sich

$$U(\mathbf{R}) = -2\mathbf{p}_1\mathbf{p}_2/\mathbf{R}^3 = -4\,\alpha\mathbf{p}_1^2/\mathbf{R}^6 \tag{2.15}$$

Hierbei beachten wir, dass der zeitliche Mittelwert $\overline{\mathbf{p}_1^2} > 0$, obwohl $\overline{\mathbf{p}}_1 = 0$ ist.

Die schwache Van-der-Waals-Bindung ist ungerichtet. Man findet sie in den Edelgasen und in den Kristallen vieler organischer Moleküle. Die Bindungsenergie beträgt etwa $U \approx 10^{-21}\,\mathrm{J} \approx 10^{-2}\,\mathrm{eV}$. mit $R \approx 0,4\,\mathrm{nm}$.

An dieser Stelle wollen wir eine Bemerkung zu den Energieeinheiten einfügen. Es gilt: $\mathrm{eV} = 1,6 \cdot 10^{-19}\,\mathrm{J}$, und (mit der Boltzmann-Konstanten k_B) für die thermische Energie $k_B\,T \approx 10^{-23}\frac{\mathrm{J}}{\mathrm{K}}\,T$. Somit ergibt sich der obige Wert von U für $T = 100\,\mathrm{K}$. Der Schmelzpunkt dieser Materialien liegt deshalb etwa bei 100 K.

Aus Gl. 2.14 oder Gl. 2.15 findet man, dass die Bindungsenergie U(R) mit wachsendem Abstand R proportional zu R^{-6} schnell abnimmt. Bei genügend kleinem Abstand findet jedoch aufgrund der Überlappung der Elektronenschalen Abstoßung statt. Mit Annahme des empirischen Abstoßungsgesetzes proportional zu R^{-12} ergibt sich

$$U(R) = 4\,\varepsilon\left[\left(\frac{\sigma}{R}\right)^{12} - \left(\frac{\sigma}{R}\right)^{6}\right]. \tag{2.16}$$

Das durch die beiden Parameter ε und σ festgelegte Modellpotenzial Gl. 2.16 ist als Lennard-Jones-Potenzial bekannt und in Abb. 2.12 dargestellt. Dieses Potenzial oder andere ähnliche Modellpotenziale mit zwei oder mehr Parametern, die an experimentelle Daten angepasst werden, dienen dazu, aus ihnen physikalische Größen abzuleiten.

Beim Übergang zum Kristall mit N Atomen findet man mit Gl. 2.16 die Gesamtenergie U_{ges} durch Summation über alle Paare (nächste, übernächste, etc., Nachbarn)

$$U_{ges} = \frac{1}{2}N\,4\,\varepsilon\left\{\sum_j\left(\frac{\sigma}{R\,\rho_{ij}}\right)^{12} - \sum_j\left(\frac{\sigma}{R\,\rho_{ij}}\right)^{6}\right\} \tag{2.17}$$

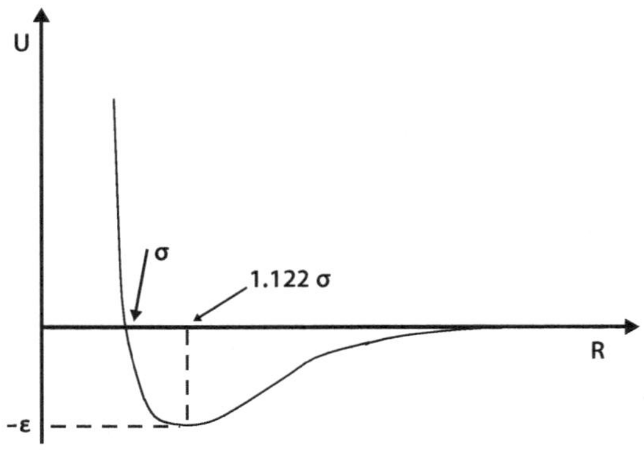

Abb. 2.12 Schematische Darstellung des Lennard-Jones-Potenzials U(R) nach Gl. 2.16

Das i-te Atom wird willkürlich herausgegriffen, und die Summe $\sum_j(-)$ läuft über alle $j \neq i$. Für alle möglichen i ergibt dies den Faktor N. Da hierbei jedes Atom 2-mal gezählt wird, resultiert der Faktor ½. (Die Zahlen $\rho_{ij} = 1, 2, 3, \ldots, \sqrt{2}, \sqrt{3}, \ldots$, usw. werden eingeführt, damit das Ergebnis bis auf R von der speziellen Substanz unabhängig ist).

Für das Beispiel eines kubisch flächenzentrierten Kristalls liefert die Rechnung

$$\sum_j \left(\frac{1}{\rho_{ij}}\right)^{12} = 12{,}131; \quad \sum_j \left(\frac{1}{\rho_{ij}}\right)^{6} = 14{,}454 \tag{2.18}$$

Im Fall des kubisch flächenzentrierten Gitters gibt es 12 nächste Nachbarn. Hieraus erkennen wir mit Gl. 2.18 die schnelle Konvergenz der Summen. Aus der Bedingung $\partial U_{ges}/\partial R = 0$ erhält man den Gleichgewichtsabstand $R_o = 1{,}09\,\sigma$, in guter Übereinstimmung mit den Werten bei den Edelgasen. Ferner ergibt sich $U_{ges}(R_o) = -2{,}15(4\,N\,\varepsilon) = -8{,}6\,N\,\varepsilon$. Aufgrund der 12 nächsten Nachbarn allein erwarten wir $U_{ges} = -6\,N\,\varepsilon$.

Als Nächstes betrachten wir die ***Ionenbindung***. Die Ionenkristalle setzen sich aus positiven und negativen Ionen mit abgeschlossenen Elektronenschalen zusammen. Die Ladungen mit entgegengesetztem Vorzeichen sind im Kristallgitter abwechselnd nebeneinander angeordnet, sodass die anziehende Coulomb-Kraft zwischen entgegengesetzten Ladungen die Abstoßung zwischen gleichen Ladungen überwiegt. Ein Beispiel ist Kochsalz (NaCl) mit den positiven Na^+- und den negativen Cl^--Ionen. Die elektrostatische Wechselwirkungsenergie beträgt $e^2/R_o \approx 5$ eV für den Ladungsabstand $R_o \approx 0{,}3$ nm (e = Elementarladung). Wie wir sehen, ist die Bindungsenergie deutlich größer als im Fall der Van-der-Waals-Bindung.

Die R^{-1}-Abhängigkeit der Bindungsenergie bedeutet eine lange Reichweite der Wechselwirkung und somit eine Wechselwirkung zwischen den Ladungen sowohl mit entgegengesetztem als auch mit gleichem Vorzeichen. Im Grenzfall sehr kleiner Abstände ist wieder Abstoßung zu erwarten. Das Abstoßungspotenzial kann in der Form gewählt werden $\lambda\, e^{-r_{ij}/\rho}$, wobei r_{ij} der Abstand zwischen den Ionen i und j ist, und ρ den Abfall des Potenzials festlegt.

Die Gesamtenergie eines Kristalls mit N Ionen finden wir wieder, indem wir ein Ion i herausgreifen und über alle $j \neq i$ summieren:

$$U_{ges} = \frac{N}{2} \sum_j \left(\lambda\, e^{-r_{ij}/\rho} \mp \frac{e^2}{r_{ij}}\right) \tag{2.19}$$

Der erste Beitrag in der Klammer enthält die Abstoßung und der zweite Beitrag die Coulomb-Wechselwirkung zwischen den Ionen. Mit dem Nachbarabstand R und der Schreibweise $r_{ij} = R\rho_{ij}$ erhalten wir aus Gl. 2.19

$$U_{ges} = \frac{N}{2} z\, \lambda\, e^{-R/\rho} - \frac{N}{2}\frac{e^2}{R}\left(\sum_j \frac{(\mp 1)}{\rho_{ij}}\right) \tag{2.20}$$

In Gl. 2.20 haben wir uns bei dem Beitrag der Abstoßung auf die Anzahl z der nächsten Nachbarn beschränkt. Die Summe in der Klammer

$$\sum_j \frac{(\mp 1)}{\rho_{ij}} = \alpha \tag{2.21}$$

ist als Madelung-Konstante bekannt, die von der Kristallstruktur abhängt. Somit erhalten wir

$$U_{ges} = \frac{N}{2}\left(z\,\lambda\,e^{-R/\rho} - \alpha\frac{e^2}{R}\right) \tag{2.22}$$

Für Kochsalz ergibt sich $\alpha \approx 1{,}7$. Bei der Berechnung von α ist die Konvergenz manchmal langsam, und Summationstricks können helfen.

Die Bedingung $\partial U_{ges}/\partial R = 0$ liefert wieder den Gleichgewichtsabstand R_o und schließlich die Energie

$$U_{ges} = -\frac{N\,\alpha\,e^2}{2\,R_o}\left(1 - \frac{\rho}{R_o}\right) \tag{2.23}$$

Man findet $\rho/R_o \approx 0{,}1$, worin sich die geringe Reichweite der Abstoßungskraft ausdrückt. Der Ausdruck vor der Klammer wird als Madelung-Energie bezeichnet.

Als Erster hat Erwin Rudolf Madelung solche Berechnungen 1918 publiziert. Von 1921 bis zu seiner Emeritierung im Jahr 1949 leitete er das Institut für Theoretische Physik an der Frankfurter Universität.

Die ***kovalente Bindung*** ist der Haupttyp in der Chemie und besonders in der organischen Chemie. Eine sehr starke kovalente Bindung zwischen zwei Kohlenstoffatomen finden wir im Diamant mit seiner Bindungsenergie von 7,3 eV. Charakteristisch ist die ausgeprägte Richtungsabhängigkeit, beispielsweise im Fall der tetraedrischen Diamantstruktur bei Kohlenstoff, Silizium und Germanium.

Die kovalente Bindung zwischen zwei Atomen erfolgt durch ein gemeinsames Elektronenpaar mit entgegengesetztem Spin. Das Wasserstoffmolekül (H_2) ist ein einfaches Beispiel dafür. Die theoretische Erklärung ergab sich erst auf der Grundlage der in den 1920er-Jahren geschaffenen Quantenmechanik. In einer berühmten Arbeit haben Walter Heinrich Heitler und Fritz London 1927 die Quantenmechanik bei der kovalenten Bindung des Wasserstoffmoleküls H_2 angewendet. Der zentrale Punkt ist die aus der Ununterscheidbarkeit der beiden Elektronen resultierende Symmetrieeigenschaft der Wellenfunktion bezüglich der Vertauschung beider Teilchen und Austauschwechselwirkung. Ihre Arbeit ist die Grundlage der Valenzstruktur-Theorie der Quantenchemie. Vor allem Linus Carl Pauling hat anschließend die Theoretische Quantenchemie wesentlich geprägt.

Die ***metallische Bindung*** kann als Weiterentwicklung der kovalenten Bindung aufgefasst werden, bei der ein „freies Bindungselektron“ auf viele Atome verteilt ist. Die hohe elektrische Leitfähigkeit der Metalle ist ein wichtiger Hinweis auf die relativ freie Bewegung der Leitungselektronen (1–2 Elektronen pro Atom) im Gitter der positiven Ionen. In der quantenmechanischen Theorie werden die verschiedenen Beiträge zur Energie berücksichtigt:

$$\sum_i \frac{p_i^2}{2m} + \sum_i \sum_j \frac{e^2}{|R_i - R_j|} + \sum_i \sum_j \frac{e^2}{|r_i - r_j|} + \sum_{ij} V(|R_i - r_j|) \tag{2.24}$$

Von links nach rechts sind hier folgende Beiträge aufgeführt: 1) kinetische Energie aller Leitungselektronen, 2) elektrostatische Wechselwirkung der Ionen, 3) elektrostatische Elektron-Elektron-Wechselwirkung, 4) Elektronenenergie im Ionenpotenzial V. Die Theorie hat es hier mit einem „Vielteilchenproblem" zu tun, bei dem in den letzten Jahrzehnten große Fortschritte erzielt wurden.

Die ***Wasserstoffbrückenbindung*** spielt in bestimmten chemischen Umgebungen von Wasserstoffatomen eine Rolle, in denen die Letzteren ihr Elektron an stark elektronegative Nachbaratome, wie beispielsweise Fluor, Sauerstoff oder Stickstoff, abgeben. Auf diese Weise entsteht eine ionenartige Bindung. Wegen des kleinen Protonendurchmessers ist diese Bindung nur zwischen zwei Nachbarn möglich. Sie ist zwischen den H_2O-Molekülen bei Eiskristallen wirksam sowie bei einer großen Zahl von organischen Verbindungen. Ein markantes Beispiel ist die Bindung zwischen den beiden Ketten der DNS-Doppelhelix.

> Im Hinblick auf die zunehmende Stärke der Bindungstypen gilt folgende Reihenfolge:
> Van-der-Waals-Bindung < Wasserstoffbrückenbindung < metallische Bindung < Ionenbindung < kovalente Bindung.

Kapitel 3
Ständige Bewegung im Kristallgitter

Zusammenfassung Die quantisierte Energie der Schwingungen der Atome im Kristallgitter trägt zur spezifischen Wärme und zur Wärmeleitfähigkeit bei. Wie zuerst von Albert Einstein erkannt wurde, gilt auch für das Energiespektrum der Phononen das Planck'sche Strahlungsgesetz. Dies führt zu einer deutlichen Abweichung vom klassischen Gesetz von Dulong und Petit. Das Einstein Modell basierte auf nur einer einzigen Phononen-Frequenz, und wurde anschließend durch Peter Debye verallgemeinert, indem er das gesamte Phononen-Spektrum mit einbezog.

Genau betrachtet besteht der Aufbau eines Kristalls nicht aus einem mathematisch idealen Punktgitter. Stattdessen sind die atomaren oder molekularen Bausteine in ständiger Wärmebewegung. Der Kristall verhält sich gewissermaßen wie ein eng gepackter, summender Bienenschwarm, wobei alle Bienen noch geordnete Gitterplätze einnehmen. Jedes Atom oder Molekül im Kristall schwingt um einen zeitlichen Mittelwert seiner Ortskoordinaten. Bei einem viel benutzten Modell stellt man sich den Kristall als dreidimensionales Gitter von Massenpunkten vor, wobei zwei benachbarte Punkte jeweils durch eine kleine Spiralfeder miteinander verbunden sind. Das vollständige Schwingungsverhalten dieser dreidimensionalen Anordnung von Massenpunkten und Spiralfedern kann in die gesamte Anzahl der „Normalschwingungen" zerlegt werden, die für die Zustandsbeschreibung besonders nützlich sind. Jede einzelne Normalschwingung stellt einen Freiheitsgrad des Kristalls dar. Bei der Temperatur T steckt in jedem Freiheitsgrad die Energie k_BT, wobei k_B die Boltzmann-Konstante bezeichnet. Ein Kristall aus N Atomen besitzt 3N Schwingungsfreiheitsgrade. Somit enthält dieser Kristall die gesamte Schwingungsenergie $U = 3Nk_BT$. Diese Beziehung wird auch als das Gesetz von Dulong und Petit bezeichnet. Der Faktor $3Nk_B$ gibt die spezifische Wärme aufgrund der Gitterschwingungen an, die nach diesem Gesetz von der Temperatur unabhängig ist. Schon 1819 hatten die beiden Franzosen Pierre Louis Dulong und Alexis Thérèse Petit festgestellt, dass die spezifische Wärme fester Stoffe mit ihrer molaren Masse verknüpft und nahezu konstant ist.

R. Huebener, *Leiter, Halbleiter, Supraleiter*,
DOI 10.1007/978-3-662-53281-2_3

3.1 Quantentheorie: Max Planck, Albert Einstein

Bisher haben wir uns auf den klassischen Grenzfall beschränkt und die Quantentheorie noch nicht berücksichtigt. Dieser Quantentheorie wollen wir uns kurz zuwenden. Wie durch Max Planck zum ersten Mal gezeigt wurde, ist die Energie von Licht- und Wärmestrahlen quantisiert, wobei jedes Energiequant den Wert $E = h\nu$ besitzt, der proportional zur Frequenz ν der Strahlung ist. Die dabei eingeführte Planck'sche Konstante h ist eine fundamentale Naturkonstante der Physik. Bei seinen theoretischen Überlegungen, die im Dezember 1900 zu einem ersten Abschluss kamen, hatte Planck die konsequenten Schlussfolgerungen aus kurz zuvor veröffentlichten, besonders präzisen optischen Messungen gezogen. Als Abschluss dieser Entwicklungen konnte Planck sein berühmtes Strahlungsgesetz formulieren. Ihm war es auf diese Weise gelungen, die vorher schon existierenden theoretischen Ansätze für die Grenzfälle kleiner Wellenlängen (Strahlungsgesetz von Wien) und großer Wellenlängen (Strahlungsgesetz von Rayleigh-Jeans) miteinander zu vereinen (Abb. 3.1).

Die optischen Messungen hatte eine Gruppe von Physikern (Ludwig Holborn, Otto Lummer, Ernst Pringsheim, Heinrich Rubens, Wilhelm Wien und andere) an der Physikalisch-Technischen Reichsanstalt in Berlin-Charlottenburg durchgeführt (Abb. 3.2). In der Reichsanstalt, die 1887, hauptsächlich durch die Initiative von Werner Siemens und Hermann von Helmholtz, gegründet worden war, sollten seinerzeit die Grundlagen für ein zuverlässiges Lichtmaß besonders bei der Strahlung von glühenden Metallen erarbeitet werden. Die schnelle Verbreitung der Technik für künstliche Beleuchtung hatte dies damals notwendig gemacht.

Es war Albert Einstein, der 1905 zum ersten Mal die Energiequanten-Hypothese von Planck konsequent auf die Ausbreitung von elektromagnetischen Strahlen angewendet und das Konzept der Lichtquanten oder Photonen, wie sie auch genannt werden, geschaffen hat (Abb. 3.3). Mit diesem Konzept konnte er überzeugend den photoelektrischen Effekt erklären. Bei diesem Effekt werden Elektronen aus der Oberfläche von Metallen bei der Bestrahlung mit Licht einer Frequenz

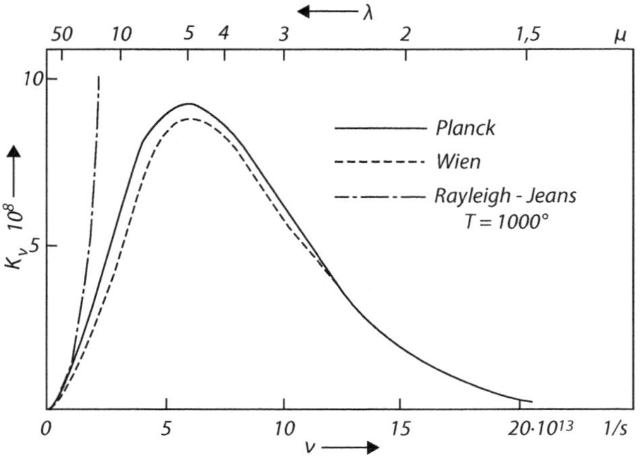

Abb. 3.1 Die Strahlungsgesetze für den Schwarzen Körper nach Planck, Wien sowie Rayleigh und Jeans. Spektrale Strahlungsdichte aufgetragen über der Frequenz

Abb. 3.2 Strahlungsmesslabor um 1900 in der Physikalisch-Technischen Reichsanstalt in Berlin. (Quelle: © Physikalisch-Technische Bundesanstalt Braunschweig und Berlin)

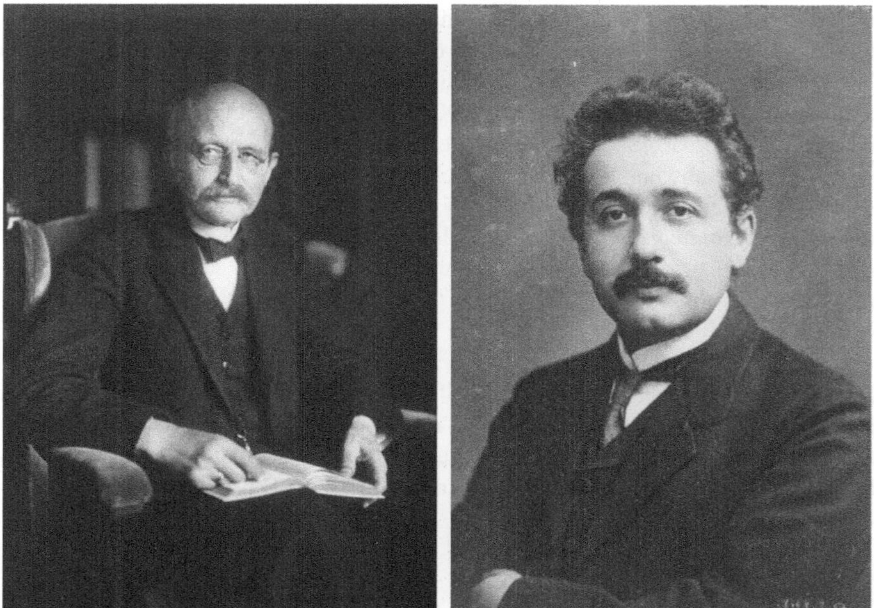

Abb. 3.3 Max Planck *(links)* und Albert Einstein *(rechts)*. (Fotos: © Deutsches Museum, München)

oberhalb einer bestimmten Grenze ausgelöst. Die Energie der ausgetretenen Elektronen hängt nur von der Frequenz des Lichts ab, während sich die Intensität des Lichts nur auf die Anzahl der ausgetretenen Elektronen auswirkt. Für seine Theorie des photoelektrischen Effekts wurde Einstein 1921 der Nobelpreis für Physik verliehen. Einsteins Lichtquantenhypothese ist später durch eine große Anzahl von weiteren Experimenten bewiesen worden.

Wie umwälzend Einsteins Ideen am Anfang des letzten Jahrhunderts das physikalische Denken beeinflusst haben, wird durch das folgende Zitat von Max Planck aus seinem am 12. Juni 1913 verfassten Wahlvorschlag für Albert Einstein zur Aufnahme als ordentliches Mitglied in die Akademie der Wissenschaften deutlich:

> Zusammenfassend kann man sagen, dass es unter den großen Problemen, an denen die moderne Physik so reich ist, kaum eines gibt, zu dem nicht Einstein in bemerkenswerter Weise Stellung genommen hätte. Dass er in seinen Spekulationen gelegentlich auch über das Ziel hinausgeschossen haben mag, wie z. B. in seiner Hypothese der Lichtquanten, wird man ihm nicht allzu schwer anrechnen dürfen; denn ohne einmal ein Risiko zu wagen, lässt sich auch in der exakten Naturwissenschaft keine wirkliche Neuerung einführen.

Der Wahlvorschlag trägt die Unterschriften von Planck, Nernst, Rubens und Emil Warburg.

3.2 Spezifische Wärme des Kristallgitters, Phononenspektrum

Nach diesen Bemerkungen zur Quantentheorie kehren wir zum Kristallgitter zurück. Was für die Quantisierung der Energie bei den elektromagnetischen Wellen galt, sollte auch für die Schwingungen im Kristallgitter gelten. Als Erster hat wieder Albert Einstein schon 1906 diese Idee aufgegriffen. Er schlug vor, dass jeder Gitterbaustein mit ein und derselben Frequenz, der Einstein-Frequenz, $\nu_E = \omega_E/2\pi$, schwingt und dass die Schwingungsenergie wiederum nur in Form der quantisierten Einheiten $E = h\nu_E = \hbar\omega_E$ (mit $\hbar = h/2\pi$) vorliegt. Die Quanten der Schwingungsenergie in Kristallen werden mit „Phononen" bezeichnet. Nach dem Einstein-Modell beträgt die Kristallenergie U aufgrund der Gitterschwingungen

$$U = 3N < n_\omega > \hbar\omega. \tag{3.1}$$

Hier nehmen wir an, dass der Kristall aus N Atomen besteht. Somit ergeben sich 3 N Schwingungsfreiheitsgrade. $< n_\omega >$ ist die Wahrscheinlichkeit, dass ein Schwingungszustand mit der Kreisfrequenz ω und der quantisierten Energie $\hbar\omega$ besetzt ist. Diese Wahrscheinlichkeit ist durch die Bose-Einstein-Verteilung

$$< n_\omega > = \frac{1}{e^{\hbar\omega/k_B T} - 1} \tag{3.2}$$

gegeben, auf die wir unten noch einmal zurückkommen. Die Energieverteilung Gl. 3.2 hatte Planck zum ersten Mal in seinem berühmten Gesetz für die elektromagnetische Strahlung vorgeschlagen.

In seinem Model der quantisierten Energie der Gitterschwingungen hatte Einstein zunächst nur eine einzige Frequenz $\omega = \omega_E$ in Gl. 3.1 und 3.2 angenommen. Von Peter Debye wurde das Einstein-Modell schon wenige Jahre später erweitert, indem er ein kontinuierliches Spektrum der Schwingungsfrequenzen zwischen null und einer charakteristischen Maximalfrequenz, der Debye-Frequenz ω_D, annahm. Die Schwingungsenergie des Kristalls ergibt sich dann als Integral über alle Phononenfrequenzen

$$U = \int_0^{\omega_D} d\omega \; D(\omega) < n_\omega > \hbar\omega. \tag{3.3}$$

Die Größe $D(\omega)$ ist hier die Zahl der Schwingungen pro Frequenzintervall, die auch als Zustandsdichte bezeichnet wird. (Auf die Berechnung der Zustandsdichte $D(\omega)$ werden wir in Kap. 6 zurückkommen). Als ein Beispiel zeigen wir in Abb. 3.4 die spektrale Energiedichte der Phononen eines Germaniumkristalls.

Auf diese Weise konnte Debye zum ersten Mal die Temperaturabhängigkeit der Energie der Gitterschwingungen in Kristallen und insbesondere das berühmte T^3-Gesetz für die spezifische Wärme bei tiefen Temperaturen in exzellenter Übereinstimmung mit dem Experiment erklären. Für die allgemeine Akzeptanz der Quantentheorie waren damals die Messungen der spezifischen Wärme von Kristallen bei tiefen Temperaturen in Verbindung mit dem Debye-Modell ein bedeutender Fortschritt. Beispielsweise wurde der spätere Nobel-Laureat Walther Nernst erst durch diese Messungen davon überzeugt, dass die Quantentheorie von Planck mehr war als nur eine Interpolationsformel und dass sie eine neuartige fundamentale Aussage enthielt.

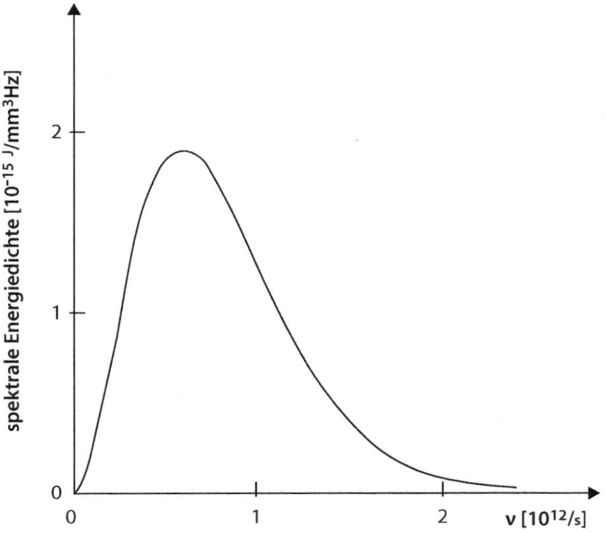

Abb. 3.4 Spektrale Energiedichte der Phononen in einem Germaniumkristall bei der Temperatur von 10 K gemäß dem Strahlungsgesetz von Planck, aufgetragen über der Phononenfrequenz ν

In den Jahren 1910–1916 hat Nernst in Berlin mit vielen Mitarbeitern die spezifische Wärme von festen Stoffen bei tiefen Temperaturen in einem umfangreichen Forschungsprogramm systematisch untersucht und dabei die Quantentheorie bestätigt. Die große Bedeutung der Quantentheorie hatte Nernst inzwischen klar erkannt. Deshalb organisierte er auch die erste große Konferenz über dieses Thema, die berühmte Erste Solvay-Konferenz über „Die Theorie der Quanten und der Strahlung" vom 30. Oktober bis 3. November 1911 in Brüssel. Dass Planck seine umwälzende neue Idee aufgrund seiner Diskussion der Physik der optischen Wärmestrahlung entwickelte, hing ausschließlich mit der damals schon relativ weit vorangeschrittenen optischen Messtechnik zusammen.

Der zentrale Gedanke bei der Entwicklung der Quantenmechanik in den 1920er-Jahren war die konsequente Beschränkung ihrer Aussagen über die Welt der Atome auf beobachtbare Tatsachen. Die Ununterscheidbarkeit der elementaren Bausteine wie Elektronen, Protonen, Neutronen usw. musste auch in die Theorie an zentraler Stelle eingebaut werden. Bei Vertauschung der gleichen Elementarteilchen durfte sich am Endergebnis nichts ändern. Die theoretischen Aussagen mussten folglich bestimmte Symmetrieeigenschaften aufweisen. Diese Forderung hat einschneidende Auswirkungen auf die Wahrscheinlichkeitsverteilung der verschiedenen Zustände und erfordert neue Konzepte für die „Quantenstatistik". Die ersten Schritte in dieser Richtung stammen von dem indischen Physiker Satyendra Nath Bose. Er hatte 1924 die Planck'sche Strahlungsformel auf neuartige Weise abgeleitet. Nachdem er bei der Publikation seiner Ergebnisse Schwierigkeiten bekam, wandte er sich an Einstein und bat ihn um Unterstützung. Einstein war von Boses Arbeit begeistert und veranlasste ihre Publikation in der Zeitschrift für Physik. Ausgehend von Boses Ergebnissen hat Einstein dann in weiteren Arbeiten auf eine weitgehende formale Verwandtschaft zwischen Strahlung und einem idealen Gas hingewiesen. Das entstandene neue Konzept der Quantenstatistik ist heute unter dem Namen Bose-Einstein-Statistik bekannt.

Die Bose-Einstein-Statistik muss im Fall von ununterscheidbaren Elementarteilchen angewendet werden, deren Drehimpuls null ist oder einen ganzzahligen Wert besitzt. Man nennt diese Teilchen daher auch Bosonen. Ein und derselbe Quantenzustand kann mit einer beliebig großen Anzahl von Bosonen besetzt werden. Phononen gehören zu dieser Teilchensorte, da sie keinen Drehimpuls haben. Lichtquanten oder Photonen werden ebenfalls zu den Bosonen gerechnet, da sie den Drehimpuls eins besitzen. Für Elektronen gilt jedoch eine andere Form der Quantenstatistik, wie wir in Kap. 5 noch diskutieren werden.

Das Spektrum der Phononen wird ebenso durch das Planck'sche Strahlungsgesetz beschrieben wie das Photonenspektrum eines Temperaturstrahlers (Abb. 3.4). Mit der Beschränkung der Schwingungsfrequenzen auf den Bereich unterhalb einer charakteristischen Maximalfrequenz, der sogenannten Debye-Frequenz ω_D, weist das Phononenspektrum aber einen wesentlichen Unterschied gegenüber dem Spektrum für elektromagnetische Strahlung auf. Die Maximalfrequenz ω_D rührt einfach von den diskreten Gitterpunkten des Kristallaufbaus. Längenskalen unterhalb des Abstands nächster Nachbarn im Kristallgitter sind für die Gitterschwingungen irrelevant, sodass hierdurch ein Minimalwert der Wellenlänge und ein entsprechender Maximalwert der Schwingungsfrequenz definiert ist. Der resultierende Maximalwert $\hbar\omega_D$ der Phononenenergie wird als Debye-Energie bezeichnet. Da auf der anderen Seite die Ausbreitung der elektromagnetischen Wellen aber in einem Kontinuum erfolgt und keine Gitterstruktur des Mediums vorliegt, werden wir in diesem Fall nicht mit entsprechenden Extremalwerten von Wellenlänge und Frequenz konfrontiert.

Man erhält die Zustandsdichte $D(\omega)$ aus der Anzahl der elastischen Eigenschwingungen, die exakt in das Volumen des Kristalls, etwa einen Kubus mit der Kantenlänge L, hineinpassen. Ferner ist die Volumenzunahme im **K**-Raum aufgrund der Frequenzänderung $d\omega$ zu berücksichtigen. (Hier und im Folgenden bezeichnen wir den Phononenwellenvektor mit **K**). Auf diese Weise findet man $D(\omega) \sim \omega^2$. Indem wir noch $< n_\omega >$ von Gl. 3.2 in Gl. 3.3 einsetzen, erhalten wir schließlich die Schwingungsenergie des Kristalls. Die hieraus abgeleitete spezifische Wärme (für konstantes Volumen) der Gitterschwingungen lautet

$$C_V = \left(\frac{\partial U}{\partial T}\right)_V = 9\,N\,k_B\left(\frac{T}{\theta}\right)^3 \int_0^{z_D} dz \frac{z^4\,e^z}{(e^z - 1)^2} \tag{3.4}$$

Hier bezeichnet $\theta = \hbar\omega_D/k_B$ die Debye-Temperatur. Die Einführung der Größe $z = \hbar\omega/k_BT$ ist dabei zweckmäßig ($z_D = \hbar\omega_D/k_BT = \theta/T$). Bei tiefen Temperaturen ($T << \theta$) ergibt der Ausdruck in Gl. 3.4 $C_V \sim T^3$, in guter Übereinstimmung mit den experimentellen Daten. Auf der anderen Seite liefert Gl. 3.4 bei hohen Temperaturen ($T >> \theta$) das konstante Ergebnis $C_V = \text{const}$, also das klassische Gesetz von Dulong und Petit.

Die Abhängigkeit der Phononenfrequenz ω vom Wellenvektor **K** der Phononen erhält man anhand eines theoretischen Modells, bei dem das Kristallgitter durch Massenpunkte angenähert wird, die durch elastische Spiralfedern miteinander verbunden sind. Im einfachsten Fall einer linearen Kette mit dem Gitterabstand a und den gleichen Punktmassen m, die durch die gleiche Federkonstante f miteinander verbunden sind, findet man die Dispersionsrelation

$$\omega = \left(\frac{4f}{m}\right)^{1/2} \sin\frac{K\,a}{2} \tag{3.5}$$

Im Fall eines diskreten Gitters mit dem Nachbarabstand a ist der Wellenvektor **K** auf den Bereich der ersten Brillouin-Zone beschränkt, also im Fall der eindimensionalen Kette auf den Bereich $-\frac{\pi}{a} \leq K \leq \frac{\pi}{a}$. Im Grenzfall kleiner Werte des Wellenvektors erhält man aus (Gl. 3.5)

$$\omega = \left(\frac{a^2 f}{m}\right)^{1/2} K. \tag{3.6}$$

Der Faktor $\left(\frac{a^2 f}{m}\right)^{1/2}$ repräsentiert die Schallgeschwindigkeit. Gl. 3.6 gibt den akustischen Grenzfall an, und Gl. 3.5 kennzeichnet eine akustische Schwingungsmode.

Im einfachsten Fall haben wir es nur mit einem einzigen Atom pro Elementarzelle des Kristallgitters zu tun. Seine Schwingung kann in den drei Raumrichtungen erfolgen. Die sich im Kristall ausbreitenden Phononen sind somit auch durch drei Richtungen gekennzeichnet. Bei den longitudinalen Phononen schwingen die

Gitteratome parallel zur Ausbreitungsrichtung der Welle. Bei den transversalen Phononen erfolgt die Schwingung jeweils in einer der beiden Richtungen senkrecht zur Ausbreitungsrichtung. Auf diese Weise kommen die drei akustischen Zweige der Phononen zustande: ein longitudinaler Zweig und zwei transversale Zweige. Sie werden „akustische Zweige" genannt, da sich ihre Phononen im Grenzfall großer Wellenlängen mit Schallgeschwindigkeit ausbreiten (Abb. 3.5). (Aufgrund der kubisch-flächenzentrierten Symmetrie am Beispiel von Kupfer befindet sich die Grenze der ersten Brillouin-Zone bei $K = 2\pi/a$, im Gegensatz zu $K = \pi/a$ im Fall der linearen Kette oder der einfach-kubischen Symmetrie mit der Gitterkonstanten a).

Enthält das Kristallgitter mehrere Atome pro Elementarzelle, kommen die optischen Phononenzweige hinzu. Bei ihnen schwingen die Atome innerhalb der Elementarzelle auch noch gegeneinander. Wenn die Atome wie bei den Ionenkristallen eine entgegengesetzte Ladung haben, treten bei diesen Schwingungen elektrische Dipolmomente auf, die sich auf die optischen Eigenschaften auswirken. Haben wir p Atome pro Elementarzelle, dann gibt es insgesamt 3p Phononenzweige: 3 akustische und 3p–3 optische Zweige.

Experimentell werden die Phononenspektren vor allem durch unelastische Streuung von Neutronen in Kristallen bestimmt. Die Pionierarbeiten stammen von Bertram Neville Brockhouse von der McMaster-Universität in Kanada. Seine ersten Messungen führte er 1955 an Aluminium durch. Im Experiment wird die Energie- und Impulsänderung gemessen, die die Neutronen erfahren, wenn sie im Kristall ein Phonon erzeugen oder vernichten. Die großen Fortschritte in der Neutronenspektroskopie, die unter anderen von Heinz Maier-Leibnitz zunächst an der Technischen Universität München in Garching und anschließend am Laue-Langevin-Institut in Grenoble wesentlich mit geprägt worden waren, haben auch hier schöne Früchte getragen.

Die naheliegende Frage, ob sich die Störung der perfekten Ordnung im Kristallgitter durch die vorhandenen Gitterschwingungen nicht sehr nachteilig auf die Beobachtung der Beugung der Röntgenstrahlen auswirken würde, hatte schon

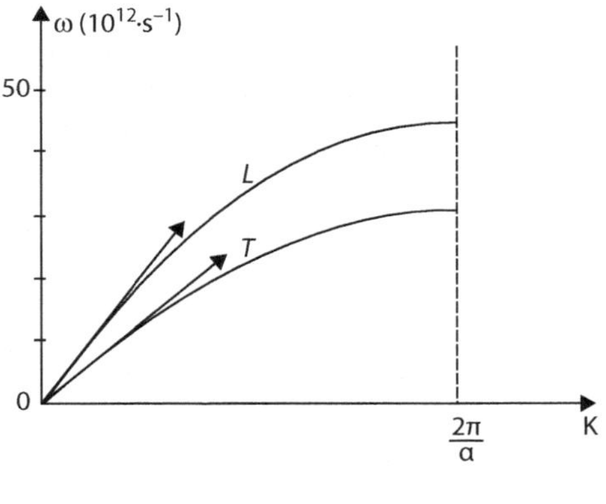

Abb. 3.5 Phononenfrequenz ω aufgetragen in Abhängigkeit von der Wellenzahl K der Phononen (Dispersionskurven) eines Kupferkristalls. Der Wellenvektor zeigt in Richtung der Würfelkanten der kubischen Elementarzelle des Kristalls. L bezeichnet den longitudinalen und T den transversalen Zweig. a = 0,361 nm ist der Nachbarabstand im kubischen Kristallgitter von Kupfer. (© B. N. Brockhouse)

Max von Laue und seine damaligen Kollegen in München vor seinem berühmten Experiment stark beunruhigt. Das positive experimentelle Ergebnis hat diese Frage dann aber rasch eindrucksvoll beantwortet. Mit der theoretischen Begründung und der Rolle der thermischen Gitterschwingungen für die Röntgenbeugung hat sich Peter Debye schon 1913 in einer Reihe von Arbeiten beschäftigt. In den 1920er-Jahren hat der Schwede Ivar Waller das Thema wieder aufgegriffen. Von beiden wurde gezeigt, dass lediglich die Höhe der Intensitätsmaxima der Beugungsreflexe durch die thermischen Gitterschwingungen reduziert wird, während die Linienschärfe erhalten bleibt. Grund hierfür ist die ungeordnete thermische Bewegung der Gitteratome, die dazu führt, dass sich diese Wirkungen gegenseitig auslöschen. Quantifiziert wird diese Reduktion der Beugungsintensität durch den Debye-Waller-Faktor. Insbesondere besagt dieser Faktor, dass die Intensität der scharfen Beugungsreflexe mit abnehmender Temperatur deutlich zunimmt.

Eine Hauptrolle hat der Debye-Waller-Faktor noch einmal später bei der Entdeckung des Mössbauer-Effekts erhalten. Als junger Doktorand hatte Rudolf L. Mössbauer in München von seinem Doktorvater Heinz Maier-Leibnitz die Untersuchung der Resonanzabsorption von γ-Strahlen in Atomkernen zum Thema erhalten. Es sollte herausgefunden werden, ob die von einem Atomkern der Quelle emittierte γ-Strahlung von einem anderen Atomkern des gleichen Elements des Absorbers resonanzartig wieder absorbiert wird. Um diesen Effekt zu realisieren, müssen die spektralen Energiebreiten der γ-Strahlung für den Emissions- und den Absorptionsprozess einigermaßen überlappen. Die Hauptfrage war hierbei, ob durch den Rückstoß bei der Emission und der Absorption des γ-Quants dieser notwendige Überlapp verschwindet und die Resonanzabsorption deshalb nicht stattfindet. Interessanterweise hatte besonders Heinz Maier-Leibnitz zunächst die Idee, diesen Überlapp zu begünstigen, indem man die thermische Linienverbreiterung durch eine Erhöhung der Temperatur vergrößert. Dieser Gedanke wurde aber schon bald verworfen, und stattdessen kühlte Mössbauer die Quelle und den Absorber mit flüssigem Sauerstoff. Dies stellte sich dann als entscheidend heraus. So konnte er zum ersten Mal die rückstoßfreie Kernresonanzfluoreszenz nachweisen. Seine ersten Experimente hat Mössbauer mit der 129-keV-Strahlung des Iridiumisotops ^{191}Ir durchgeführt, wobei die Iridiumatome in einem Kristall eingebaut waren. Wiederum war es die Ausschaltung des Einflusses der Phononen auf die Schärfe der „Mössbauer-Linie", die den Effekt bewirkte, so wie es der Debye-Waller-Faktor regelt. Die Rückstoßfrage spielte jetzt auch keine Rolle mehr, da die Iridiumatome fest im Wirtskristall eingebaut waren. Die extreme Energieschärfe der Mössbauer-Linie ist nur noch durch die natürliche Linienbreite begrenzt, die sich aufgrund der Unschärferelation von Heisenberg aus der Lebensdauer des Zustands ergibt. Diese besondere Linienschärfe hat eine große Anzahl von hochempfindlichen Messungen auf vielen Gebieten ermöglicht. Ein eindrucksvolles frühes Beispiel ist der Nachweis der Energieänderung von γ-Quanten, nachdem sie im Gravitationsfeld der Erde einen Höhenunterschied zurückgelegt haben durch die amerikanischen Physiker Robert Pound und Glen Rebka im Jahr 1960. In ihrem Experiment betrug der Höhenunterschied 22,5 m.

3.3 Wärmeleitfähigkeit des Kristallgitters

Phononen spielen auch beim Transport von Wärmeenergie durch Kristalle eine Rolle. In elektrischen Isolatoren sind sie der einzige Mechanismus, der die Wärmeleitfähigkeit bestimmt. Der Phononen-Beitrag κ_G zur Wärmeleitfähigkeit eines Kristalls ist eng mit dem Gitteranteil C der spezifischen Wärme verknüpft. Dies wird durch die einfache Formel der kinetischen Theorie für κ_G verdeutlicht

$$\kappa_G = \frac{1}{3} vC\ell. \tag{3.7}$$

Hier ist v die Geschwindigkeit und ℓ die freie Weglänge der Phononen. Modellmäßig können Phononen wie ein Gas behandelt werden, in dem viele Stöße zwischen den Teilchen stattfinden. Wegen der vielen Stöße ist der Wärmetransport durch die Phononen im Allgemeinen ein diffusiver Prozess. Mit steigender Temperatur nehmen die Anzahl der thermisch erzeugten Phononen und deshalb auch die Wahrscheinlichkeit für die Stöße zwischen den Phononen zu. Deshalb nimmt die Wärmeleitfähigkeit mit wachsender Temperatur ab. Eine Ausnahme gibt es aber bei sehr tiefen Temperaturen. Wegen der geringen Anzahl der Phononen spielen jetzt die Stöße zwischen ihnen keine Rolle mehr, und es kommt nur auf die Anzahl der Phononen an. Die freie Weglänge ℓ ist jetzt durch die Stöße mit den Oberflächen des Kristalls begrenzt und ist damit unabhängig von der Temperatur. In diesem Bereich gilt aber $C \sim T^3$ und somit nach Gl. 3.7 $\kappa_G \sim T^3$.

Für höhere Temperaturen zeigt eine genaue theoretische Betrachtung, dass ein neuartiger Prozess zu berücksichtigen ist, der sogenannte Umklappprozess (U-Prozess). Er bewirkt, dass gerichteter Impuls der Phononen an den Kristall übertragen wird und für den Wärmetransport verloren geht. Wir bezeichnen die Wellenvektoren der Phononen, die an dem Umklappprozess beteiligt sind, mit $\mathbf{K}_i$, und wir erhalten

$$\mathbf{K_1} + \mathbf{K_2} = \mathbf{K_3} \pm \mathbf{G}. \tag{3.8}$$

G ist ein Vektor im reziproken Gitter. Prozesse mit $\mathbf{G} = 0$ bezeichnet man als N-Prozesse. Das Konzept der Umklappprozesse hat der in Berlin geborene und später in England tätige Rudolf E. Peierls im Jahr 1929 zum ersten Mal vorgestellt. (Im vorigen Kapitel hatten wir bei Gl. 2.11 schon einmal mit einem ähnlichen Fall zu tun, bei dem bei einer Bragg-Reflexion Impuls des Photons an den Kristall abgegeben wird).

Die Umklappprozesse liefern nur einen wichtigen Beitrag, wenn $\mathbf{K_1} + \mathbf{K_2} \geq \frac{1}{2}\mathbf{G}$. Bei tiefen Temperaturen sind sie aber ausgefroren, da Phononen, die diese Bedingung erfüllen, thermisch nicht angeregt sind. Im Fall hoher Temperaturen ($T > \theta$) überwiegen aber die U-Prozesse. Ihre Anzahl wächst proportional zur Anzahl der Phononen, die ihrerseits proportional zur Temperatur ist. Somit ergibt sich für die freie Weglänge ℓ der Phononen: $\ell \sim T^{-1}$. Da in diesem Fall C konstant ist, finden wir aus Gl. 3.7 $\kappa_G \sim T^{-1}$. Für die Abhängigkeit der Wärmeleitfähigkeit des Gitters von der Temperatur ergibt sich schließlich eine Kurve mit einem ausgeprägten Maximum bei einer mittleren Temperatur (Abb. 3.6). Für Saphir (Al_2O_3) liegt dieses Maximum beispielsweise bei 30 K.

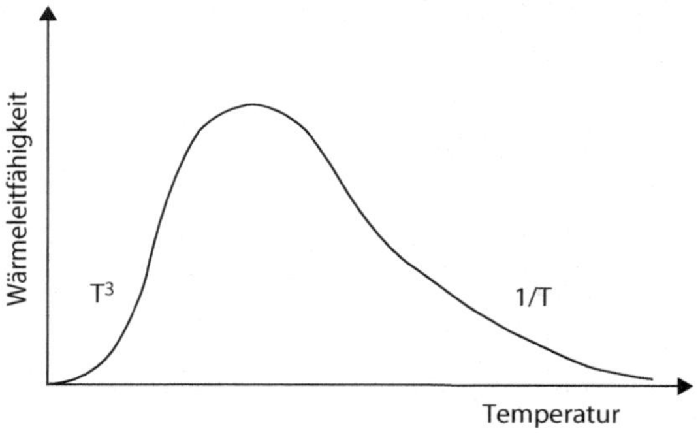

Abb. 3.6 Temperaturabhängigkeit der Wärmeleitfähigkeit eines elektrischen Isolators. (Schematische Darstellung)

Eine besonders hohe Wärmeleitfähigkeit hat Diamant. In jüngster Zeit wurden deshalb besondere Anstrengungen zur Entwicklung dünner Diamantschichten unternommen, die wegen ihrer hohen Wärmeleitfähigkeit zum Zweck der Abkühlung technologisch interessant sind.

3.4 Ballistische Phononen

Wie schon erwähnt, werden die Stoßprozesse zwischen den Phononen bei genügend tiefer Temperatur immer seltener. Phononen können sich dann mit Schallgeschwindigkeit über große Strecken von etwa mm bis cm in Kristallen frei ausbreiten. Man spricht in diesem Fall von ballistischen Phononen. Die Ausbreitung von ballistischen Phononen lässt sich schön beobachten, indem man an der Oberfläche eines gut abgekühlten Kristalls lokal einen kurzen Wärmepuls erzeugt. Die dadurch erzeugten Phononen werden dann nach einer entsprechenden Laufzeit auf der Rückseite des Kristalls als Puls wieder lokal detektiert (Abb. 3.7). Zur Erzeugung des Wärmepulses kann man auch einen gepulsten Laserstrahl oder Elektronenstrahl benutzen. Aufgrund der Anisotropie der elastischen Kristalleigenschaften zeigt die ballistische Ausbreitung der Phononenenergie deutliche Maxima in bestimmten Kristallrichtungen. Der Effekt wird mit Phononenfokussierung bezeichnet und lässt sich durch die gerade erläuterte Methode gut nachweisen. Der Laser- oder Elektronenstrahl muss nur noch lateral über die Kristalloberfläche gerastert werden, während der Detektor auf der Rückseite des Kristalls lokal fixiert ist. Abb. 3.8 zeigt ein typisches Ergebnis eines solchen Experiments.

Wird die Kristalltemperatur immer weiter abgesenkt, dann bleiben schließlich nur noch die Nullpunktschwingungen der Kristallbausteine übrig. Die Nullpunktschwingungen sind eine Folge der quantenmechanischen Unschärferelation, die erfordert, dass ein räumlich fixiertes Objekt immer eine endliche Impulsunschärfe besitzt. Die hiermit verknüpfte Nullpunktsenergie einer Schwingung der Frequenz ω beträgt $\frac{1}{2}\hbar\omega$.

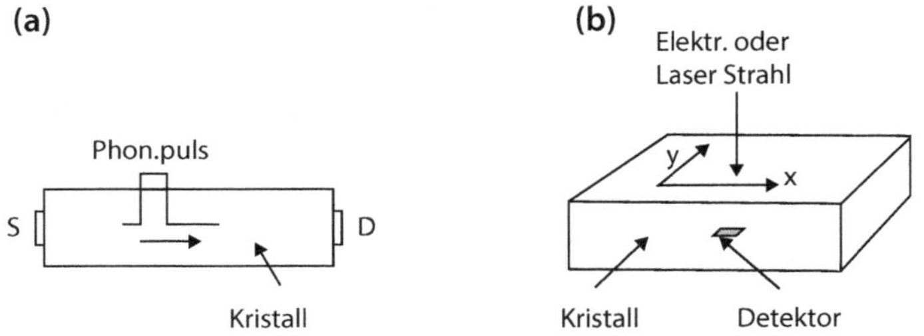

Abb. 3.7 Ballistische Ausbreitung von Phononen bei tiefen Temperaturen. **a** Schema eines Experiments zur Bestimmung der Laufzeit der Phononen. Auf der linken Kristallseite werden die Phononen durch einen Wärmepuls mit der Quelle S erzeugt und anschließend auf der rechten Kristallseite mit dem Detektor D registriert. Als Quelle kann eine dünne auf die Kristalloberfläche aufgebrachte Metallschicht dienen, durch die ein elektrischer Strompuls geleitet wird. Als Detektor kann ebenfalls eine aufgebrachte dünne Schicht benutzt werden, deren elektrischer Widerstand empfindlich auf pulsförmige Temperaturänderungen reagiert. **b** Zur Erzeugung eines Phononenpulses lässt sich auch ein gepulster Elektronenstrahl oder Laserstrahl verwenden, der auf die Kristalloberfläche an einer Seite des Kristalls gerichtet ist. Wird der Strahl auch noch über diese Kristalloberfläche gerastert, während der Detektor auf der Gegenseite des Kristalls lokal fixiert ist, dann lässt sich die ballistische Ausbreitung der Phononen in Abhängigkeit von ihrer Ausbreitungsrichtung im Kristall abbilden

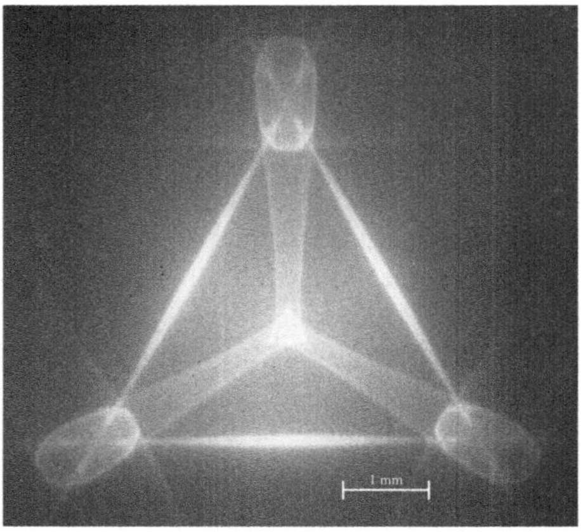

Abb. 3.8 Abbildung der Intensität der ballistischen Phononen in Abhängigkeit von der Ausbreitungsrichtung in einem Silizium-Einkristall bei der Temperatur von 2,0 K *(phonon imaging)*. Während die Kristalloberfläche auf einer Kristallseite mit einem Elektronenstrahl abgerastert wird, wird mit einem lokal fixierten Detektor auf der Gegenseite des Kristalls die Intensität der ballistischen Phononen in Abhängigkeit von den Koordinaten des Punktes auf der abgerasterten Kristalloberfläche aufgezeichnet. Helle Bereiche entsprechen hoher Intensität. Die Raumdiagonale der kubischen Elementarzelle des Kristalls steht senkrecht auf der abgerasterten Kristalloberfläche

Kapitel 4
Elektrischer Leiter oder Isolator? – Energiebänder

Zusammenfassung Die quantenmechanische Behandlung der Elektronen im periodischen Potenzial des Kristallgitters führt zu den Energiebändern, die durch verbotene Energielücken voneinander getrennt sind. Die Näherungen mit gebundenen Elektronen (Felix Bloch) und mit nahezu freien Elektronen (Rudolf Peierls) werden diskutiert. Abhängig davon, wie die Energiezustände in den Bändern durch Elektronen besetzt sind, ergeben sich elektrische Leiter, Halbleiter oder Isolatoren.

Nachdem die Grundlagen der neuen Quantenmechanik in den Jahren 1925 und 1926 vor allem durch den Deutschen Werner Heisenberg, den Österreicher Erwin Schrödinger und den Engländer Paul Adrien Maurice Dirac gelegt waren, ging man daran, die Theorie auf die unterschiedlichsten Fälle anzuwenden. Nur anhand einer Behandlung von möglichst vielen Anwendungsbeispielen konnte man mit den neuartigen Vorstellungen vertraut werden. Nachdem einfache Fälle wie das Wasserstoffatom oder das Wasserstoffmolekül behandelt worden waren, wandte man sich auch komplizierteren Fragestellungen zu. Wichtige Entwicklungen gingen damals von Leipzig aus.

Heisenberg hatte 1927 schon mit 26 Jahren einen Lehrstuhl für theoretische Physik an der Universität Leipzig erhalten. Dort versammelte er bald eine Anzahl außerordentlich begabter und kreativer junger Mitarbeiter um sich, die das weitere Geschehen in der Physik maßgeblich beeinflusst haben. Schon Anfang 1928 hatte Heisenberg erkannt, dass die Quantenmechanik auch für Kristalle eine wichtige Rolle spielen sollte. Der in Zürich geborene Schweizer Felix Bloch war gerade zu Heisenbergs Arbeitsgruppe als Doktorand hinzugekommen (Abb. 4.1). Für seine Promotion schlug ihm Heisenberg zwei mögliche Themen vor: Bloch könne sich die quantenmechanische Theorie des Ferromagnetismus oder die Theorie der Metalle vornehmen. Da Bloch wusste, dass Heisenberg den Kern des ersten Themas schon weitgehend im Ansatz geklärt hatte, bevorzugte er das zweite Thema. Nur so konnte er hoffen, einen eigenen wesentlichen Beitrag zu leisten. Tatsächlich hat Heisenberg auch schon bald darauf seine berühmte Arbeit publiziert, die die Grundlage der modernen Theorie des Ferromagnetismus geworden ist.

Die quantenmechanische Theorie der Elektronen in Kristallen erfordert die Lösung der Schrödinger-Gleichung im Fall des räumlich periodischen Kristallgit-

R. Huebener, *Leiter, Halbleiter, Supraleiter*,
DOI 10.1007/978-3-662-53281-2_4

Abb. 4.1 Werner Heisenberg (links, Foto: © Deutsches Museum, München) und Felix Bloch (rechts, Foto: © Nobel-Museum)

ters. In diesem Fall wird das Energiespektrum der Elektronen durch das periodische Potenzial $U(\mathbf{r})$ der Kristallatome bestimmt. Die Schrödinger-Gleichung lautet dann

$$-\frac{\hbar^2}{2m}\Delta\Psi(\mathbf{r}) + U(\mathbf{r})\,\Psi(\mathbf{r}) \;=\; \varepsilon\,\Psi(\mathbf{r}). \tag{4.1}$$

Hier ist m die Masse und $\psi(\mathbf{r})$ die Wellenfunktion der Elektronen. Δ bezeichnet den Laplace-Operator $\Delta\Psi = \frac{\partial^2\Psi}{\partial x^2} + \frac{\partial^2\Psi}{\partial y^2} + \frac{\partial^2\Psi}{\partial z^2}$ und ε die Energie der Elektronen. Die potenzielle Energie $U(\mathbf{r})$ muss die Periodizitätsbedingung Gl. 2.8 erfüllen. Bei der theoretischen Behandlung sind zwei wichtige Näherungen zu unterscheiden: die Näherung mit gebundenen Zuständen (nach Felix Bloch) und die Näherung mit freien Elektronen (nach Rudolf E. Peierls). Beide Fälle betreffen direkt nur die Elektronen in den höchsten vorhandenen Energiebereichen und nicht die tiefer liegenden, gebundenen Zustände in den einzelnen Atomen auf den Plätzen des Kristallgitters.

4.1 Näherung mit gebundenen Elektronen (Felix Bloch)

In seiner Dissertation, deren Ergebnisse er 1928 veröffentlicht hat, legte Felix Bloch die quantenmechanischen Grundlagen für die Elektronen in Kristallgittern. Durch das in allen drei Dimensionen periodische Potenzial des Kristallgitters werden die Elektronen als de-Broglie-Wellen im Rhythmus des Gitteraufbaus moduliert. Bei der *Näherung mit gebundenen Elektronen* wird angenommen, dass die Elektronen mit der höchsten Energie sich die meiste Zeit an einem bestimmten Gitterplatz befinden und nur gelegentlich einen Wechsel zu einem benachbarten

Gitterplatz aufgrund der geringen Wechselwirkung zwischen beiden Plätzen erfahren. Ihre Bindungsenergie an ihrem bestimmten Gitterplatz wird als viel größer als ihre kinetische Energie angenommen. In diesem Fall basiert die von Bloch gefundene Lösung der Schrödinger-Gleichung auf der Wellenfunktion φ_O **(r)** der quantenmechanischen Zustände der Elektronen des isolierten einzelnen Atoms oder Moleküls mit ihren dazugehörigen diskreten Energiewerten. Wir bezeichnen die Koordinate des Elektrons mit **r** und die Koordinate des Atoms oder Moleküls (also des Gitterplatzes) mit **ρ.** Die von Bloch vorgeschlagene Lösung in Form der Superposition der atomaren Wellenfunktionen $\varphi_o(\mathbf{r} - \boldsymbol{\rho})$ lautet dann

$$\Psi_k(\mathbf{r}) = \sum_{\rho} e^{i\mathbf{k}\rho}\, \varphi_o(\mathbf{r} - \boldsymbol{\rho}). \tag{4.2}$$

Aus diesem Ansatz folgt direkt die erweiterte Periodizitätsbedingung

$$\Psi_k(\mathbf{r} + \boldsymbol{\rho}) = e^{i\mathbf{k}\rho}\Psi_k(\mathbf{r}) \tag{4.3}$$

mit dem Phasenfaktor $e^{i\mathbf{k}\rho}$. Die Periodizität (Gl. 4.3) erkennen wir, indem wir schreiben

$$\begin{aligned}\Psi_k\left(\mathbf{r} + \boldsymbol{\rho}_o\right) &= \sum_{\rho} e^{i\mathbf{k}\rho}\, \varphi_o\left(\mathbf{r} + \boldsymbol{\rho}_o - \boldsymbol{\rho}\right)\\ &= e^{i\mathbf{k}\rho_o} \sum_{\rho} e^{i\mathbf{k}(\rho - \rho_o)}\, \varphi_o\left(\mathbf{r} - \left[\boldsymbol{\rho} - \boldsymbol{\rho}_o\right]\right) = e^{i\mathbf{k}\rho_o}\Psi_k(\mathbf{r})\end{aligned}$$

Die Funktion $\psi_k(\mathbf{r})$ in Gl. 4.2 ist der berühmte Bloch-Ansatz für die quantenmechanische Wellenfunktion der Elektronen, auf dem alle weiteren theoretischen Entwicklungen für Kristalle aufgebaut sind. Die Tatsache, dass sich von den Eigenfunktionen nach Gl. 4.3 stets ein Phasenfaktor $e^{i\mathbf{k}\rho}$

> …abspalten läßt, wobei der Rest nur noch die Periodizität des Gitters aufweist, läßt sich anschaulich so formulieren, daß wir es mit ebenen de-Broglie-Wellen zu tun haben, die im Rhythmus des Gitteraufbaus moduliert sind.

(mit den Worten von Felix Bloch in seiner 1928 publizierten Arbeit *„Über die Quantenmechanik der Elektronen in Kristallgittern"*). Mit der Wellenfunktion Gl. 4.2 finden wir die Elektronenenergie ε_k folgendermaßen. Durch Anwendung der Regeln der Quantenmechanik erhalten wir

$$\int d\tau\, \Psi_k^*(\mathbf{r})\, \varepsilon_k \Psi_k(\mathbf{r}) = \varepsilon_k \int d\tau\, \Psi_k^*(\mathbf{r})\Psi_k(\mathbf{r}) \tag{4.4}$$

und aus Gl. 4.1 ergibt sich

$$\varepsilon_k = \frac{1}{N}\int d\tau\, \Psi_k^*(\mathbf{r}) \left[-\frac{\hbar^2}{2m}\Delta + U_a(\mathbf{r} - \boldsymbol{\rho}) + U(\mathbf{r}) - U_a(\mathbf{r} - \boldsymbol{\rho})\right] \Psi_k(\mathbf{r}) \tag{4.5}$$

Hier bezeichnet dτ das Volumenelement. In Gl. 4.5 haben wir unter dem Integral das Atompotenzial $U_a(\mathbf{r})$, das in Abb. 4.2 gezeigt ist, hinzuaddiert und wieder abgezogen. Ferner haben wir die Normierung der Wellenfunktion

$$\int d\tau\, \Psi_k^*(\mathbf{r})\, \Psi_k(\mathbf{r}) = N \tag{4.6}$$

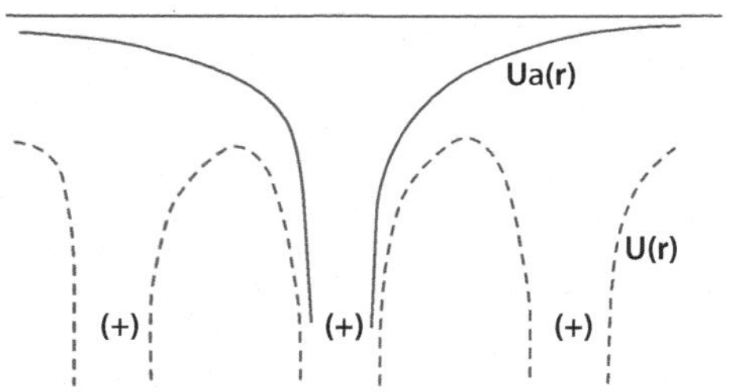

Abb. 4.2 Vergleich der potenziellen Energie eines Elektrons, $U_a(\mathbf{r})$, im Fall eines isolierten einzelnen Atoms (durchgezogene Kurve) und im Fall der Anwesenheit von Atomen auf den benachbarten Gitterplätzen, $U(\mathbf{r})$ (gestrichelte Kurve)

benutzt, wobei N die Anzahl der Kristallatome ist.

Wir beginnen mit den ersten beiden Termen unter dem Integral in Gl. 4.5. Wir nehmen an, dass die Atomfunktionen $\varphi_0(\mathbf{r})$ von benachbarten Aromen nur sehr wenig überlappen. Für jede Atomfunktion $\varphi_0(\mathbf{r}-\boldsymbol{\rho})$ in der Bloch-Summe ergibt der Operator $\left[-\frac{\hbar^2}{2m}\Delta + U_a(\mathbf{r}-\boldsymbol{\rho})\right]$ den Eigenwert ε_0, und wir erhalten

$$\frac{1}{N}\int d\tau\, \varepsilon_0\, \Psi_k{}^*(\mathbf{r})\Psi_k(\mathbf{r}) = \varepsilon_0 \tag{4.7}$$

Die letzten beiden Terme unter dem Integral in Gl. 4.5 ergeben

$$\frac{1}{N}\int d\tau\, \Psi_k{}^*(\mathbf{r})e^{i\mathbf{k}\boldsymbol{\rho}}\left[U(\mathbf{r}) - U_a(\mathbf{r}-\boldsymbol{\rho})\right]\varphi_0(\mathbf{r}-\boldsymbol{\rho}) =$$
$$= \frac{1}{N}\sum\nolimits_{\rho'}\left\{\sum\nolimits_{\rho} e^{i\mathbf{k}(\rho-\rho')}\int d\tau\varphi_0^*(\mathbf{r}-\boldsymbol{\rho}')\left[U(\mathbf{r}) - U_a(\mathbf{r}-\boldsymbol{\rho})\right]\varphi_0(\mathbf{r}-\boldsymbol{\rho})\right\}$$

In der Doppelsumme über $\boldsymbol{\rho}'$ und $\boldsymbol{\rho}$ werden die beiden Indizes *unabhängig voneinander* behandelt, und wir können die folgende Prozedur verwenden. Wir halten einen laufenden Index fest, und ersetzen die Summe durch den Faktor N. Hierzu benutzen wir $\boldsymbol{\rho} = 0$. (Da der Summationsindex alle Gitterpunkte durchläuft, ergibt ein willkürlich herausgegriffener fester Index den gleichen Beitrag wie irgendein anderer benachbarter Gitterpunkt aufgrund der Translationssymmetrie). Der Faktor N kürzt sich raus, und wir erhalten für die letzten beiden Terme (unter Beachtung, dass wir $\boldsymbol{\rho} = 0$ benutzt haben),

$$\sum\nolimits_{\rho'} e^{-ik\rho'}\int d\tau\, \varphi_0^*(\mathbf{r}-\boldsymbol{\rho}')\,[U(\mathbf{r}) - U_a(\mathbf{r})]\varphi_0(\mathbf{r}) \tag{4.8}$$

In der Summe über $\boldsymbol{\rho}'$ beginnen wir mit $\boldsymbol{\rho}' = 0$. Dann nehmen wir die nächsten Nachbarn von $\boldsymbol{\rho} = 0$, i. e., $\boldsymbol{\rho}' = \pm\, a$, dann die übernächsten Nachbarn, $\boldsymbol{\rho}' = \pm\, 2a$, usw., wobei a die Gitterkonstante bedeutet. Jedoch können oft schon die übernächsten Nachbarn (und auch alle weiter entfernten) vernachlässigt werden, da das Produkt $\varphi_0^*(\mathbf{r}-\boldsymbol{\rho}')\,\varphi_0(\mathbf{r})$, das den Überlapp der Atomfunktionen kennzeichnet, verschwindet.

Der Beitrag $\boldsymbol{\rho}' = 0$ ergibt $\varepsilon_k = \varepsilon_o - \alpha$, mit

$$-\alpha = \int d\tau\, \varphi_o^*(\mathbf{r})[U(\mathbf{r}) - U_a(\mathbf{r})]\, \varphi_0(\mathbf{r}) \tag{4.9}$$

$U_a(\mathbf{r})$ ist die potenzielle Energie des ungestörten individuellen Atoms. Wie wir aus Abb. 4.2 erkennen, haben wir aufgrund der Anwesenheit der Atome auf den benachbarten Gitterplätzen $U_a(\mathbf{r}) > U(\mathbf{r})$ und somit $\alpha > 0$.

Jetzt wenden wir uns zu dem Beitrag $\boldsymbol{\rho}' = \pm\, a$. Wir nehmen einfach-kubische Symmetrie des Gitters an und fassen die Beiträge der nächsten Nachbarn jeweils in den Abständen $\pm$ a in x-, y-, und z-Richtung zusammen. So finden wir

$$\varepsilon_k = \varepsilon_o - \alpha - 2\beta\left(\cos k_x a + \cos k_y a + \cos k_z a\right) \tag{4.10}$$

mit

$$-\beta = \int d\tau\, \varphi_o^*\,(\mathbf{r} - \mathbf{a})\,[U(\mathbf{r}) - U_a(\mathbf{r})]\, \varphi_o(\mathbf{r}) \tag{4.11}$$

Der Faktor β enthält die Wechselwirkung zwischen den nächsten Nachbarn. Im Allgemeinen gilt wieder $\beta > 0$.

Aufgrund der Wechselwirkung zwischen jedem Atom oder Molekül und seinen Nachbarn im Kristallgitter spalten die diskreten Energiewerte aber auf und verbreitern sich zu Energiebändern. Aus Gl. 4.10 sehen wir, dass die niedrigste Energie den Wert $\varepsilon = \varepsilon_o - \alpha - 6\beta$ besitzt. Anhand des höchsten Wertes $\varepsilon = \varepsilon_o - \alpha + 6\beta$ erkennen wir, dass die Breite $\Delta\varepsilon$ des Energiebands $\Delta\varepsilon = 12\beta$ beträgt. Da der Überlapp zwischen $\varphi_o^*(\mathbf{r} - \mathbf{a})$ und $\varphi_o(\mathbf{r})$ mit abnehmender Gitterkonstanten a anwächst, steigt dann auch die Größe β und somit die Bandbreite $\Delta\varepsilon$ an. Abb. 4.3 zeigt schematisch dieses Verhalten für den Fall einer eindimensionalen Kette.

Bisher haben wir nur die Wechselwirkung eines Atoms oder Moleküls auf einem bestimmten Gitterplatz mit seinen nächsten Nachbarn betrachtet. Um eine höhere Genauigkeit der Näherung zu erzielen, kann man die Wechselwirkung auch mit den übernächsten Nachbarn (und vielleicht darüber hinaus) heranziehen.

Zum Abschluss unserer Diskussion der Näherung mit gebundenen Zuständen stellen wir fest, dass die Wechselwirkung mit den Atomen oder Molekülen auf den benachbarten Gitterplätzen zu einer Aufspaltung der zu einem Gitterplatz gehörenden diskreten Energiewerte in Energiebänder führt, deren Bandbreite mit abnehmendem Abstand zwischen den nächsten Nachbarn anwächst.

4.2 Näherung mit freien Elektronen (Rudolf Peierls)

In dem anderen wichtigen Grenzfall, der *Näherung mit freien* Elektronen, die von Rudolf E. Peierls ebenfalls in Leipzig zuerst diskutiert wurde, werden quasifreie Elektronen angenommen, und die Störung durch das periodische Potenzial des Kristallgitters wird als geringfügig angesehen. Die Elektronen können sich in die-

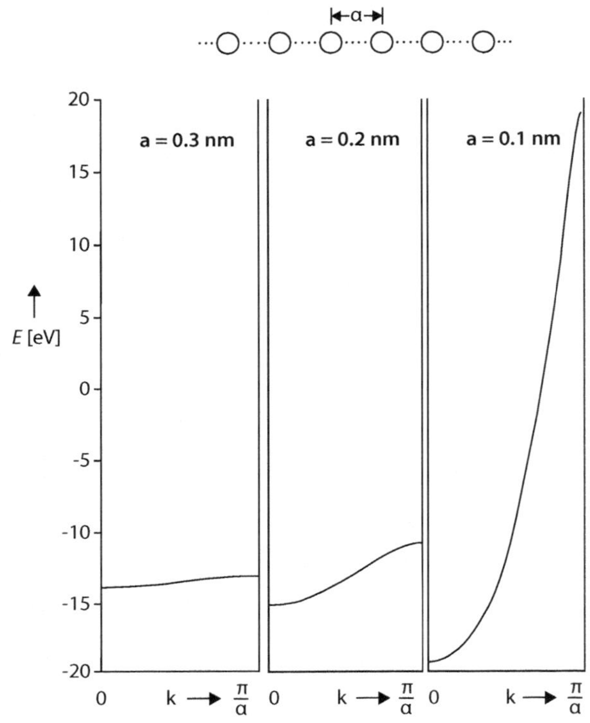

Abb. 4.3 Bandstruktur einer eindimensionalen, geraden Kette von Wasserstoffatomen bei einem Nachbarabstand a von 0,3, 0,2 und 0,1 nm. Aufgetragen ist die Elektronenenergie E in Abhängigkeit vom Wellenvektor k. Die Elektronenenergie für ein einzelnes isoliertes Wasserstoffatom beträgt – 13,6 eV. Durch die Verbreiterung dieses Energiewerts entstehen die Energiebänder, deren Energiebreite mit abnehmendem Nachbarabstand deutlich zunimmt. (© R. Hoffmann)

sem Fall als Materiewellen ungehindert ausbreiten. Eine Ausnahme bei der freien Ausbreitung gibt es jedoch, wenn die Materiewellen Bragg-Reflexion am Kristallgitter erfahren.

Wenn wir die potenzielle Energie U(**r**) in der Schrödinger-Gleichung Gl. 4.1 komplett vernachlässigen, erhalten wir als Lösung die Wellenfunktion von freien Elektronen

$$\Psi(\mathbf{r}) = e^{i\mathbf{kr}}. \tag{4.12}$$

Durch Einsetzen in Gl. 4.1 ergibt sich für den Fall $U = 0$ die Elektronenenergie

$$\varepsilon = \hbar^2 k^2/2m. \tag{4.13}$$

Die Wellenfunktion Gl. 4.12 repräsentiert eine ebene Welle mit dem Wellenvektor **k**. Die Anwesenheit eines sehr kleinen periodischen Potenzials U(**r**) in Gl. 4.1 hat aber einen starken Einfluss, falls der Wellenvektor **k** in der Nähe der Grenze einer Brillouin-Zone liegt. An der Zonengrenze erfüllt der Wellenvektor **k** genau die Bragg-Bedingung Gl. 2.11, sodass die Welle eine Bragg-Reflexion erfährt. Nehmen wir als Beispiel den Punkt $\mathbf{G}_1$ des reziproken Gitters und die Zonengrenze bei $\mathbf{G}_1/2$. Der Wellenvektor $\mathbf{k} = \mathbf{G}_1/2$ ändert sich dann von **k** nach $\mathbf{k}' = \mathbf{k} - \mathbf{G}_1 = -\mathbf{G}_1/2$ aufgrund der Bragg-Reflexion. In Abb. 4.4 ist dies schematisch dargestellt.

In Anwesenheit des periodischen Potenzials U(**r**) kann die Lösung der Schrödinger-Gleichung als Superposition von ebenen Wellen geschrieben werden:

$$\Psi(\mathbf{r}) = \sum\nolimits_{\mathbf{k}} c_{\mathbf{k}} e^{i\mathbf{kr}} \quad (4.14)$$

Wenn wir das geringe periodische Potenzial U(**r**) des Kristallgitters in der Form von Gl. 2.7 ausdrücken, dann ergibt sich im Fall $\mathbf{k} = \mathbf{G}_1/2$ (nach kurzer Rechnung) die Elektronenenergie.

$$\varepsilon = \varepsilon_{\mathbf{k}} \pm u_{\mathbf{G}_1}. \quad (4.15)$$

Zwischen den Energien $\varepsilon_{\mathbf{k}} + u_{\mathbf{G}_1}$ und $\varepsilon_{\mathbf{k}} - u_{\mathbf{G}_1}$ erscheint eine verbotene Energielücke, in der die Lösung Gl. 4.14 einer fortlaufenden Welle nicht existiert. Die spektrale Energiekurve ε(**k**) nähert sich immer den Grenzen der Brillouin-Zonen mit der Steigung null. Die Größe der verbotenen Energielücke steigt an mit wachsendem Entwicklungskoeffizient $u_{\mathbf{G}_1}$, also mit wachsender potenzieller Energie U(**r**) des Kristallgitters. Abb. 4.5 zeigt das Auftreten der verbotenen Energielücken aufgrund der Bragg-Reflexion am periodischen Potenzial des Kristalls und den Vergleich mit dem Fall der perfekt freien Elektronen.

Der Engländer Alan H. Wilson, der 1931 zu Heisenbergs Gruppe in Leipzig gestoßen war, hat schließlich den letzten Schritt zur Beantwortung der Frage getan, ob ein Kristall ein elektrischer Leiter, Halbleiter oder Isolator ist (Abb. 4.6). Nach seinem Vorschlag, der sich dann als richtig erwies, sind die Energiebänder im Kristall für die Unterschiede bei den elektrischen Leitungseigenschaften verantwortlich. Hierbei beruht das entscheidende Argument auf der Tatsache, dass die bevorzugte Bewegung der Elektronen in einer bestimmten Richtung (eines angelegten elektrischen Feldes) nur dann möglich ist, wenn die hierfür relevanten elektronischen Zustände des Energiespektrums im Fall des Nichtgleichgewichts vorhanden sind und besetzt werden können. Bei einem nur teilweise gefüllten Band haben wir metallische Leitfähigkeit. Andererseits erhält man einen elektrischen Isolator, wenn alle Energiebänder vollständig gefüllt sind und wenn gleichzeitig keine freien Zustände verfügbar sind, da kein leeres Band auf der Energieachse in der Nähe liegt. Das vollständig gefüllte Band kann zur Leitfähigkeit nichts beitragen, da die Geschwindigkeitsverteilung aller Elektronen nicht mehr verändert werden kann. Für die elektrische Stromleitung müssten die Geschwindigkeiten der Elektronen aber umverteilt werden, was energetisch bei einem vollen Band ausgeschlossen ist, da keine freien Energieplätze zur Verfü-

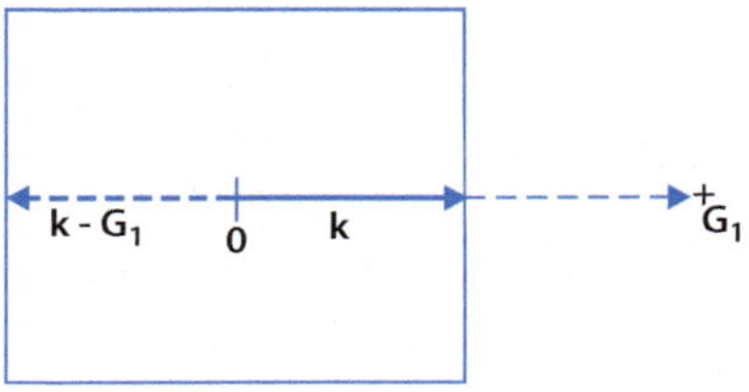

Abb. 4.4 Bragg-Reflexion von $k = \mathbf{G}_1/2$ nach $k' = k - \mathbf{G}_1 = -\mathbf{G}_1/2$

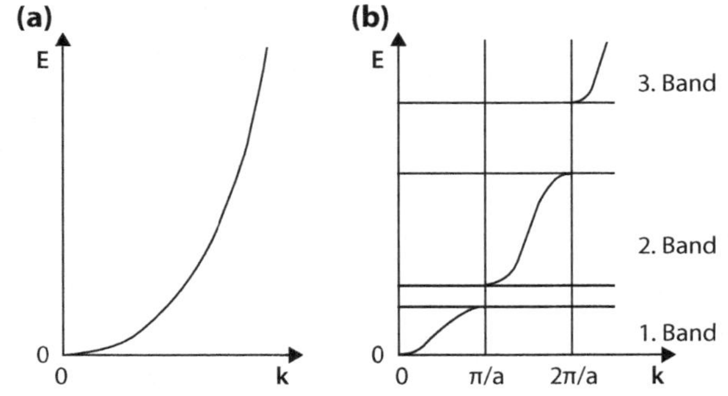

Abb. 4.5 Energiebänder in Kristallen. Im Kristallgitter wird das kontinuierliche Energiespektrum von freien Elektronen *(linke Seite)* in einzelne Energiebänder aufgeteilt, die durch verbotene Energielücken voneinander getrennt sind *(rechte Seite)*. E = Energie; **k** = Wellenvektor; a = Nachbarabstand im Kristallgitter

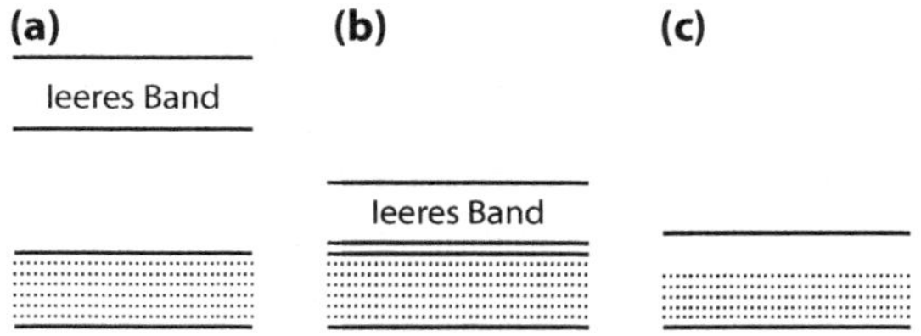

Abb. 4.6 Bändermodell für die elektrische Leitfähigkeit von Kristallen. **a** Ein vollständig gefülltes Energieband mit einem großen Energieabstand (Energielücke) zum nächsthöheren, aber noch vollständig leeren Energieband ergibt einen elektrischen Isolator. **b** Ein vollständig gefülltes Energieband mit einem kleinen Energieabstand zum nächsthöheren, aber nahezu noch leeren Energieband führt zu einem Halbleiter. **c** Ein gut, aber noch keineswegs vollständig gefülltes Energieband liefert die elektrische Leitfähigkeit eines Metalls

gung stehen. Lediglich der Fall ist noch interessant, wenn ein leeres Band energetisch dicht oberhalb eines gefüllten Bandes existiert, sodass Elektronen durch Zufuhr von thermischer Energie von dem unteren in das obere Band gelangen können. Die Energielücke zwischen beiden Bändern müsste also genügend klein sein. In diesem Fall haben wir es mit einem Halbleiter zu tun, worüber in Kap. 6 noch zu sprechen sein wird. Typische Werte der Energielücke sind in Halbleitern etwa 0,1–1 eV und in Isolatoren etwa 10 eV.

Nach nur drei Jahren hatten es die theoretischen Physiker in Leipzig geschafft, die elektrische Leitungseigenschaft von Kristallen aufzuklären, indem man sie mit den Energiebändern der Elektronen in Verbindung gebracht hat.

Kapitel 5
Metalle gehorchen den Verboten der Quantenstatistik

Zusammenfassung Das klassische Drude-Lorentz-Modell konnte schon einige Aspekte der elektronischen Eigenschaften von Metallen erklären, wie zum Beispiel das Wiedemann-Franz-Gesetz. Die Quantenstatistik und die Fermi-Verteilung der Energie der Elektronen wurden jedoch zum zentralen Punkt der Elektronentheorie der Metalle, einschließlich des wichtigen Konzepts der Fermi-Oberfläche im Impulsraum. In einem weiten Temperaturbereich sind die elektronischen Transporteigenschaften von Metallen durch die Wechselwirkung zwischen Elektronen und Phononen dominiert (Bloch-Grüneisen-Gesetz). Die thermoelektrischen Eigenschaften (Peltier- und Seebeck-Effekt) werden kurz diskutiert.

5.1 Drude-Lorentz-Modell

Bevor die im letzten Kapitel beschriebenen quantenmechanischen Grundlagen gelegt wurden, hatte es schon klassische Modellkonzepte zur Beschreibung des Verhaltens von Elektronen in Metallen gegeben. Hierbei dominierte das Modell von Paul Drude und Hendrik Antoon Lorentz. Die Elektronen im Metall stellte man sich als ideales Gas vor, das sich frei im Gitter der Kristallbausteine bewegen kann. Ferner sollte es nur eine Sorte der beweglichen negativen Ladungsträger geben. Die Anwesenheit der Gitteratome wurde zwar vernachlässigt, sollte aber andererseits hin und wieder zu Stößen mit den beweglichen Elektronen führen. Auf diese Weise wurde eine Begrenzung der „freien Weglänge" der Elektronen und somit der elektrischen Leitfähigkeit erreicht.

In einem elektrischen Feld **E** wirkt auf die Elektronen in einem Kristall die Kraft

$$\mathbf{F} = \hbar \frac{\mathrm{d}\mathbf{k}}{\mathrm{dt}} = -\mathrm{e}\,\mathbf{E}. \tag{5.1}$$

Hier ist **k** der Wellenvektor und e die Ladung der Elektronen. Die Größe $\hbar\mathbf{k}$ ist der mechanische Impuls der Elektronen. Entsprechend Gl. 5.1 wächst der Wellenvektor nach der Zeit Δt um den Betrag $\Delta\mathbf{k}$. In Abwesenheit von irgendwelchen Streu-

R. Huebener, *Leiter, Halbleiter, Supraleiter*,
DOI 10.1007/978-3-662-53281-2_5

prozessen wird der Betrag $\Delta\mathbf{k}$ immer weiter anwachsen. Da jedoch die Elektronen immer Streuprozesse (durch Phononen oder Fehlstellen im Kristallgitter) erfahren, ist Gl. 5.1 nur über einen begrenzten Zeitabschnitt gültig. Dieser Zeitabschnitt ist die mittlere Zeit τ zwischen zwei Streuereignissen, und es ergibt sich

$$\hbar\,\Delta\mathbf{k} = \mathbf{F}\,\tau = \mathrm{m}\,\Delta\mathbf{v}. \tag{5.2}$$

Hier bezeichnet m die Masse und $\Delta\mathbf{v}$ die Driftgeschwindigkeit der Elektronen. Zusammen mit Gl. 5.1 ergibt sich für die elektrische Stromdichte $\mathbf{j}$

$$\mathbf{j} = \mathrm{n}\,(-\mathrm{e})\,\Delta\mathbf{v} = \mathrm{n}\,\mathrm{e}^2\,\frac{\tau}{m}\,\mathbf{E}, \tag{5.3}$$

wobei n die Dichte der Elektronen bezeichnet. Mit der elektrischen Leitfähigkeit σ aus der Beziehung $\mathbf{j} = \sigma\,\mathbf{E}$ erhalten wir

$$\sigma = \mathrm{n}\,\mathrm{e}^2\,\tau/\mathrm{m}. \tag{5.4}$$

Als Ergebnis finden wir das Ohm'sche Gesetz auf der Grundlage einer mittleren „Relaxationszeit" τ, die als unabhängig vom elektrischen Feld $\mathbf{E}$ angenommen wird.

Da die Elektronen neben ihrer Ladung auch Wärmeenergie transportieren können, tragen sie auch zur Wärmeleitfähigkeit der Metalle bei. Neben dem Wärmetransport durch Phononen (den wir in Abschn. 3.3 behandelt haben) ist dieser Beitrag der Elektronen ein zweiter Mechanismus, den wir in Metallen zu berücksichtigen haben. Die Beiträge der beiden Mechanismen haben häufig eine ähnliche Größe. Da der Transport von Wärmeenergie und von elektrischer Ladung durch dieselben Elektronen erfolgt, findet man in Übereinstimmung mit dem Experiment, dass der elektronische Anteil der Wärmeleitfähigkeit und die elektrische Leitfähigkeit zueinander proportional sind. Dies lässt sich leicht durch folgende Überlegung zeigen. In einem Temperaturgradient dT/dx erfolgt ein Energiestrom der Dichte w von der heißen zur kalten Seite, der durch

$$\mathrm{w} = (1/2)\,\mathrm{n}\,\mathrm{v}\,\{\varepsilon\,(\mathrm{T}\,[\mathrm{x} - \mathrm{v}\,\tau]) - \varepsilon(\mathrm{T}[\mathrm{x} + \mathrm{v}\,\tau])\} \tag{5.5a}$$

$$\mathrm{w} = \mathrm{n}\,\mathrm{v}^2\,\tau\frac{\mathrm{d}\varepsilon}{\mathrm{dT}}\left(-\frac{\mathrm{dT}}{\mathrm{dx}}\right) \tag{5.5b}$$

gegeben ist. Hier bezeichnet ε die Teilchenenergie. In Abb. 5.1 wird der Gedankengang von Gl. 5.5 erläutert.

Die freie Weglänge $\ell = \mathrm{v}\,\tau$ der Elektronen repräsentiert die relevante Längenskala, auf der die mittlere Bewegung der Elektronen entlang dem Temperaturgradienten beeinflusst wird. Mithilfe des Gleichverteilungssatzes für die Energie ε bei drei Freiheitsgraden

$$\varepsilon = \frac{1}{2}\,\mathrm{m}\,\mathrm{v}^2 = \frac{3}{2}\,\mathrm{k_B}\,\mathrm{T} \tag{5.6}$$

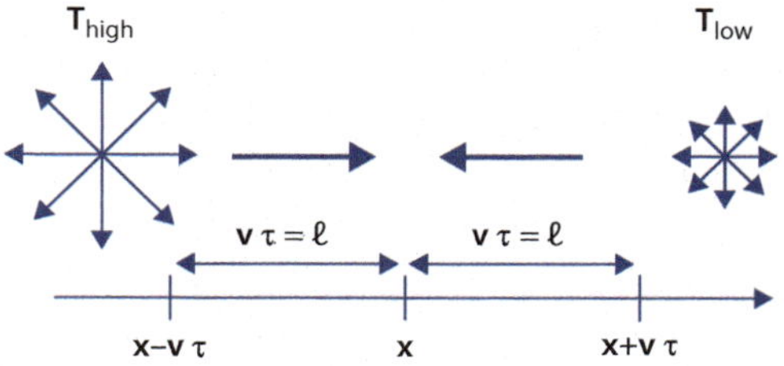

Abb. 5.1 Erläuterung zur Wärmestromdichte von Gl. 5.5. Die Größe der Pfeile bei T_{high} und T_{low} deuten die mittlere Elektronenenergie an

und mit

$$\frac{d\varepsilon}{dT} = c_V = \frac{3}{2}\,k_B \tag{5.7}$$

erhalten wir die Energiestromdichte

$$w = -n\left(\frac{3}{2}\,k_B\right)^2 \frac{\tau T}{m}\,\frac{dT}{dx} = -\kappa_e \frac{dT}{dx}. \tag{5.8}$$

In Gl. 5.8 haben wir die Wärmeleitfähigkeit κ_e der Elektronen eingeführt. Zusammen mit Gl. 5.4 finden wir

$$L \equiv \frac{\kappa_e}{\sigma T} = \frac{9}{4}\,(k_B/e)^2. \tag{5.9}$$

Das Verhältnis L wird als Lorenz-Zahl bezeichnet, die nach Ludwig Lorenz benannt ist. (Eine genauere Mittelung liefert den Vorfaktor $\pi^2/3$ anstelle von 9/4). Unser Ergebnis Gl. 5.9 ist das berühmte Wiedemann-Franz-Gesetz. In der Praxis wird dieses Gesetz häufig dazu benutzt, die Wärmeleitfähigkeit der Elektronen in einem Metall abzuschätzen, wenn die verhältnismäßig leicht messbare elektrische Leitfähigkeit bestimmt worden ist.

Die Erklärung des Wiedemann-Franz-Gesetzes war einer der Erfolge des Drude-Lorentz-Modells. Das Modell versagte aber bereits, wenn es die elektrische und die thermische Leitfähigkeit der Elektronen getrennt, also nicht nur das Verhältnis der beiden Leitfähigkeiten, angeben sollte. Weitere und noch viel grundlegendere Schwierigkeiten gab es aber bei der spezifischen Wärme der Elektronen. Ihr Beitrag zur spezifischen Wärme war viel kleiner als man es nach den klassischen Vorstellungen erwarten sollte. Die Auflösung des Rätsels kam dann wieder von der neuen Quantenmechanik und insbesondere von der Anwendung des „Pauli-Prinzips“.

5.2 Quantenstatistik, Fermi-Verteilung

Wieder ist es die Ununterscheidbarkeit der Elektronen als Elementarteilchen, die bei der Wahrscheinlichkeitsverteilung der Zustände eine neue Quantenstatistik erfordert. Bei den Gitterschwingungen hatten wir dies in Form der Bosonen schon kennengelernt. Die Quantenstatistik weicht deutlich von der klassischen (Maxwell-Boltzmann-)Statistik ab, wie wir in Kap. 3 im Fall der Bose-Einstein-Verteilung (Gl. 3.2) für Teilchen mit verschwindendem oder ganzzahligem Drehimpuls (Phononen und Photonen) schon besprochen haben. Jetzt haben wir es bei den Elektronen aber mit Elementarteilchen zu tun, die einen halbzahligen Eigendrehimpuls besitzen. Wolfgang Pauli hatte 1925 sein berühmtes Ausschließungsprinzip formuliert, welches besagt, dass jeder quantenmechanische Zustand eines Systems höchstens nur von einem einzigen Elektron besetzt werden kann. Entscheidend ist hierbei, dass die Elektronen einen halbzahligen Eigendrehimpuls haben. Auf diese Weise konnte Pauli den Abschluss der Elektronenschalen in den Atomen erklären. Wie der Italiener Enrico Fermi und Paul Adrien Maurice Dirac 1926 unabhängig voneinander gezeigt haben, führt die Anwendung des Pauli-Prinzips ebenfalls zu einer neuen Quantenstatistik, die heute unter dem Namen „Fermi-Dirac-Statistik" bekannt ist. Die Fermi-Dirac-Statistik gilt generell für Elementarteilchen mit halbzahligem Eigendrehimpuls, wie es für die Elektronen der Fall ist. Diese Teilchen werden „Fermionen" genannt. Ihr Eigendrehimpuls wird auch mit „Spin" bezeichnet. Wegen der Richtungsquantisierung kann der halbzahlige Elektronenspin nur in zwei möglichen Richtungen orientiert sein. Gemäß dem Pauli-Prinzip kann ein Zustand für jede der beiden Spinrichtungen höchstens nur einmal durch ein Elektron besetzt werden. Die vielen in einem Metall vorhandenen Elektronen müssen sich daher auch auf viele Zustände mit unterschiedlicher Energie in einem Energieband verteilen. So kommt es, dass die Elektronen im Energieband nacheinander die „Energieplätze" mit wachsendem Energiewert einnehmen müssen. Das letzte Elektron muss dann den Platz mit der höchsten Energie besetzen. Diese höchste Energie für die besetzten Plätze wird mit „Fermi-Energie" und die entsprechende Energieverteilung der Elektronen mit „Fermi-Verteilung" (auch Fermi-Dirac-Verteilung) bezeichnet. Im Folgenden wollen wir die Fermi-Energie mit ε_F ausdrücken.

Die Fermi-Dirac-Verteilungsfunktion f(ε) lautet

$$\mathbf{f}(\varepsilon) = \frac{1}{e^{(\varepsilon-\varepsilon_F)/k_B T} + 1}. \tag{5.10}$$

ε ist die Teilchenenergie und ε_F die Fermi-Energie oder das chemische Potenzial. In Abb. 5.2 ist die Funktion **f**(ε) dargestellt.

Mathematisch stellt die Fermi-Verteilung eine relativ einfache Funktion in Abhängigkeit von der Energie dar. Zwischen der Energie null und der Fermi-Energie ε_F hat diese Funktion den Wert eins, da diese Zustände genau einmal besetzt sind. Bei der Fermi-Energie fällt die Funktion dann abrupt von eins auf null, sie hat also ungefähr die Form eines Rechtecks. Die Rechteckform gilt exakt aber nur am absoluten Nullpunkt der Temperatur. Bei einer von null verschiedenen Temperatur T ist der Abfall der Fermi-Funktion von eins auf null auf der Energieachse etwas verschmiert und erfolgt an der Fermi-Energie innerhalb einer Energiebreite von ungefähr $k_B T$ (Abb. 5.2). Den Energiebetrag $k_B T$ hatten wir schon einmal bei unserer Besprechung der Energie für die einzelnen Freiheitsgrade der Normalschwingungen des Kristallgitters kennengelernt.

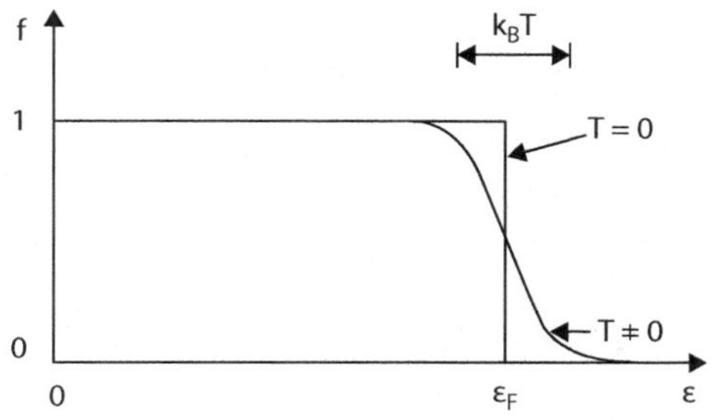

Abb. 5.2 Fermi-Verteilungsfunktion: Aufgrund des Ausschließungsprinzips von Pauli kann jeder quantenmechanische Zustand im Kristall höchstens nur von einem Elektron besetzt werden. Bei der Temperatur von null Kelvin hat die Fermi-Verteilungsfunktion für alle Energien bis zur Fermi-Energie ε_F den Wert eins und fällt bei ε_F abrupt von eins auf null. Bei einer endlichen Temperatur T wird der Abfall der Fermi-Verteilungsfunktion von eins auf null auf der Energieachse verschmiert und erfolgt bei der Fermi-Energie innerhalb einer Energiebreite von ungefähr k_BT

Jetzt kehren wir wieder zur spezifischen Wärme der Elektronen zurück. Da die Elektronen im Metall der einschränkenden Vorschrift in der Form der Fermi-Verteilung unterliegen, sind fast alle Elektronen im relevanten Energieband nicht mehr in der Lage, an ihrem Zustand bei Energiezufuhr durch Erwärmen etwas zu ändern. Da für ein beliebig herausgegriffenes Elektron alle energetisch benachbarten Zustände schon besetzt sind, könnte das betrachtete Elektron nur durch einen sehr großen Energiesprung in einen noch unbesetzten Zustand gelangen und dadurch physikalisch etwas bewirken. Ein derartig großer Energiesprung kann aber normalerweise nicht stattfinden. Die einzige Ausnahme besteht für die wenigen Elektronen in der Umgebung der Fermi-Energie, die energetisch nahe genug an noch unbesetzten Zuständen liegen, sodass sie durch thermische Anregung in diese unbesetzten Zustände gelangen können. Der Bruchteil der Elektronen, für den diese Ausnahme zutrifft, beträgt etwa k_BT/ε_F. Es ist auch nur dieser Bruchteil, der zur spezifischen Wärme der Elektronen beitragen kann. In guter Übereinstimmung mit dem Experiment wird die spezifische Wärme der Elektronen in einem Metall durch diesen Faktor k_BT/ε_F gegenüber der klassischen Theorie stark reduziert und wird außerdem noch proportional zur absoluten Temperatur. So konnte die Schwierigkeit mit der spezifischen Wärme wieder einmal durch die Quantenstatistik, in diesem Fall für die Elektronen, aufgeklärt werden. Setzt man für die einwertigen Metalle die entsprechenden Zahlen ein, dann findet man für Zimmertemperatur etwa den Wert $k_BT/\varepsilon_F = 0{,}01$. Gemessen an der Fermi-Energie ε_F findet der Übergang von den besetzten zu den unbesetzten Zuständen in einem relativ kleinen Energieintervall statt. Die oben genannte Rechteckform der Fermi-Funktion ist also noch einigermaßen gut erfüllt.

Der nahezu gleiche Gedankengang wie bei der spezifischen Wärme der Elektronen muss auch beim Paramagnetismus der Elektronen in Metallen angewendet werden. Als Erster hat Wolfgang Pauli auf diesen Punkt hingewiesen und damit den Wert der paramagnetischen Suszeptibilität in Metallen und seine Unabhängigkeit von der Temperatur erklärt. In Kap. 10 werden wir hierauf zurückkommen.

5.3 Fermi-Oberfläche

Wir erinnern uns jetzt aber wieder daran, dass die Zustände der Elektronen in Kristallen ebene Wellen darstellen, so wie es Felix Bloch und Rudolf E. Peierls in ihrer quantenmechanischen Theorie zum ersten Mal formuliert haben. Die ebenen Wellen sind durch ihre Wellenlänge und ihre Ausbreitungsrichtung gekennzeichnet. Beide Aussagen werden in dem Wellenvektor **k** zusammengefasst. Seine Richtung gibt die Ausbreitungsrichtung der Welle an, während sein Betrag k, die Wellenzahl, bis auf den Faktor 2π gleich dem Inversen der Wellenlänge λ ist: $\mathrm{k} = 2\,\pi/\lambda$. Allein durch die Energie ist der Zustand der Elektronen im Kristall noch nicht eindeutig bestimmt. Bei gleicher Energie können die zugehörigen Wellenvektoren der Materiewellen noch alle möglichen Richtungen im Kristall einnehmen und auf diese Weise unterschiedliche Zustände im Hinblick auf das Pauli-Prinzip definieren. Die Fermi-Verteilung der Elektronen muss also für alle Richtungen der Wellenvektoren getrennt erfolgen. Mit steigender Energie der Elektronen wächst auch die Größe ihres Wellenvektors. Der Fermi-Energie entspricht daher auch ein Maximalwert des Wellenvektors, der Fermi-Wellenvektor $\mathbf{k}_\mathrm{F}$, bis zu dem alle Zustände mit Elektronen besetzt sind. Die quantenmechanischen Elektronenzustände im Kristall erfordern somit, dass wir unsere Diskussion auf einen dreidimensionalen Raum der Wellenvektoren, den **k**-Raum, ausdehnen. Da der Wellenvektor proportional zum Teilchenimpuls ist, spricht man auch vom „Impulsraum“. Für alle Richtungen im Impulsraum sind alle Zustände bis zum Maximalwert k_F des Wellenvektors besetzt und oberhalb von k_F unbesetzt. Die Werte und Richtungen der Fermi-Wellenvektoren $\mathbf{k}_\mathrm{F}$ stellen im Impulsraum eine Fläche dar, die Fermi-Oberfläche. Sie ist eines der wichtigsten Konzepte für die Diskussion der elektronischen Kristalleigenschaften. Die Fermi-Energie ε_F und der Fermi-Wellenvektor k_F hängen über die Beziehung

$$\varepsilon_\mathrm{F} = \hbar^2\,\mathrm{k_F}^2 \big/ 2\mathrm{m} \tag{5.11}$$

miteinander zusammen. In Abb. 5.3 wird dieser Zusammenhang noch einmal dargestellt.

Im einfachsten Fall, wenn der Einfluss des Kristallgitters auf die Materiewellen der Elektronen vernachlässigt werden kann, hat die Fermi-Oberfläche die Gestalt einer Kugeloberfläche. Diesen Fall findet man bei den einwertigen Metallen, wie beispielsweise bei den Alkalimetallen. Wie wir aber schon im letzten Kapitel diskutiert haben, wirkt sich das Kristallgitter umso stärker aus, je mehr die Elektronenenergie in die Nähe der Werte kommt, die die Bragg'sche Reflexionsbedingung (an der Grenze einer Brillouin-Zone) erfüllen. Falls die Fermi-Energie in die Nähe dieser Bedingung rückt, weicht die Fermi-Oberfläche erheblich von der Gestalt einer Kugeloberfläche im Impulsraum ab und zeigt eine charakteristische Anisotropie. Diesen Fall finden wir insbesondere bei den mehrwertigen Metallen, wie beispielsweise Aluminium.

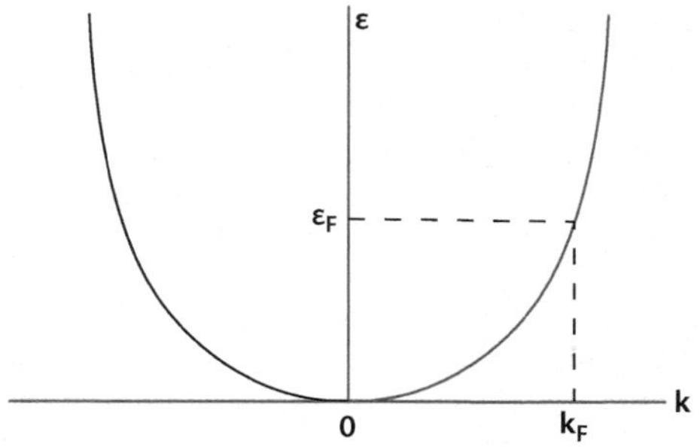

Abb. 5.3 Das Energiespektrum $\varepsilon(\mathbf{k})$ der Elektronen ist bis zur Fermi-Energie ε_F und bis zum Fermi-Wellenvektor $\mathbf{k}_F$ besetzt. (Es wird angenommen, dass $k_BT \ll \varepsilon_F$)

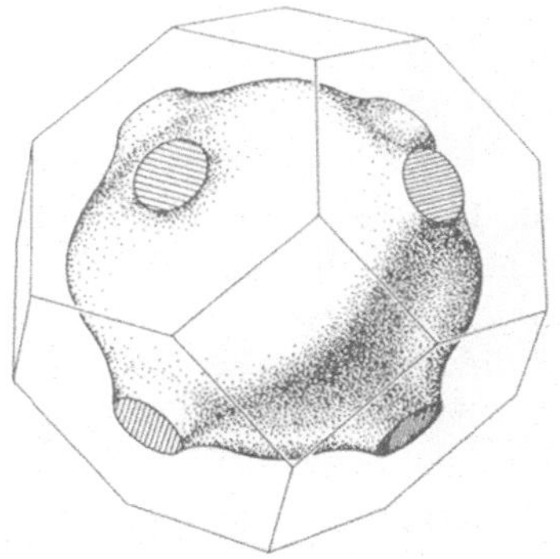

Abb. 5.4 Fermi-Oberfläche von Kupfer. – Die Fermi-Oberfläche existiert im Impulsraum und gibt an, bis zu welchem Wert alle Wellenvektoren für die Unterbringung der vorhandenen Elektronen verbraucht werden. Im einfachsten Fall ist die Fermi- Oberfläche eine Kugel, deren Radius durch den Fermi-Wellenvektor $\mathbf{k}_F$ gegeben ist. Das Bild zeigt die Fermi-Oberfläche von Kupfer, in dem historisch zum ersten Mal Abweichungen von der Kugelgestalt nachgewiesen wurden. Charakteristisch sind die bei Kupfer in acht verschiedenen Richtungen erkennbaren kurzen „Hälse"

Den ersten experimentellen Hinweis auf eine deutliche Anisotropie der Fermi-Oberfläche erhielt der Engländer Alfred Brian Pippard anhand von Messungen des Oberflächenwiderstands von Kupfer für Mikrowellen (Abb. 5.4). Im Zweiten Weltkrieg hatte Pippard in England an der Entwicklung der Radartechnik mitgearbeitet, die dann den entscheidenden Ausschlag für den Ausgang der Luftschlacht um England gegeben hat. (Man sagt auch, die Radartechnik habe den Zweiten Weltkrieg gewonnen.) Seine Erfahrungen mit der neuen Mikrowellentechnik hatten den Anlass für das Forschungsthema für den jungen Pippard gegeben. Seine entscheidenden Messungen machte er während des akademischen Jahres 1955/1956 als Gast am Institute for the Study of Metals in Chicago, da man dort am besten hochpolierte Oberflächen an Einkristallen von Kupfer präparieren konnte. Dieser erste experimentelle Nachweis der Anisotropie der Fermi-Oberfläche in einem Metall durch Pippard hat sofort in vielen Laboratorien zu einem großen Ansturm auf das Thema der Fermi-Oberfläche geführt, der noch viele Jahre anhielt. In diesem Zusammenhang bekamen auch Experimente in hohen Magnetfeldern, besonders zum „de Haas-van-Alphen-Effekt", rasch große Bedeutung. Dies werden wir in Kap. 7 besprechen.

Einen außerordentlich fruchtbaren Anstoß zur Verwendung des geometrischen Konzepts der Fermi-Oberfläche im Impulsraum hatte der Norweger Lars Onsager Anfang der 1950er-Jahre während eines Besuchs im englischen Cambridge gegeben. Die Pionierarbeiten von David Shoenberg und seinen Mitarbeitern im Royal Society Mond Laboratory auf dem Gebiet der Fermi-Oberflächen in Metallen haben durch Onsagers Hinweis wesentlich profitiert. Erst dadurch wurde man allmählich in die Lage versetzt, die zahlreichen Messergebnisse an Metallen richtig zu interpretieren. Als Hauptergebnis hatte sich nun herausgestellt, dass für eine große Anzahl von Eigenschaften der Metalle nur ein kleiner Bruchteil der Elektronen aus der nahen Umgebung der Fermi-Oberfläche verantwortlich ist. In eindrucksvoller Weise wird uns hier wieder die Schlüsselrolle von zweidimensionalen Grenzflächen, wenn auch diesmal im Impulsraum, vorgeführt, ähnlich wie auch alles Leben in der Biologie an der Erdoberfläche stattfindet.

5.4 Bloch-Grüneisen-Gesetz

In seiner Dissertation hatte Felix Bloch auch eine Theorie für den elektrischen Widerstand von Metallen entwickelt. In den Mittelpunkt stellte er hierbei die Stoßprozesse der Elektronen mit den Schwingungsquanten des Kristallgitters. Dabei hat er berücksichtigt, dass die Elektronen bei einem derartigen Stoßprozess Energie mit dem Kristallgitter in Form einzelner Phononen austauschen können. Das endgültige Ergebnis war dann das berühmte Bloch-Grüneisen-Gesetz für die Temperaturabhängigkeit des elektrischen Widerstands in Metallen. In diesem Gesetz spielt die Debye-Temperatur θ eine Rolle. Bei der Temperatur θ ist die thermische Energie $k_B\theta$ gerade gleich der Debye-Energie $\hbar\omega_D$, die wir als den Maximalwert im Spektrum der Phononen schon kennengelernt haben: $k_B\theta = \hbar\omega_D$. Für Temperaturen oberhalb der Debye-Temperatur θ ($T \gg \theta$) sind alle Phononen Zustände bis zur Debye-Frequenz ω_D besetzt, und die Anzahl der Phononen pro Zustand wächst proportional zu T (wie man aus der Verteilung Gl. 3.2 erkennt). Deshalb erwarten wir in diesem Temperaturbereich für den elektrischen Widerstand $\rho \sim T$. Auf der anderen Seite steigt die Anzahl der besetzten Phononen-Zustände (die zur Streurate τ^{-1} beitragen) bei Temperaturen weit unterhalb der Debye-Temperatur θ ($T \ll \theta$) proportional zu T^3 an, wie wir im Zusammenhang mit Gl. 3.4 gesehen haben. Ein weiterer Faktor proportional zu T^2 folgt aus der temperaturabhängigen Größe des Streuwinkels δ.

Dies wird in Abb. 5.5 erläutert. Wir bezeichnen die Driftgeschwindigkeit der Elektronen mit v_D. Nach einer Streuung um den Winkel δ beträgt die Driftgeschwindigkeit in Vorwärtsrichtung $v_D - \Delta v_D = v_D \cos\delta$. Unter der Annahme, dass der Streuwinkel δ klein ist, beträgt die verlorene relative Driftgeschwindigkeit in Vorwärtsrichtung $\Delta v_D/v_D = 1 - \cos\delta \approx \delta^2$. Für den Streuwinkel δ gilt im Fall $T \ll \theta$ die Proportionalität $\delta \sim$ Phonon-Wellenvektor $K \sim T$. Der Verlust an Driftgeschwindigkeit der Elektronen in Vorwärtsrichtung wächst proportional zu δ^2 und somit proportional zu T^2. Insgesamt finden wir deshalb in diesem Temperaturbe-

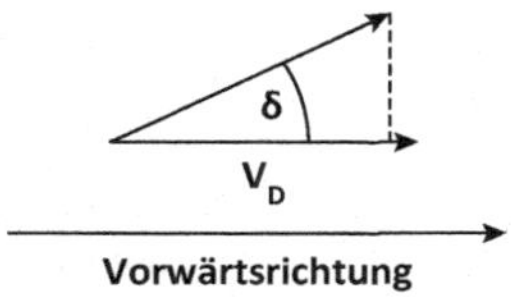

Abb. 5.5 Streuung um den Winkel δ reduziert die Driftgeschwindigkeit v_D in Vorwärtsrichtung zu $v_D \cos \delta$

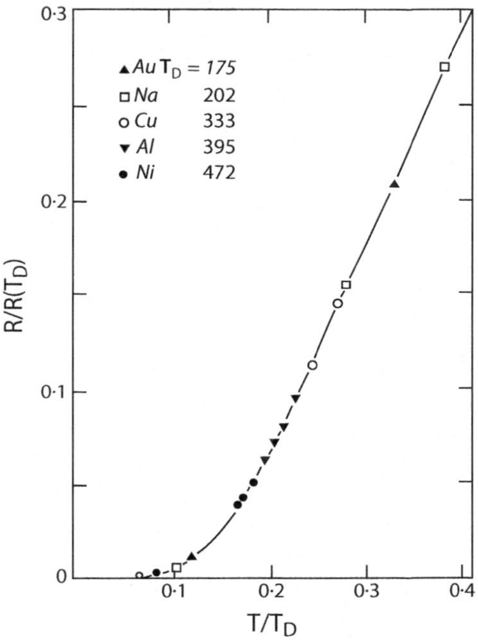

Abb. 5.6 Bloch-Grüneisen-Gesetz für die Temperaturabhängigkeit des elektrischen Widerstands für verschiedene Metalle, deren Debye-Temperatur (hier mit T_D bezeichnet) in Kelvin angegeben ist. Die Temperatur ist auf die Debye-Temperatur T_D und der elektrische Widerstand auf seinen Wert $R(T_D)$ bei der Debye-Temperatur bezogen. Für die verschiedenen Metalle ergibt sich eine universelle Kurve. (© W. Meissner)

reich $\rho \sim T^5$. Das gesamte Verhalten, $\rho \sim T^5$ für $T \ll \theta$ und $\rho \sim T$ für $T \gg \theta$, repräsentiert das berühmte Bloch-Grüneisen-Gesetz für den elektrischen Widerstand. Experimentell wurde dies Gesetz gut bestätigt (Abb. 5.6).

Im Bloch-Grüneisen-Gesetz für die Temperaturabhängigkeit des elektrischen Widerstands sind nur die Stöße der Elektronen mit den Schwingungsquanten des Kristallgitters berücksichtigt. Vor allem durch die Abnahme der Anzahl der Phononen mit sinkender Temperatur kommt der in diesem Gesetz ausgedrückte Temperaturverlauf des Widerstands zustande. Im Kristall erleiden die Elektronen jedoch auch noch andere Stoßprozesse, die die elektrische Leitfähigkeit begrenzen. Eine Hauptrolle spielen in diesem Zusammenhang strukturelle Gitterfehler oder chemische Verunreinigungen, durch die der perfekte, streng periodische Gitteraufbau des Kristalls gestört wird. Legierungen sind auch ein wichtiges Beispiel. Diese Störungen im Kristallgitter tragen ebenfalls zum elektrischen Widerstand bei. Im Allgemeinen können die Streuraten τ_i^{-1} verschiedener Mechanismen, beispielsweise von den Stößen der Elektronen mit den Phononen und mit den Störstellen im Kristallgitter, einfach addiert werden, und wir erhalten für die gesamte Streurate τ^{-1}

$$\frac{1}{\tau} = \sum_i \frac{1}{\tau_i} \tag{5.12}$$

Diese Eigenschaft der Additivität von verschiedenen Widerstandsmechanismen wird auch als „Mathiessen'sche Regel" bezeichnet. Da der Beitrag der Phononen mit sinkender Temperatur deutlich kleiner wird, bleibt bei genügend tiefen Temperaturen der Beitrag der Störstellen als Restwiderstand allein übrig. Der Restwiderstand ist nahezu unabhängig von der Temperatur. Aus der Größe dieses Restwiderstands lassen sich leicht Rückschlüsse über den Reinheitsgrad des Metalls gewinnen. Bei sehr reinen Metallen ist dieser Restwiderstand einige hundert- bis einige tausendmal kleiner als der Widerstand bei Zimmertemperatur, für den die Phononen den größten Beitrag liefern.

5.5 Thermoelektrizität

Bei der Behandlung der elektrischen Leitfähigkeit und der Wärmeleitfähigkeit in Metallen müssen wir lediglich jeweils nur eine einzige Einwirkung von außen betrachten. Im ersten Fall haben wir es mit einem elektrischen Potenzialgefälle durch ein elektrisches Feld und im zweiten Fall mit einem Temperaturgefälle zu tun. Darüber hinaus kommt es aber auch vor, dass die beiden genannten äußeren Einflüsse gleichzeitig wirken. In diesem Fall werden die thermoelektrischen Phänomene verursacht, die wir jetzt kurz diskutieren wollen.

Wir beginnen mit dem Peltier-Effekt. Dieser kommt dadurch zustande, dass ein fließender elektrischer Strom auch immer die Wärmeenergie der Ladungsträger transportiert. Werden zwei verschiedene elektrische Leitermaterialien hintereinandergeschaltet, kann es an der Verbindungsstelle zu einem Stau des Wärmestroms kommen, wenn der vom gleichen elektrischen Strom in beiden Materialien getragene Wärmestrom unterschiedlich ist. So kann an der Verbindungsstelle, abhängig von der Stromrichtung, eine Erwärmung oder Abkühlung auftreten (Abb. 5.7a). Dieser Effekt ist nach dem Franzosen Jean Charles Athanase Peltier benannt, der ihn 1834 entdeckt hat. Der Peltier-Koeffizient Π ist folgendermaßen definiert:

$$\Pi \equiv \frac{\text{Wärmestromdichte } w_x}{\text{elektrische Stromdichte } j_x} \tag{5.13}$$

An der Stelle des Kontakts zwischen zwei Leitern A und B beträgt die abgegebene oder die aufgenommene Peltier-Wärme pro Zeit und Querschnittfläche $(\Pi_A - \Pi_B)\, j_x$. Abhängig von der elektrischen Stromrichtung führt dies zu einer Aufheizung oder Abkühlung. Bei Metallen ist der Peltier-Effekt allerdings relativ klein und deshalb für die Kältetechnik nicht sonderlich interessant. Hauptgrund ist hierfür wieder die stark einschränkende Wirkung der Quantenstatistik, die dazu führt, dass nur der kleine Bruchteil $k_B T/\varepsilon_F$ aller Elektronen am Geschehen beteiligt sein kann, so wie wir es bei der spezifischen Wärme schon gesehen haben.

Als zweites thermoelektrisches Phänomen ist der Seebeck-Effekt zu nennen (Abb. 5.7b). Er wurde 1821 zum ersten Mal von Thomas Johann Seebeck beobachtet. Seebeck stammte aus Reval (dem heutigen Tallinn). Nachdem er in Berlin und Göttingen Medizin studiert hatte, praktizierte er als Arzt in Göttingen. Er wechselte jedoch später in die physikalische Forschung und arbeitete als Privatgelehrter in Jena, Bayreuth und Nürnberg. Beim Seebeck-Effekt handelt es sich um einen Fall der „Thermodiffusion" von den Ladungsträgern in einem elektrischen Leiter in einem Temperaturgefälle dT/dx. Wir alle kennen dieses Phänomen: die Ablagerung der relativ schweren Staubteilchen aus der Luft auf einer hellen Tapete an der kalten Zimmerwand genau hinter dem davor liegenden Heizungsrohr kommt durch Thermodiffusion zustande. Das gleiche Phänomen ist auch die Grundlage des Clusius'schen Trennrohrs zur Isotopentrennung. Der deutsche Physikochemiker Klaus Clusius hatte das Trennrohrverfahren 1938 erfunden. Eine besonders prominente Rolle spielte dieses Trennrohrprinzip im amerikanischen Manhattan-Projekt während des Zweiten Weltkriegs zur Anreicherung des Uranisotops ^{235}U. In Oak Ridge im Bundesstaat Tennessee wurde damals eine riesige Anlage aufgebaut, die aus 2142 Trennsäulen von jeweils 16 m Höhe bestand. Entlang der Mitte jeder Säule verlief ein dünnes Nickelrohr, das geheizt wurde und von einem größeren Kupferrohr umgeben war. Das Uran wurde gasförmig als UF_6 in die Anlage eingespeist (Abb. 5.8).

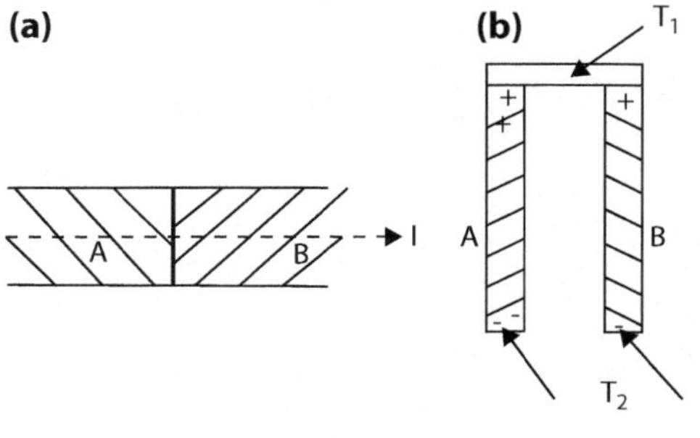

Abb. 5.7 Peltier-Effekt: **a** Fließt der elektrische Strom I durch die Kontaktzone zwischen zwei verschiedenen Metallen A und B, in denen der vom gleichen elektrischen Strom mitgeführte Wärmestrom unterschiedlich ist, dann tritt an der Kontaktzone, abhängig von der Stromrichtung, eine Erwärmung oder eine Abkühlung ein. Seebeck-Effekt: **b** Im Temperaturgefälle zwischen der höheren Temperatur T_1 (oben) und der tieferen Temperatur T_2 (unten) in einem elektrischen Leiter werden die beweglichen Elektronen durch Thermodiffusion zum heißen oder zum kalten Leiterende transportiert. An beiden Leiterenden sammeln sich deshalb elektrische Ladungen mit entgegengesetztem Vorzeichen an. Die Richtung der Thermodiffusion wird von Einzelheiten bei der Fermi-Oberfläche und bei den Stoßprozessen der Elektronen bestimmt. Das Bild zeigt zwei verschiedene Metalle A und B, die auf der Seite mit der höheren Temperatur zusammengelötet sind. Der Unterschied in der Thermodiffusion zwischen den beiden Metallen führt zu einer elektrischen Spannung zwischen den beiden unteren Metallenden, der „Thermospannung"

Abb. 5.8 Thermodiffusion: Ein kleiner Teil der Anlage mit den Trennsäulen für die Anreicherung des Uranisotops ^{235}U nach dem Prinzip von Clusius in Oak Ridge im amerikanischen Bundesstaat Tennessee. (Foto: © AEC Foto von Ed Westcott)

Thermodiffusion wird durch die thermische Kraft $-S_{tr}\, dT/dx$ verursacht, die im Temperaturgefälle dT/dx auf die Teilchen wirkt. Die Größe S_{tr} ist die Transportentropie pro Teilchen. Beim Seebeck-Effekt führt diese Thermodiffusion zur Anhäufung von elektrischen Ladungen mit entgegengesetztem Vorzeichen an den beiden Enden des Leiters, wodurch ein elektrisches Feld E_x erzeugt wird. Im Gleichgewicht wird die thermische Kraft durch die elektrostatische Kraft $-e\, E_x$ kompensiert (wir benutzen $-e$ für die Ladung), und wir erhalten die Gleichung für die Kräfte

$$-S_{tr}\,\frac{dT}{dx} = -e\,E_x = e\,\frac{dU}{dx}. \tag{5.14}$$

Hier bezeichnet U das elektrische Potenzial. Aus Gl. 5.14 ergibt sich der Seebeck-Koeffizient (Thermokraft) S

$$S \equiv \frac{\Delta U}{\Delta T} = -\frac{S_{tr}}{e} \tag{5.15}$$

Die Thermospannung wird stets zwischen zwei Materialien relativ zueinander gemessen (Abb. 5.7b). Für zwei elektrische Leiter A und B, die an einem Ende zusammengelötet sind, ergibt sich für die Temperaturdifferenz ΔT zwischen beiden Enden die elektrische Potenzialdifferenz $\Delta U = (S_A - S_B)\ \Delta T$. Die Thermospannung ΔU ist zur Temperaturdifferenz zwischen beiden Enden der elektrischen Leiter proportional und eignet sich daher vorzüglich zur Temperaturmessung, wenn die Temperatur an einem Ende genau bekannt ist. In der Form von Thermoelementen aus zwei verschiedenen elektrischen Leitern wird der Seebeck-Effekt häufig zur Thermometrie eingesetzt.

Detaillierte mathematische Formeln für die thermoelektrischen Koeffizienten können mithilfe der Transporttheorie abgeleitet werden. Wir wollen dies hier nicht weiter verfolgen. Jedoch sollte erwähnt werden, dass in Metallen wieder der Reduktionsfaktor $k_B T/\varepsilon_F$ aufgrund der Fermi-Verteilung eingreift, ähnlich wie im Fall der spezifischen Wärme der Elektronen.

Am Ende dieses Abschnitts über Thermoelektrizität wollen wir noch kurz den „Phonon-Drag-Effekt" besprechen. Wir erklären Phonon-Drag im Fall des Seebeck-Effekts. In einem Temperaturgefälle existiert immer ein Phononen-Strom, der Wärmeenergie transportiert, zusätzlich zur Wärmeleitfähigkeit der Elektronen in einem Metall, die wir oben besprochen haben. Aufgrund der Elektron-Phonon-Wechselwirkung schleppt dieser Phononen-Strom die Elektronen mit (Impulsübertragung) und erzeugt auf diese Weise die „Phonon-Drag-Komponente" des Seebeck-Koeffizienten. Die andere Komponente, die übrig bleibt, falls der Phononen-Strom abwesend wäre, wird als „Elektronen-Diffusions-Komponente" bezeichnet. Die Phonon-Drag-Komponente des Seebeck-Koeffizienten besitzt eine ähnliche Temperaturabhängigkeit wie die Wärmeleitfähigkeit des Kristallgitters, die in Abb. 3.6 gezeigt ist. Mit steigender Temperatur durchläuft sie ein deutliches Maximum und verschwindet im Allgemeinen oberhalb Zimmertemperatur. Im Temperaturbereich dieses Maximums überwiegt die Phonon-Drag-Komponente in der Regel die Diffusionskomponente. (Für die elektrische Leitfähigkeit ist der Phonon-Drag-Effekt vernachlässigbar, da hierzu die Elektron-Phonon-Wechselwirkung zweimal benötigt wird: Zuerst muss der elektrische Strom einen Phononenstrom anwerfen, der dann auf die Elektronen zurückwirkt. Dies ergibt einen Effekt zweiter Ordnung).

Der Peltier-Koeffizient Π und der Seebeck-Koeffizient S eines Materials hängen über die Thomson-Beziehung

$$\Pi = T\,S \tag{5.16}$$

miteinander zusammen. Die Beziehung Gl. 5.16 ist ein Beispiel des berühmten Reziprozitätsschemas von Lars Onsager für die Transportkoeffizienten.

Die hier in kurzer Form zusammengefasste rasche Entwicklung der Theorie der Metalle schlägt sich auch in den viel ausführlicheren Darstellungen nieder, die schon sehr früh vorlagen. Zu nennen sind hier besonders das Buch *The Theory of the Properties of Metals and Alloys* von Nevill Francis Mott und H. Jones sowie das Buch *The Theory of Metals* von Alan H. Wilson, die beide schon aus dem Jahr 1936 stammen. Ein besonders beeindruckender Meilenstein ist ein großer Übersichtsartikel „Elektronentheorie der Metalle" von Arnold Sommerfeld und Hans Bethe für das Handbuch der Physik aus dem Jahr 1933. Der weitaus überwiegende Teil dieses auch heute noch wertvollen Handbuchbeitrags war das Werk des damals gerade 27-jährigen Bethe. Bereits 1931 hatte der Franzose Léon Brillouin in seinem Buch „Die Quantenstatistik und ihre Anwendung auf die Elektronentheorie der Metalle" den damals aktuellen Stand zusammengefasst.

Die beherrschende Leitlinie in diesem Kapitel über die Eigenschaften der Metalle ist die starke Einschränkung, die die Elektronen als Fermionen durch die Quantenstatistik erfahren. Es kann aber passieren, dass sich die Elektronen zu Paaren zusammentun, um als Paar dann nicht mehr den halbzahligen Drehimpuls eines Fermions, sondern beispielsweise den gesamten Eigendrehimpuls null zu besitzen. Der Gesamtspin null ergibt sich, wenn die Spins beider Partner entgegengesetzt zueinander orientiert sind. In diesem Fall ist das Pauli-Prinzip außer Kraft gesetzt, und viele Elektronenpaare können jetzt den gleichen quantenmechanischen Zustand besetzen. In Kap. 8 werden wir besprechen, wie genau dies bei der Erscheinung der Supraleitung der Fall ist.

Kapitel 6
Weniger ist mehr: Halbleiter

Zusammenfassung Falls die elektronische Bandstruktur die thermische Anregung von Elektronen aus dem oberen Ende eines vollständig gefüllten Valenzbandes in das untere Ende eines leeren Leitungsbandes ermöglicht, haben wir es mit einem Halbleiter zu tun. Beispiele sind Germanium oder Silizium oder die Verbindungshalbleiter aus einem Element der dritten und der fünften Spalte des Periodischen Systems oder der zweiten und der sechsten Spalte. Die genau kontrollierte Dotierung mit Donatoren oder Akzeptoren liefert Materialien, die für elektronische Anwendungen extrem nützlich sind. Der Metall-Halbleiter-Kontakt und der Gleichrichtereffekt des p-n-Kontakts werden besprochen. Nach seiner Erfindung im Jahr 1947 durchlief der Transistor im Lauf seiner Miniaturisierung viele Entwicklungsstufen. Die Fotovoltaik, die Licht emittierende Diode (LED) und der Halbleiter-Laser werden ebenfalls diskutiert.

Schon Michael Faraday hatte im Jahr 1833 gefunden, dass der elektrische Widerstand von Silbersulfid mit steigender Temperatur abnimmt, während Metalle ein umgekehrtes Verhalten in Abhängigkeit von der Temperatur zeigen. Er beobachtete dann eine ähnliche Temperaturabhängigkeit wie bei Silbersulfid auch in einer Reihe von anderen Substanzen, wobei deren elektrische Leitfähigkeit stets deutlich geringer als bei den gewöhnlichen Metallen war. Etwa 40 Jahre später interessierte sich der Deutsche Ferdinand Braun für die Elektrizitätsleitung in Bleiglanz-Kristallen und anderen Metallsulfiden. Er fand heraus, dass der elektrische Widerstand in diesen Materialien von der Stromrichtung abhing. Dieser bei Metallen niemals beobachtete Effekt war besonders deutlich, wenn der elektrische Strom auf einer Seite mit einer metallischen Nadel in die Substanz rein oder raus geleitet wurde. Braun hatte die Gleichrichterwirkung eines Kontakts entdeckt. Als Detektor zum Empfang von Radiowellen sollte diese Anordnung viele Jahre später eine Zeit lang eine berühmte Rolle spielen. Mit seinen Arbeiten hatte Ferdinand Braun das Tor zur Erforschung und Nutzung der „Halbleiter" weit aufgestoßen. Seine wohl wichtigsten Arbeiten, die er ab 1895 als Professor an der Universität Straßburg durchführte und für die er zusammen mit Guglielmo Marconi 1909 den Nobelpreis für Physik erhielt, betrafen aber noch etwas anderes. In Straßburg entwickelte Braun die Kathodenstrahlröhre, die dann als Braun'sche Röhre bekannt

R. Huebener, *Leiter, Halbleiter, Supraleiter*,
DOI 10.1007/978-3-662-53281-2_6

wurde. Sie dient unter anderem dazu, hochfrequenten Wechselstrom mit guter Zeitauflösung aufzuzeichnen und ist auch heute noch die Grundlage vieler Fernsehgeräte. (Erst in jüngster Zeit werden diese Geräte durch die Flachbildschirme abgelöst). So verwundert es auch kaum, dass unter der Regie von Braun 1899 an der Straßburger Universität die weltweit ersten Vorlesungen über Hochfrequenzphysik stattfanden.

Im vierten Kapitel hatten wir besprochen, wie die elektrischen Leitungseigenschaften von Kristallen durch die erlaubten Energiebänder und die zwischen den Bändern liegenden Energielücken im Energiespektrum der Elektronen bestimmt werden (Abb. 4.6). Ein nur unvollständig gefülltes Leitungsband ist der Grund für die hohe elektrische Leitfähigkeit von Metallen, während ein vollständig gefülltes Band zur elektrischen Leitfähigkeit nichts beitragen kann. Wenn jedoch ein leeres Band energetisch dicht oberhalb eines gefüllten Bandes existiert, gibt es interessante neue Möglichkeiten. Es ist genau dieser Fall, der bei den Halbleitern vorliegt und mit dem Michael Faraday und Ferdinand Braun sich seinerzeit schon auseinandersetzten. Wenn der Energieabstand zwischen dem zunächst leeren Leitungsband und dem energetisch darunter liegenden und vollständig gefüllten sogenannten Valenzband genügend klein ist, können die Elektronen mit ihrer thermischen Energie k_BT die zwischen beiden Bändern befindliche kleine Energielücke überspringen. Auf diese Weise kann das Leitungsband geringfügig mit Elektronen besetzt werden. Im Leitungsband bewirken diese Elektronen dann die elektrische Leitfähigkeit des Halbleiters. Mit steigender Temperatur nimmt die Anzahl der Elektronen, denen der Energiesprung vom Valenzband in das Leitungsband gelingt, stark zu. Somit wächst auch mit steigender Temperatur die elektrische Leitfähigkeit bei Halbleitern stark an. Halbleiter verhalten sich hier genau umgekehrt wie Metalle. Wie wir in Kap. 5 besprochen haben, nimmt der elektrische Widerstand bei Metallen mit wachsender Temperatur zu, bzw. die elektrische Leitfähigkeit als das Inverse des Widerstands nimmt ab. Die durch Zufuhr der thermischen Energie k_BT bei Halbleitern in das Leitungsband gelangte Konzentration an Elektronen ist aber um viele Größenordnungen kleiner als üblicherweise bei Metallen. Somit ist die elektrische Leitfähigkeit bei Halbleitern auch viel kleiner als bei Metallen. In Abb. 6.1 zeigen wir noch einmal die Position des Valenzbands und des Leitungsbands entlang der vertikalen Energieachse für einen intrinsischen (undotierten) Halbleiter.

6.1 Intrinsische Halbleiter

Durch die thermische Anregung von Elektronen aus dem Valenzband in das Leitungsband wird aber nicht nur das Leitungsband von unten nach oben mit Elektronen bevölkert. Gleichzeitig wird durch das Entfernen der Elektronen das Valenzband von oben nach unten entvölkert. Da am oberen Rand des Valenzbands jetzt Elektronen fehlen, spricht man von Löchern, (die manchmal auch „Defektelektronen" genannt werden). Durch die Existenz dieser Löcher können auch die

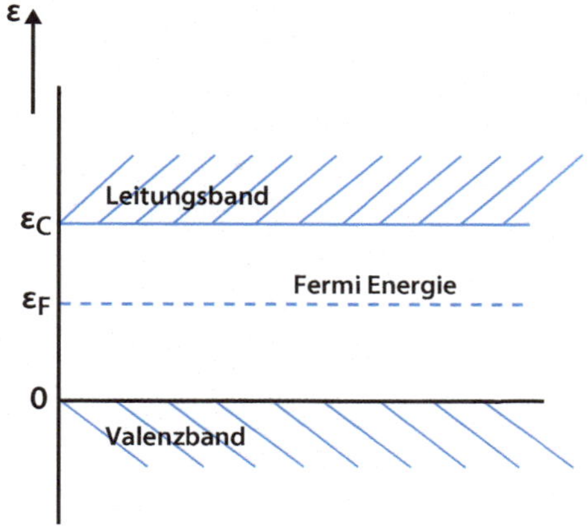

Abb. 6.1 Position des Valenzbands und des Leitungsbands entlang der Energieachse für einen intrinsischen (undotierten) Halbleiter

Elektronen am oberen Rand des Valenzbands am elektrischen Leitungsmechanismus teilnehmen, da die unbesetzten Zustände auch in diesem Energiebereich eine Änderung der Geschwindigkeitsverteilung der Elektronen ermöglichen. Es ist jetzt zweckmäßig, die Bewegung der Ladungsträger am oberen Rand des Valenzbands durch eine Dynamik der Löcher zu beschreiben. Ein Loch im Energieband der negativ geladenen Elektronen entspricht genau einem Teilchen mit umgekehrter, also positiver Ladung. Die Bewegung eines negativ geladenen Elektrons beispielsweise von links nach rechts ist völlig äquivalent der Bewegung eines positiv geladenen Lochs von rechts nach links. Der nützliche und tief gehende Begriff des Lochs ist für die Physik der Kristalle zum ersten Mal von Werner Heisenberg benutzt worden. In einer Arbeit aus dem Jahr 1931 zum Ausschließungsprinzip von Pauli diskutiert Heisenberg zunächst die Verwendung der Wellengleichung der Löcher im Zusammenhang mit den abgeschlossenen Elektronenschalen eines Atoms:

> Wenn N die Anzahl der Elektronen in der abgeschlossenen Schale bedeutet, so soll [...]. gezeigt werden, dass man eine Schrödingergleichung für n Elektronen auch ersetzen kann durch eine ganz ähnlich gebaute, äquivalente Schrödingergleichung für N – n Löcher.

Anschließend bespricht Heisenberg die Verwendung der Wellengleichung der Löcher zur Erklärung des anomalen Hall-Effekts in Kristallen. Auf den Hall-Effekt werden wir in Kap. 7 noch zurückkommen. Aus ihm kann man das Vorzeichen der beim elektrischen Stromfluss bewegten Ladungsträger ableiten. Obwohl es die negativ geladenen Elektronen sind, die den elektrischen Stromfluss in einem Leiter bewirken, hatte der Hall-Effekt immer wieder ein positives Vorzeichen der bewegten Ladungsträger ergeben. Daher wurde auch vom „anomalen Hall-Effekt“ gesprochen. Rudolf E. Peierls hatte 1929 in Leipzig zum ersten Mal die richtige Deutung des anomalen Hall-Effekts durch die (positiv geladenen) Löcher auf der Basis der Besetzung der Bänder im Energiespektrum der Elektronen vorgeschlagen.

Für den Fall der Elektronen, die aus dem Valenzband in das Leitungsband thermisch angeregt werden, gilt $\varepsilon - \varepsilon_F >> k_B T$, und die Fermi-Verteilung (Gl. 5.10) kann durch die Boltzmann-Verteilung

$$f(\varepsilon) = e^{-(\varepsilon - \varepsilon_F)/k_B T} \tag{6.1}$$

ersetzt werden. Mit Verwendung der Energieskala von Abb. 6.1 ergibt sich für die Elektronenkonzentration im Leitungsband pro Volumen

$$n = \int_{\varepsilon_c}^{\infty} D_e(\varepsilon)\ f(\varepsilon)\ d\varepsilon \tag{6.2}$$

Hier ist

$$D_e(\varepsilon) = \frac{\sqrt{2}}{\pi^2} \left(\frac{m_e}{\hbar^2}\right)^{3/2} (\varepsilon - \varepsilon_C)^{1/2} \tag{6.3}$$

die Zustandsdichte der Elektronen pro Volumen. m_e ist die Elektronenmasse. Mit Gl. 6.3 erhält man aus Gl. 6.2

$$n = \frac{\sqrt{2}}{\pi^2} \left(\frac{m_e}{\hbar^2}\right)^{3/2} e^{\varepsilon_F/k_B T} \int_{\varepsilon_C}^{\infty} (\varepsilon - \varepsilon_C)^{1/2}\ e^{-\varepsilon/k_B T}\ d\varepsilon \tag{6.4}$$

$$= 2\left(2\pi\ m_e\ k_B\ T/h^2\right)^{3/2} e^{-(\varepsilon_C - \varepsilon_F)/k_B T}. \tag{6.5}$$

An dieser Stelle wollen wir die Herleitung der Zustandsdichte $D_e(\varepsilon)$in Gl. 6.3 noch andeuten. Wir beginnen mit der Zahl w(k) der Schwingungen der de-Broglie-Wellen der Elektronen pro k-Interval im **k**-Raum (Zustandsdichte) und benutzen dabei periodische Randbedingungen des Kristalls (k = Wellenzahl der Elektronen). Wir betrachten einen Kristall der Abmessung L entlang einer Koordinatenachse. Die periodische Randbedingung erfordert, dass die Welle e^{ikx} bei $x = 0$ und $x = L$ den gleichen Wert annimmt, also $e^{ikL} = 1$ oder $kL = n\ 2\pi$, wobei n eine ganze Zahl ist. Der Abstand Δk von zwei aufeinander folgenden k-Werten beträgt $\Delta k = 2\pi/L$. Im eindimensionalen Fall erhalten wir $w_1(k) = 1/\Delta k = L/2\pi$. Für den dreidimensionalen **k**-Raum ergibt sich $w_3(\mathbf{k}) = (L/2\pi)^3$. Die Zustandsdichte *pro Energieintervall* ist (durch Betrachtung einer Kugelschale der infinitesimalen Dicke $\partial\mathbf{k}$ im **k**-Raum)

$$D(\varepsilon) = w_3(\mathbf{k}) \frac{\partial(\mathbf{k} - \text{Raum Volumen})}{\partial\varepsilon} = w_3(\mathbf{k})\ 4\ \pi\ k^2\ \frac{\partial k}{\partial\varepsilon} \tag{6.6}$$

Mit der Elektronenenergie ε aus Gl. 4.13 ergibt sich schließlich nach wenigen Schritten

$$D(\varepsilon) = \frac{\sqrt{2}}{\pi^2} \left(\frac{m_e}{\hbar^2}\right)^{3/2} V\ \varepsilon^{1/2}. \tag{6.7}$$

Gegenüber dem Ausdruck in Gl. 6.3 ist zu beachten, dass bei Letzterem pro Kristallvolumen gerechnet ist und dass das Leitungsband oberhalb der Energie ε_C liegt.

Die in das Leitungsband gelangten Elektronen fehlen jetzt im Valenzband, wo sie Löcher mit der Verteilungsfunktion $f_h(\varepsilon) = 1 - f(\varepsilon)$ repräsentieren. Die Löcherkonzentration im Valenzband ist pro Volumen analog zu Gl. 6.5

$$p = 2\,(2\pi\, m_h\, k_B\, T/h^2)^{3/2}\, e^{-\varepsilon_F/\,k_B T}. \tag{6.8}$$

Hier ist m_h die Masse der Löcher. Das Produkt n p ist unabhängig von der Fermi-Energie ε_F:

$$n\,p = 4\,(2\pi\, k_B\, T/h^2)^3\;\;(m_e\, m_h)^{3/2} e^{-\varepsilon_C/k_B T}. \tag{6.9}$$

Bisher haben wir nur intrinsische Halbleiter betrachtet. Deshalb gilt

$$n = p = 2\,(2\pi\, k_B\, T/h^2)^{3/2}\,(m_e\, m_h)^{3/4} e^{-\varepsilon_C/2\,k_B T}. \tag{6.10}$$

Aus Gl. 6.5 und 6.8 ergibt sich

$$m_e^{3/2}\, e^{-(\varepsilon_C - \varepsilon_F)/k_B T} = m_h^{3/2}\, e^{-\varepsilon_F/\,k_B T} \tag{6.11}$$

und hieraus

$$\varepsilon_F = \frac{\varepsilon_C}{2} + \frac{3}{4}\, k_B\, T \log\,(m_h/m_e). \tag{6.12}$$

Im Fall $m_h = m_e$ finden wir $\varepsilon_F = \varepsilon_C/2$, und die Fermi-Energie liegt genau in der Mitte der Energielücke.

Durch die thermisch aktivierte Bevölkerung des Leitungsbands mit Elektronen und die damit gekoppelte Bildung von Löchern am oberen Rand des Valenzbands kommt die „Eigenleitung" von Halbleitern zustande. Man spricht in diesem Fall von intrinsischen Halbleitern. Ihre Erforschung ist seit den 1930er-Jahren stetig gewachsen, wobei die technischen Anwendungsmöglichkeiten eine starke Antriebskraft waren. Das Interesse konzentrierte sich zunächst besonders auf die Materialien Kupferoxydul und Selen. Wie wir im ersten Kapitel schon erwähnt haben, rückten nach dem Zweiten Weltkrieg Germanium- und Siliziumkristalle, besonders auch durch die Arbeiten an den amerikanischen Bell-Laboratorien, in den Vordergrund. Der kristalline Aufbau dieser beiden nur aus jeweils einem einzigen Element bestehenden Stoffe ist der gleiche wie bei Diamant und wesentlich einfacher als bei Kupferoxydul und Selen. Germanium war als neues chemisches Element von dem deutschen Chemiker Clemens Winkler an der Bergakademie im sächsischen Freiberg im Jahr 1886 entdeckt worden. Germanium und Silizium stehen in der IV. Hauptgruppe des Periodensystems mit Kohlenstoff an der Spitze und Silizium darunter. Diese beiden zuletzt genannten Stoffe gehören zu den Elementen, die auf der Erde am häufigsten vorkommen. Direkt unterhalb Siliziums befindet sich im periodischen System Germanium, das deutlich seltener vorkommt und bis zu seiner Entdeckung nur als noch nicht besetzte Lücke im Periodensystem aufgetreten war.

Bei Zimmertemperatur ist in Germanium die Konzentration der thermisch angeregten Ladungsträger im Leitungs- und im Valenzband etwa eine Milliarde Mal kleiner als in einem guten elektrischen Leiter wie beispielsweise Kupfer. Bei

Germanium werden aber schon nicht weit oberhalb Zimmertemperatur so viele Ladungsträger thermisch angeregt, dass seine elektrischen Eigenschaften für viele elektronische Anwendungen zu stark verändert werden. Heiße Sommertemperaturen sind schon nicht mehr zu tolerieren. In Silizium ist die Energielücke zwischen Valenzband und Leitungsband fast doppelt so groß wie in Germanium. Die entsprechende Konzentration der thermisch angeregten Ladungsträger ist deshalb in Silizium noch etwa zehntausendmal kleiner als in Germanium. Bei Sommerhitze ist Silizium deshalb auch deutlich weniger anfällig. Aufgrund dieser Tatsache und besonders auch wegen der spontanen Bildung einer dünnen, stabilen und elektrisch ausgezeichnet isolierenden Schicht von Siliziumoxid an der Oberfläche ist Silizium als Halbleitermaterial für die meisten elektronischen Anwendungen dem Germanium deutlich überlegen und dominiert heute in der Halbleiterindustrie.

Die Erfindung des Transistors durch John Bardeen, Walter Brattain und William Shockley im Jahr 1947 hatten wir in Kap. 1 schon erwähnt. Damals wurde ein völlig unbekanntes Neuland betreten, und viele wichtige neue Erfahrungen mussten zum ersten Mal gesammelt werden. So bestand auch keinesfalls von Anfang an Klarheit über die extremen Reinheitsforderungen an die Halbleitermaterialien. Erst allmählich setzte sich die Erkenntnis durch, dass chemische Verunreinigungen und Korngrenzen in den Kristallen die elektrischen Eigenschaften extrem empfindlich beeinflussen. Es war Gordon Kidd Teal in den amerikanischen Bell-Laboratorien, der schon früh überzeugt war, dass nur große Anstrengungen bei der Herstellung und Reinigung von Einkristallen zum Erfolg führen. Aber zunächst wollte keiner auf ihn hören. So konnte er nur als Außenseiter und unter Schwierigkeiten seine Ideen zur Züchtung von ultrareinen Einkristallen vorantreiben. Heute wird die Herstellung von großen, ultrareinen Einkristallen aus Silizium als Rohstoff für die Halbleiterindustrie weltweit mit hohem technischen Aufwand betrieben (beispielsweise von der Firma Wacker Chemie in Burghausen). Gordon Teal wurde damals schon bald von den Bell-Laboratorien abgeheuert, um ab Januar 1953 bei der amerikanischen Firma Texas Instruments seine Ideen umzusetzen. Texas Instruments hat sich dann zu dem größten Halbleiterhersteller der Welt entwickelt.

Neben den jeweils nur aus einem einzigen Element bestehenden Halbleitern wie Germanium und Silizium aus der IV. Gruppe des Periodensystems gibt es noch Substanzen, die aus mehreren Elementen zusammengesetzt sind und für die technischen Anwendungen besonders interessante Halbleitereigenschaften haben. Die Pionierarbeiten zu diesen „Verbindungshalbleitern“ stammen aus den frühen 1950er-Jahren von dem Deutschen Heinrich Welker. Er arbeitete damals am Siemens-Forschungslaboratorium in Erlangen, dessen Direktor er später wurde. Welker war vorher Assistent von Arnold Sommerfeld an der Universität in München gewesen, wo er sich unter anderem auch mit der Theorie der Supraleitung beschäftigt hatte. In Erlangen wollte er damals die Halbleiterphysik des Germaniums besser verstehen und stieß dabei auf die folgende Fragestellung. Das Germaniumatom hat vier Elektronen in seiner äußeren Hülle. Sollte eine Verbindung aus einem Atom mit fünf Elektronen aus der V. Gruppe des Periodensystems und einem Atom mit drei Elektronen aus der III. Gruppe nicht ähnliche Halbleitereigenschaften wie Germanium besitzen, da sich im Mittel wieder vier Elektronen pro Atom wie beim Germaniumatom ergeben? Links vom Germanium steht Gallium im periodischen System und rechts das Arsen. Die Experimente zeigten, dass die Verbindung Galliumarsenid (GaAs) tatsächlich ein Halbleiter ist. Ein ähnlicher sogenannter III-V-Halbleiter ist Indiumantimonid (InSb). Die III-V-Halbleiter zeigten interessante elektronische Eigenschaften. Die Beweglichkeit der Elektronen und Löcher war viel größer als in Germanium und Silizium, sodass Anwendungen möglich wurden, bei denen es noch mehr auf Schnelligkeit der Ladungsträger ankam. Eine weitere Eigenschaft der III-V-Halbleiter ist die relativ breite Energielücke zwischen Valenzband und Leitungsband. Dies ist für Anwendungen in der Optoelektronik interessant. Hierauf wollen wir unten noch einmal zurückkommen. Das Prinzip der Verbindungshalbleiter ist auch auf Verbindungen aus Elementen der II. und VI. Gruppe des Periodensystems ausgedehnt worden, die als II-VI-Halbleiter bezeichnet werden.

6.2 Dotierte Halbleiter

Unsere Diskussion hat sich bisher auf die Halbleiter beschränkt, die nur aus einem einzigen Element bestehen oder die eine Verbindung aus zwei Elementen darstellen. Weitere Zusatzstoffe sollte es nicht geben. Damit hatten wir es bisher nur mit dem Fall der Eigenleitung oder der intrinsischen Halbleiter zu tun. Viel wichtiger sind jedoch die mit Fremdatomen dotierten Halbleiter, die wir jetzt betrachten wollen. Schon frühzeitig hatte man bemerkt, wie die elektrischen Eigenschaften der gleichen halbleitenden Materialien oft in weiten Grenzen schwanken, sodass keine genaue Reproduzierbarkeit erreicht werden kann. Es ist die gegenüber Metallen extrem niedrige Konzentration an beweglichen Ladungsträgern in den intrinsischen Halbleitern, die die Letzteren in ihren elektrischen Eigenschaften so empfindlich gegenüber chemischen Verunreinigungen oder sogenannten Störstellen im Kristallgitter macht. Wie wir schon diskutiert haben, besitzen Silizium und Germanium als Elemente der IV. Gruppe des Periodensystems vier Elektronen in ihrer äußeren Atomhülle. Wenn man jedoch Atome aus der V. Gruppe des periodischen Systems mit fünf Elektronen in der äußeren Hülle, wie beispielsweise Phosphor oder Arsen, in das Silizium- oder Germaniumgitter einbaut, ist das fünfte Elektron überschüssig. Von dem Phosphor- oder Arsenatom kann dieses Überschusselektron leicht durch thermische Anregung in das Leitungsband von Silizium oder Germanium gelangen. Das Phosphor- oder Arsenatom befindet sich dann als einfach positiv ionisiertes Atom im Wirtsgitter des Siliziums oder Germaniums. Wegen der Abgabe ihres überschüssigen Elektrons an das Leitungsband des Wirtsgitters bezeichnet man diese eingebauten Atome der V. Gruppe als Donatoren. Der Einbau dieser Donatoren ermöglicht es, die Konzentration der Ladungsträger im Leitungsband gegenüber der in Eigenhalbleitern wie Silizium und Germanium um viele Größenordnungen kontrolliert zu verändern (Abb. 6.2).

Der den Donatoren zugrunde liegende Gedanke lässt sich noch weiter fortsetzen. Wir betrachten daher den Einbau von Atomen aus der III. Gruppe des periodischen Systems mit nur drei Elektronen in der äußeren Hülle, wie beispielsweise Aluminium oder Gallium, in das Wirtsgitter von Silizium oder Germanium. Jetzt besitzt das eingebaute Atom ein Elektron weniger als die Atome des Wirtsgitters. Das fehlende vierte Elektron kann sich das eingebaute Atom jetzt durch thermi-

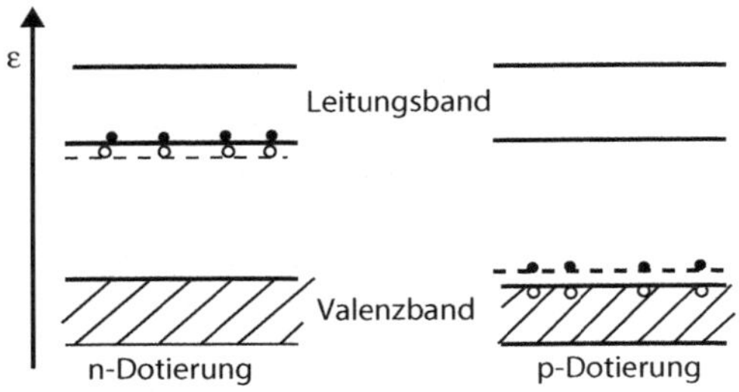

Abb. 6.2 Dotierte Halbleiter. Das Leitungsband ist vom Valenzband durch eine relativ große Energielücke getrennt. Bei n-Dotierung werden Elektronen von den Donatoren zum unteren Rand des Leitungsbands thermisch angeregt. Bei p-Dotierung erfolgt die thermische Anregung von Elektronen vom oberen Rand des Valenzbands auf die Energieniveaus der Akzeptoren, sodass Löcher im Valenzband zurückbleiben

sche Anregung aus dem Valenzband des Siliziums oder Germaniums holen. Am oberen Rand des Valenzbands entsteht dabei gleichzeitig ein Loch. Das Aluminium- oder Galliumatom befindet sich schließlich als einfach negativ ionisiertes Atom im Wirtsgitter des Siliziums oder Germaniums. Wegen dieser Akzeptanz ihres fehlenden vierten Elektrons aus dem Valenzband des Wirtsgitters bezeichnet man diese eingebauten Atome der III. Gruppe als Akzeptoren. Wie wir oben erläutert haben, nehmen auch die Löcher am oberen Rand des Valenzbands ebenso wie die Elektronen im Leitungsband am elektrischen Leitungsmechanismus teil. Der Einbau der Akzeptoren ermöglicht es wiederum, die Konzentration der in der Form von Löchern beweglichen Ladungsträger im Valenzband gegenüber der von Eigenhalbleitern um viele Größenordnungen kontrolliert zu verändern (Abb. 6.2).

Diese heutigen Vorstellungen über Donatoren und Akzeptoren wurden bereits Anfang der 1930er-Jahre entwickelt, wobei die in Kap. 4 genannten Rudolf E. Peierls und Alan H. Wilson wichtige Beiträge geleistet haben. Zur Klärung hat damals auch der deutsche theoretische Physiker Walter Schottky wesentlich beigetragen. Es ist die Möglichkeit, die Konzentration an beweglichen Ladungsträgern über viele Größenordnungen durch Dotieren zu verändern, die die Halbleiter für die elektronischen Anwendungen so interessant macht. Im Gegensatz zu den Eigenhalbleitern werden die dotierten Halbleiter als extrinsische oder Störstellenhalbleiter bezeichnet. Die durch Donatoren mit (negativen) Elektronen dotierten Halbleiter werden „n-dotiert" (n von negativ), und die durch Akzeptoren mit (positiven) Löchern dotierten Halbleiter werden „p-dotiert" (p von positiv) genannt.

6.3 Exzitonen und Elektron-Loch-Tröpfchen

Die Besetzung des Leitungsbands am unteren Rand mit Elektronen und des Valenzbands am oberen Rand mit Löchern kann nicht nur durch thermische Anregung der Elektronen bewirkt werden. Unter Lichteinstrahlung ist dies auch durch

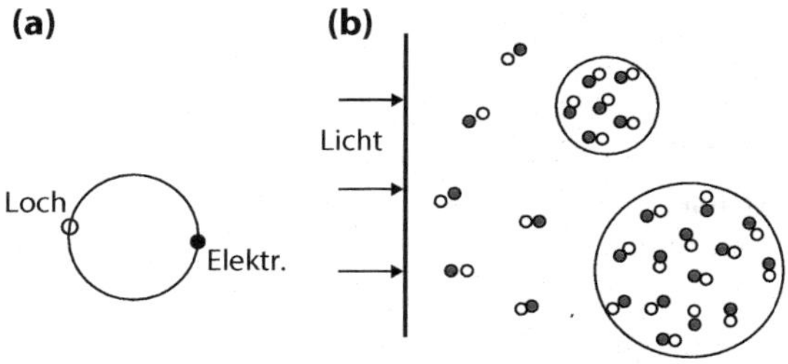

Abb. 6.3 Energetische Anregung eines Elektrons vom oberen Rand des Valenzbands in das Leitungsband durch die Absorption eines Lichtquants. **a** Ein so erzeugtes Elektron-Loch-Paar kann den Bindungszustand eines Exzitons annehmen. **b** Bei tiefen Temperaturen und genügend hoher Konzentration kondensieren die Exzitonen im Halbleiterkristall zu Tropfen der Elektron-Loch-Flüssigkeit

die Absorption von Lichtquanten möglich. Die elektrische Leitfähigkeit von Halbleitern kann durch die Einwirkung des Lichts wesentlich erhöht werden, eine Erscheinung, die man als „Fotoleitung" bezeichnet. Sie wird in Lichtmessgeräten als Fotozelle technisch genutzt. Die optische Anregung ist besonders bei den intrinsischen Halbleitern interessant. Wird ein Elektron durch Absorption eines Lichtquants energetisch aus dem Valenzband in das Leitungsband angehoben, dann wird ein Elektron-Loch-Paar erzeugt. Die beiden Teilchen besitzen entgegengesetzte elektrische Ladung und können, ähnlich wie beim Elektron und Proton des Wasserstoffatoms, einen Bindungszustand annehmen. Dabei bewegen sie sich um den gemeinsamen Schwerpunkt. Das aneinander gebundene Elektron-Loch-Paar wird als „Exziton" bezeichnet. Es kann sich durch den Kristall bewegen und transportiert dabei Anregungsenergie. Da das Exziton insgesamt elektrisch neutral ist, transportiert es aber keine Ladung. Durch Rekombination können sich die beiden Teilchen des Exzitons wieder gegenseitig vernichten. Die dabei frei werdende Energie wird meistens in Form eines emittierten Lichtquants abgegeben.

Die durch Lichteinstrahlung verursachte Bildung von Exzitonen wird durch Abkühlung des Kristalls auf tiefe Temperaturen begünstigt. Die Exzitonen verhalten sich im Kristall wie ein Gas, das bei genügend tiefer Temperatur und genügend hoher Dichte sogar kondensiert und eine Flüssigkeit bildet. Die aus dem Exzitonengas kondensierten Elektron-Loch-Tröpfchen bzw. die Elektron-Loch-Flüssigkeit wurden besonders in Germanium bei tiefen Temperaturen durch ihre Leuchtspur von emittiertem Licht in eindrucksvollen Experimenten nachgewiesen (Abb. 6.3).

6.4 Metall-Halbleiter-Kontakt, p-n-Übergang

Es ist die um viele Größenordnungen kleinere Konzentration an beweglichen Ladungsträgern in Halbleitern gegenüber Metallen, die zu neuartigen Erscheinungen und der schon von Ferdinand Braun beobachteten Richtungsabhängigkeit des elektrischen Stromflusses führt. An der Verbindungsstelle eines Metalldrahts mit dem Halbleiterkristall tritt eine Verarmung an beweglichen Elektronen bzw. Löchern auf, und es bildet sich im Halbleiter eine elektrisch isolierende Randschicht. Die zugrunde liegenden theoretischen Modellvorstellungen zum Metall-Halbleiter-Kontakt hat Walter Schottky, ein Mitarbeiter von Siemens, entwickelt (Abb. 6.4). Man spricht daher auch von der Schottky-Diode und von der Schottky-Randschicht.

Um das Gleichgewicht zwischen den beiden Seiten des Kontakts herzustellen, fließen Elektronen von dem Halbleiter (wir nehmen einen n-dotierten Halbleiter an) in das Metall. Dabei bildet sich eine positive Raumladung, die sich im Halbleiter über eine endliche Entfernung ausdehnt. Dies resultiert in einem Potenzialanstieg am Kontakt, der beim elektrischen Stromfluss von den Elektronen überwunden werden muss und der von der an den Kontakt angelegten Spannung V abhängt. Der Kontakt wirkt somit als Gleichrichter, wobei der Strom I durch

$$\mathrm{I} = \mathrm{I_S}\left(\mathrm{e}^{\mathrm{eV/k_BT}} - 1\right) \tag{6.13}$$

gegeben ist. $\mathrm{I_S}$ ist der Sättigungsstrom.

Nur wenn bei einem n-dotierten Halbleiter die freien Elektronen oder bei einem p-dotierten Halbleiter die freien Löcher aus dem Halbleiter in die Verarmungszone fließen und sie dabei quasi zuschütten, kann der elektrische Strom durch diesen Metall-Halbleiter-Kontakt fließen. In der Gegenrichtung des Stroms bleibt die elektrisch isolierende Randschicht erhalten, und der Strom ist gesperrt. Auf diese Weise kommt der Gleichrichtereffekt beim Metall-Halbleiter-Kontakt zustande. Schottkys erste Arbeit zu diesem Thema stammt bereits aus dem Jahr 1923. Seine komplette Theorie der Sperrschicht und des Spitzengleichrichters hat er in den Jahren 1939–1942 publiziert, zum Teil gemeinsam mit dem weiteren Siemens-Mitarbeiter Eberhard Spenke. Wegen der geschilderten Gleichrichtereigenschaften

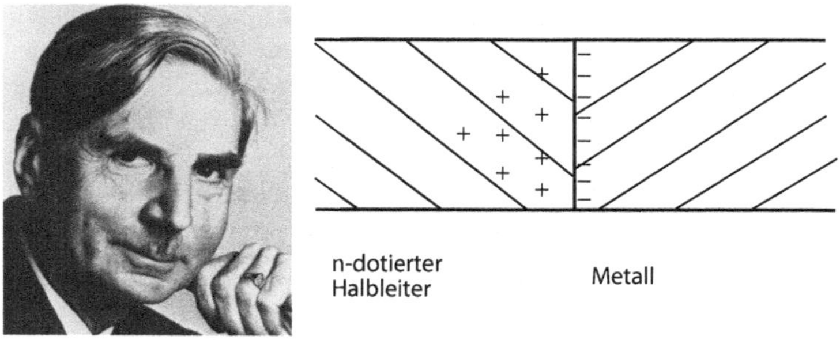

Abb. 6.4 Walter Schottky (*links*, Foto: © Deutsches Museum, München). Metall-Halbleiter-Kontakt, auch „Schottky-Kontakt" genannt (*rechts*). An der Kontaktstelle zwischen einem n-dotierten Halbleiter und einem Metall bildet sich im Halbleiter eine Verarmungszone an beweglichen Elektronen, in der positiv ionisierte Donatoren zurückbleiben. An der gegenüberliegenden Metalloberfläche sammeln sich negative Ladungen an. Im Fall des p-dotierten Halbleiters bleiben in der Verarmungszone negativ ionisierte Akzeptoren zurück

des Metall-Halbleiter-Kontakts sind für die elektrische Stromzufuhr bei Halbleiterschaltungen besondere Maßnahmen notwendig. Hier haben sich die Ohm'schen Kontakte aus überdotierten Halbleiterbereichen, den sogenannten n^+-bzw. p^+-Bereichen, gut bewährt.

Neben dem Metall-Halbleiter-Kontakt hat auch die Verbindungsstelle zwischen einem n-dotierten und einem p-dotierten Halbleiter, der sogenannte p-n-Übergang, besondere Aufmerksamkeit erhalten (Abb. 6.5). Auf der n-dotierten Seite des Kontakts befinden sich viele Elektronen im Leitungsband, während auf der p-dotierten Seite viele Löcher im Valenzband existieren. Der große Unterschied in der jeweiligen Ladungsträgerkonzentration zwischen beiden Seiten muss aber ausgeglichen werden, da im Gleichgewicht das große Konzentrationsgefälle der Elektronen und der Löcher zur Gegenseite nicht bestehen bleiben kann. Die Elektronen diffundieren deshalb vom n-dotierten in das p-dotierte Gebiet, und die Löcher diffundieren in der umgekehrten Richtung. Dabei bleiben im n-dotierten Gebiet positiv ionisierte Donatoren und im p-dotierten Gebiet negativ ionisierte Akzeptoren als Raumladungen zurück. Auf diese Weise baut sich ein lokales elektrisches Feld auf, das auf die Ladungsträger eine Kraft in der umgekehrten Richtung ausübt, in der die beiden Diffusionsprozesse ablaufen. Durch das lokale elektrische Feld kommen die Diffusionsprozesse so schließlich zum Stillstand. An der Kontaktstelle bleibt jedoch jetzt ein elektrisches Potenzialgefälle übrig. In Abhängigkeit von der Richtung des elektrischen Stroms wird das Potenzialgefälle am p-n-Übergang entweder kleiner oder größer, sodass wieder, ähnlich wie beim Metall-Halbleiter-Kontakt, eine Gleichrichterwirkung erzielt wird.

An der Grenzfläche eines p-n-Kontakts besteht ein *dynamisches Gleichgewicht* zwischen zwei Prozessen, die in entgegengesetzter Richtung ablaufen. (Die typische Dicke der Grenzschicht beträgt etwa 1 μm, und ist somit viel kleiner als die Diffusionslänge der Ladungsträger.)

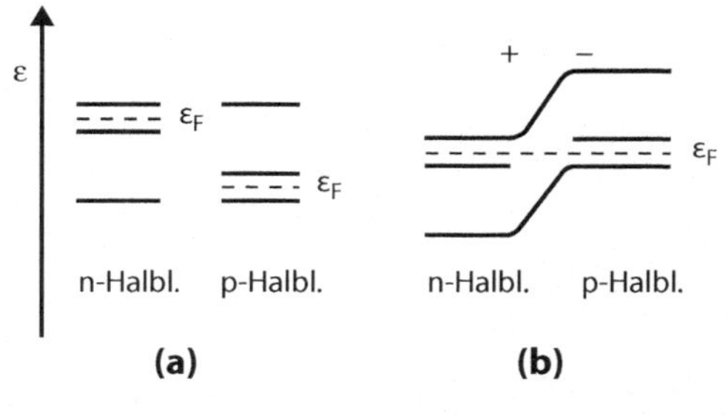

Abb. 6.5 p-n-Übergang. **a** Solange noch keine Verbindung zwischen dem n-dotierten und dem p-dotierten Halbleiter besteht, zeigt das Energiediagramm deutlich verschiedene Werte der Fermi-Energie ε_F in beiden Halbleitern. **b** Bei elektrischem Kontakt zwischen dem n-dotierten und dem p-dotierten Halbleiter wird das Konzentrationsgefälle der Elektronen und der Löcher zwischen den beiden Seiten des Kontakts durch Diffusion der beiden Sorten von Ladungsträgern in die jeweilige Gegenseite ausgeglichen. Dabei bilden sich positive bzw. negative Raumladungszonen auf beiden Seiten des Kontakts, sodass ein lokales elektrisches Feld zwischen beiden Seiten aufgebaut wird. Der Diffusionsprozess endet, wenn die Fermi-Energie ε_F auf beiden Seiten des Kontakts den gleichen Wert erreicht hat

1. Diffusion von Elektronen (Löchern) in den p-Bereich (n-Bereich), wo sie durch Rekombination verschwinden. Dies verursacht den *Rekombinationsstrom*

$$I_r = I_{nr} + I_{pr} \tag{6.14}$$

2. Thermische Anregung von Elektronen (Löchern) im p-Bereich (n-Bereich), die energetisch in den n-Bereich (p-Bereich) auf der anderen Seite des Kontakts herunterfallen und den thermischen *Generationsstrom*

$$I_g = I_{ng} + I_{pg} \tag{6.15}$$

verursachen.

(Wir erinnern daran, dass in unserem Energieschema die Energie der positiven Ladungsträger nach oben abnimmt). Im thermodynamischen Gleichgewicht (angelegte Spannung gleich null) gilt:

$$I_{nro} + I_{ngo} = 0; \; I_{pro} + I_{pgo} = 0; \; I_{ro} + I_{go} = 0. \tag{6.16}$$

Jetzt kommen wir zum Gleichrichtereffekt eines p-n Kontakts. Wir nehmen an, dass nahezu die gesamte angelegte Spannung V an der Grenzschicht auftritt, da dort die gesamte Ladungsträgerkonzentration $n + p$ ein Minimum und der elektrische Widerstand ein Maximum durchläuft. Wir beginnen mit der angelegten *Spannung in Sperrrichtung* (Abb. 6.6a). Jetzt liegt der n-Bereich (p-Bereich) auf der positiven (negativen) Seite, und im p-Bereich ist das Potenzial weiter angehoben. Dieses zusätzliche Potenzial eV bewirkt eine Reduktion des Rekombinationsstroms um den Boltzmann-Faktor

$$I_{nr} = I_{nro} \exp(-eV/k_BT); \; I_{pr} = I_{pro} \exp(-eV/k_BT) \tag{6.17}$$

Der thermisch angeregte Generationsstrom wird durch die Erhöhung oder Erniedrigung des Energiebandes entlang der Energieachse nicht beeinflusst:

$$I_{ng} = I_{ngo}; \; I_{pg} = I_{pgo} \tag{6.18}$$

Der gesamte Strom in Sperrrichtung beträgt

$$I = I_{nr} + I_{ng} + I_{pr} + I_{pg} \tag{6.19}$$

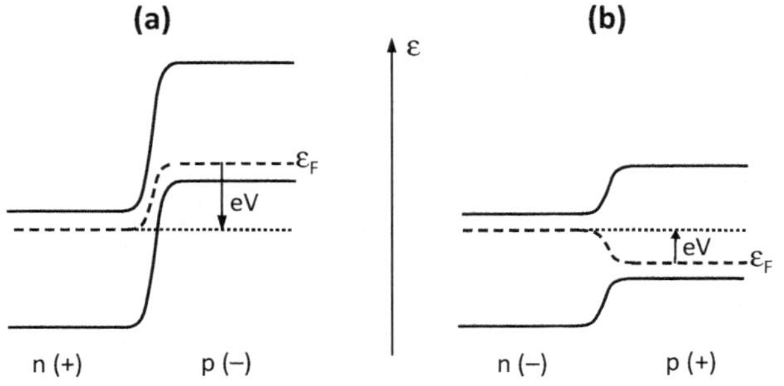

Abb. 6.6 Gleichrichtereffekt eines p-n-Kontakts. **a** Spannung in Sperrrichtung. **b** Spannung in Vorwärtsrichtung

Mit Gl. 6.16 und 6.18 ergibt sich

$$I = (I_{nro} + I_{pro})\left[\exp(-eV/k_B\ T) - 1\right] \tag{6.20a}$$

und

$$I = I_S\left[\exp - eV/k_B T) - 1\right] \tag{6.20b}$$

Hiebei ist $I_S = I_{nro} = I_{pro}$ der Sättigungsstrom.

Ist die *Spannung in Vorwärtsrichtung* angelegt (Abb. 6.6b), mit dem n-Bereich (p-Bereich) auf der negativen (positiven) Seite, wird das Potenzial im p-Bereich um den Betrag eV *verringert.* Jetzt wird der Rekombinationsstrom um den Boltzmann-Faktor (mit negativer Energie im Exponent) *vergrößert:*

$$I_{nr} = I_{nro} \exp(eV/k_B T);\ I_{pr} = I_{pro} \exp(eV/k_B T) \tag{6.21}$$

Wieder bleibt der Generationsstrom unverändert. Analog zum Fall in Sperrrichtung erhalten wir

$$I = I_S\left[\exp(eV/k_B T) - 1\right] \tag{6.22}$$

In Abb. 6.7 zeigen wir die von Gl. 6.20 und 6.22 erwartete typische Gleichrichtercharakteristik. Wir sehen, dass in Vorwärtsrichtung I/I_S mit abnehmender Temperatur ansteigt.

Mit p-n-Übergängen in Silizium hatte sich schon der Amerikaner Russell Shoemaker Ohl bei den Bell-Radio-Laboratorien in Holmdel im Bundesstaat New Jersey in den 1940er-Jahren beschäftigt. Er interessierte sich für ihre Einsatzmöglichkeiten als Kristalldetektoren für Radio- und Mikrowellen. Dabei entdeckte er zufällig auch ihre interessanten fotovoltaischen Eigenschaften, auf die wir noch zurückkommen werden. In vielen Firmen der Elektroindustrie begann man damals, die Gleichrichtereigenschaften von p-n-Übergängen zu untersuchen. Bald nach dem Zweiten Weltkrieg eröffnete beispielsweise Siemens zu diesem Zweck ein Labor in dem kleinen Ort Pretzfeld bei Erlangen in Franken. Unter der Leitung von Eberhard Spenke wurden dort zunächst Gleichrichter auf der Basis von Selen erforscht und in einer Pilotanlage produziert. Der Optimierungsprozess führte

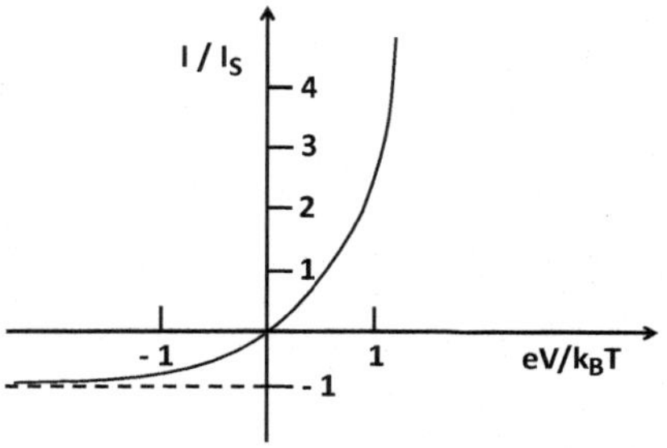

Abb. 6.7 Gleichrichtercharakteristik eines p-n-Kontakts: Strom I gegen Spannung V in reduzierten Einheiten aufgetragen

schließlich zu einem Kontakt zwischen p-dotiertem Selen und n-dotiertem Cadmiumselenid (CdSe). Für Hochstromanwendungen in der Energietechnik wurden die alten mit Quecksilberdampf betriebenen Gleichrichter durch die Selen-Gleichrichter ersetzt. Außerdem gab es eine Vielzahl von technischen Anwendungen der Selen-Gleichrichter in der Schwachstromtechnik auf den Gebieten der Kommunikation und des Radios. Im Jahr 1952 wurden diese auf der Basis von Selen durchgeführten Entwicklungen in Pretzfeld abgebrochen, da Germanium und Silizium in den Vordergrund rückten. Die Gleichrichterentwicklung für die Energietechnik konzentrierte sich anschließend auf Germanium und Silizium.

6.5 Transistor

p-n-Übergänge sind auch die Grundlage des bipolaren Transistors. Ein Transistor funktioniert wie ein Ventil, durch das der elektrische Stromfluss von außen elektronisch gesteuert werden kann. Er besitzt daher drei Anschlüsse nach außen: Eingang, Steuerung und Ausgang. Ursprünglich hatten John Bardeen und Walter Brattain bei ihrer Erfindung eine Anordnung benutzt, die später als „Spitzentransistor" bekannt wurde (Abb. 6.8a). Zwei Goldkontakte waren im Abstand von nur etwa 50 µm auf einen n-dotierten Germaniumkristall gepresst. Auf der Rückseite des Germaniumkristalls befand sich ein dritter Metallkontakt, die „Basis". Der eine Goldkontakt war der „Emitter" und diente dazu, Löcher in den Germaniumkristall zu injizieren. Der andere Goldkontakt hat als „Kollektor" die Löcher wieder aufgenommen. Der elektrische Stromfluss zwischen Emitter und Kollektor konnte durch Änderung des elektrischen Potenzials am Emitter gegenüber dem an der Basis und am Kollektor moduliert werden. Hierbei hatten die ersten Experi-

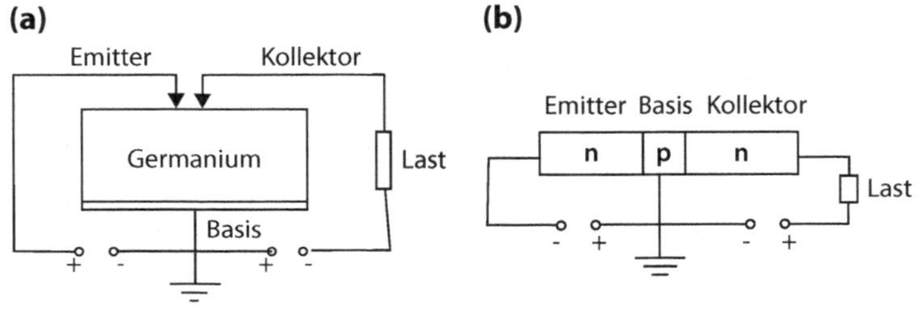

Abb. 6.8 Transistorprinzip. **a** Spitzentransistor wie ihn Bardeen und Brattain ursprünglich benutzt haben. Zwei Goldspitzen sind im Abstand von etwa nur 50 µm von oben auf einen n-dotierten Germaniumkristall gepresst. Auf der Gegenseite des Germaniumkristalls befindet sich eine dritte Metallelektrode, die Basis. Die eine Goldspitze injiziert als Emitter Löcher in den Germaniumkristall, die von dem anderen Goldkontakt als Kollektor wieder aufgenommen werden. **b** Flächentransistor nach Shockley. Ein p-dotierter Halbleiter ist zwischen zwei n-dotierten Halbleitern so angeordnet, dass zwei spiegelsymmetrisch aufeinanderfolgende p-n-Übergänge resultieren. Während der eine n-dotierte Halbleiter als Emitter dient, wirkt der andere n-dotierte Halbleiter als Kollektor. Der p-dotierte zentrale Bereich hat die Funktion der Basis

mente schon eine Stromverstärkung von etwa 40 und eine Spannungsverstärkung von etwa 100 ergeben. Damit war der Weg zum Ersatz der evakuierten Verstärkerröhre aus Glas durch ein Bauelement aus einem Festkörper eröffnet (Abb. 6.9).

Schon bald nach der ersten Demonstration des Transistorprinzips anhand des Spitzentransistors hat William Shockley eine alternative Version des bipolaren Transistors vorgeschlagen, die auf zwei p-n-Übergängen beruht. Ein p-n-Übergang arbeitet als Emitter, während der zweite p-n-Übergang umgekehrt gepolt ist und als Kollektor dient. Dieser „Flächentransistor" von Shockley besteht aus drei Bereichen: einem n-dotierten oder p-dotierten zentralen Bereich, der die Funktion der Basis ausübt und der auf beiden Seiten in einen Bereich mit der umgekehrten Dotierung übergeht. Es ergeben sich so ein p-n-Übergang auf jeder Seite des zentralen Bereichs (Abb. 6.8b). Das Funktionsprinzip ist ähnlich wie beim bipolaren Spitzentransistor.

Wieder werden in den zentralen Bereich sogenannte Minoritäts-Ladungsträger – mit der entgegengesetzten Ladung als der Dotierung dieses Bereichs entspricht – vom Emitter injiziert und vom Kollektor anschließend aufgenommen. Der Strom dieser Minoritäts-Ladungsträger kann wieder durch Potenzialänderungen moduliert werden. In dem Flächentransistor von Shockley sind die wichtigen Halbleiterprozesse von der Kristalloberfläche in das Kristallinnere verlegt. Die empfindliche Kristalloberfläche steht jetzt nicht mehr im Mittelpunkt. Da sowohl negative Elektronen als auch positive Löcher für die Transistorfunktion eine Rolle spielen, spricht man von bipolaren Transistoren.

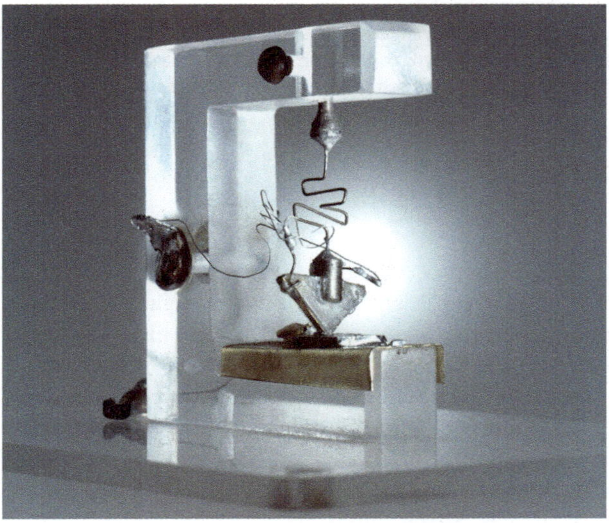

Abb. 6.9 Der erste von Bardeen und Brattain im Dezember 1947 konstruierte Spitzentransistor. Der dreieckige Körper in der Mitte besteht aus Kunststoff und trägt an seinen beiden Kanten eine Goldfolie. An der aufliegenden Spitze ist die Goldfolie mit einer Rasierklinge durchgetrennt, sodass zwei eng benachbarte Kontakte entstehen. Eine Metallfeder drückt die Kontakte auf die darunterliegende Halbleiteroberfläche. (Foto: © Lucent)

Neben den beiden hier kurz erläuterten Transistortypen aus der Frühzeit wurden zahlreiche weitere Versionen vorgeschlagen und experimentell untersucht. Mittlerweile hat der Transistor viele Evolutionsstufen durchlaufen. Hierbei war die ständig fortschreitende Miniaturisierung eine stark antreibende Zielsetzung. Auch musste der Transistor immer schneller arbeiten, sodass er bei immer höheren Frequenzen betrieben werden konnte. Als elektronisches Bauelement hat der Transistor die evakuierte Verstärkerröhre aus Glas komplett abgelöst. Gegenüber diesem Vorläufer aus Glas hat die Verlagerung der elektrischen Funktionen in den Kristall durch den Transistor wichtige Vorteile gebracht: geringe Störanfälligkeit und große Robustheit sowie die Möglichkeit zur extremen Miniaturisierung und dadurch zur Herstellung in großen Stückzahlen zu extrem niedrigen Preisen.

Betrachtet man die kommerzielle Nutzung der Erfindung des Transistors, dann lässt sich eine interessante Entwicklung beobachten. Zuerst lautete in dem Unternehmen, dem die Erfindung gehörte, die Devise: geheim halten und keine Einzelheiten bekannt geben. Nach einiger Zeit merkte man jedoch, dass die Anwendungen des Transistors ausblieben und dass eher Skepsis vorherrschte. Es war zu erkennen, dass die Strategie im Unternehmen geändert werden musste. Man machte daher eine komplette Kehrtwendung und nahm eine offene Haltung ein. Aus diesem Grund organisierten die Bell-Laboratorien im September 1951 in Murray Hill ein großes Symposium, in dem die Details der Transistortechnologie offen auf den Tisch gelegt wurden. Die Veranstaltung fand großes Interesse. An ihr nahmen 301 Fachleute teil, die aus Universitäten, anderen Industrie-Laboratorien und aus militärischen Organisationen kamen. Der Band mit den Konferenzergebnissen enthielt 792 Seiten, und es wurden 5500 Kopien verteilt. Dieser große Erfolg und das rasant steigende Interesse waren der Anlass, dass im April 1952 ein zweites Symposium über Transistortechnologie veranstaltet wurde. Diesmal nahmen Vertreter von insgesamt 40 Firmen teil: 26 Firmen aus den USA und 14 Firmen aus dem Ausland. Es besteht kein Zweifel, dass die Politik der Öffnung der Bell-Laboratorien die entscheidende Wende eingeleitet hat. Jetzt kamen Ideen und Vorschläge von vielen Seiten und auch von Außenseitern. Die erste kommerzielle Nutzung des Transistors erfolgte dann durch amerikanische Firmen in Hörgeräten. Die technische Nutzung des Transistors ist anschließend ständig gewachsen.

6.6 Fotovoltaik, LED, Halbleiter-Laser

Eher zufällig hatte Russell S. Ohl den fotovoltaischen Effekt am p-n-Übergang entdeckt (Abb. 6.10a). Wenn Licht auf den p-n-Übergang fällt, tritt zwischen beiden Seiten eine elektrische Spannung auf, bzw. es fließt ein elektrischer Strom durch eine Leitung, die beide Seiten außen herum verbindet. Genau auf diesem Prinzip beruht die Solarzelle. Die Absorption eines Lichtquants erzeugt ein Elektron-Loch-Paar am p-n-Übergang. Das elektrische Potenzialgefälle am p-n-Übergang bewirkt, dass die Elektronen in Richtung des n-dotierten Gebiets und die Löcher in Richtung des p-dotierten Gebiets beschleunigt werden. Als Ergebnis resultiert der elektrische Strom durch die Außenleitung. Für die großtechnische Nutzung der Solarenergie ist die Erhöhung des Wirkungsgrads der Solarzellen heute immer noch ein wichtiges Thema der Forschung und Entwicklung. Für die Raumfahrt ist die Silizium-Solarzelle heute die Hauptenergiequelle.

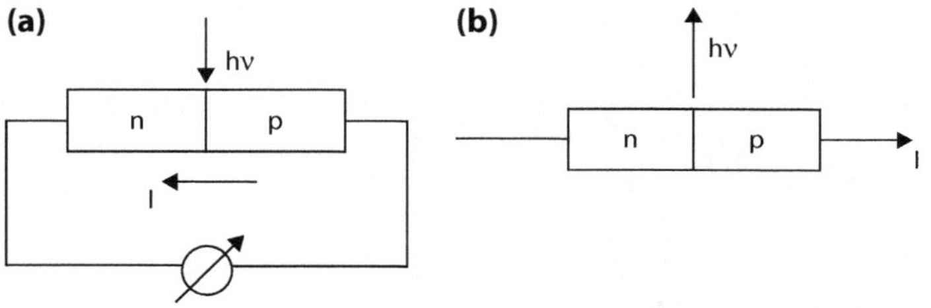

Abb. 6.10 Fotovoltaischer Effekt am p-n-Übergang. **a** Solarzelle: Durch die Absorption von Lichtquanten mit genügend hoher Energie in dem Gebiet eines p-n-Übergangs werden Elektron-Loch-Paare erzeugt, die im elektrischen Potenzialgefälle des p-n-Übergangs einen elektrischen Strom durch die Außenleitung verursachen. **b** Umkehrung der Solarzelle in der Licht emittierenden Diode (LED). Durch einen elektrischen Strom in Vorwärtsrichtung werden Elektronen in den p-dotierten Halbleiter und Löcher in den n-dotierten Halbleiter injiziert. Durch die Rekombination der Elektronen mit den Löchern wird Energie freigesetzt, die in der Form von Lichtquanten emittiert wird

Der gerade geschilderte Ablauf lässt sich auch umkehren. Dies führt dann zur Licht emittierenden Diode (abgekürzt LED) bzw. in einer weiteren Entwicklungsstufe zum Injektions- oder Halbleiter-Laser. Durch den p-n-Übergang wird jetzt ein elektrischer Strom in Vorwärtsrichtung geschickt. Als Folge werden Elektronen in das p-dotierte Gebiet und Löcher in das n-dotierte Gebiet injiziert. Als Minoritäts-Ladungsträger rekombinieren die Elektronen mit den Löchern im p-dotierten Gebiet und die Löcher mit den Elektronen im n-dotierten Gebiet. Die bei der Rekombination frei werdende Energie wird als Lichtquant emittiert. Die Licht emittierende Diode wird auf diese Weise gewonnen. Für den Halbleiter-Laser müssen aber noch weitere Voraussetzungen erfüllt sein. Lichtemission erfolgt bekanntlich immer in einem quantenmechanischen Prozess, bei dem ein atomares Teilchen von einem höheren in einen niedrigeren Energiezustand herunterfällt. Um Laserlicht zu erzeugen, muss aber das obere Energieniveau stärker besetzt sein als das untere. Es muss „Bevölkerungsumkehr“ vorliegen. Als weitere Bedingung muss durch geeignete geometrische Abmessungen im aktiven Bereich des p-n-Übergangs eine stehende Lichtwelle resonanzartig aufgebaut werden. Schließlich müssen die möglichen Konkurrenzprozesse, bei denen die Elektron-Loch-Rekombination nicht zur Emission eines Lichtquants führt, sondern anders abläuft, genügend unterdrückt werden.

Der erste Halbleiter-Laser war 1962 in Betrieb. Für diese neue Technik der Optoelektronik sind die Verbindungshalbleiter, die Heinrich Welker etwa ein Duzend Jahre vorher aus der Taufe gehoben hatte, am besten geeignet. In den III-V-Halbleitern, wie beispielsweise Galliumarsenid (GaAs), ist die Energielücke zwischen Leitungsband und Valenzband relativ groß. Entsprechend groß ist auch die Energie, die bei der Elektron-Loch-Rekombination freigesetzt und in Form eines Lichtquants emittiert wird. Das Spektrum des sichtbaren Lichts reicht von rot auf der Seite der Lichtquanten mit niedriger Energie bis blau und violett auf der Seite mit hoher Energie. Im unsichtbaren Infrarot leuchtet Galliumarsenid.

Rotes und grünes Licht erzeugen Mischkristalle auf der Grundlage von Galliumarsenid mit weiteren Zusätzen. Erst kürzlich erregte es besonderes Aufsehen, als es zum ersten Mal Shuji Nakamura in Japan gelungen war, einen Halbleiter-Laser auf der Basis von Galliumnitrid (GaN) zu bauen, der blaues Licht aussendet. Mittlerweile haben Halbleiter-Laser, wie der GaAs-Laser, eine große Verbreitung gefunden. Mit dem Infrarotlaser aus Galliumarsenid betätigen wir die Fernbedienung unseres Fernsehgeräts. Rote und grüne Lämpchen aus Halbleiterkristallen finden wir in vielen Haushaltsgeräten. Eine deutliche Verbesserung der Lichtausbeute konnte im Laufe der Zeit noch erzielt werden, indem man auf beiden Seiten des aktiven p-n-Übergangsbereichs durch eine Modifikation des Halbleitermaterials die Elektronen und Löcher energetisch auf ein begrenztes aktives Volumen einschnürt. Man spricht dann vom doppelten Hetero-Übergang (abgekürzt DH).

Diesen fortgeschrittenen Typ des Halbleiter-Lasers hatte der Deutsche Herbert Kroemer bereits 1963 vorgeschlagen. Man hatte damals aber noch nicht erkannt, welche große Bedeutung die Optoelektronik einmal bekommen sollte. So wurden Kroemers Ideen zunächst einmal ignoriert. Die Bemerkungen, die Kroemer im Dezember 2000 in seinem Stockholmer Vortrag zur Verleihung des Nobelpreises dann machte, sind außerordentlich bemerkenswert. Sie sind hier in deutscher Übersetzung wiedergegeben:

> Es war genau ein klassischer Fall der Beurteilung einer grundsätzlich neuen Technologie, nicht welche neuen Anwendungen sie erzeugen könnte, sondern lediglich, wie sie für die schon existierenden Anwendungen nützlich sein könnte. Dies ist außerordentlich kurzsichtig, aber dies Problem ist durchgängig und so alt wie Technik selbst. Der DH Laser war einfach ein weiterer Fall in einer langen Kette ähnlicher Beispiele. Er wird auch nicht der letzte Fall sein. Eine genaue Betrachtung der Geschichte liefert für uns überwältigende Evidenz für das, was ich [.....] das Lemma der Neuen Technologie genannt habe: Grundsätzlich sind die Anwendungen einer genügend neuen und innovativen Technologie immer die Anwendungen gewesen und werden es immer sein, die diese Technologie erzeugt hat.

Für allgemeine Beleuchtungszwecke werden Glühlampen in jüngster Zeit mehr und mehr aus dem Verkehr gezogen und durch „kalte Lichtquellen“ ersetzt. Bei diesen energiesparenden Leuchtmitteln spielen die aus Halbleitern hergestellten Leuchtdioden (LED) eine wichtige Rolle (vgl. Abb. 6.10b). Während ihre Lebensdauer besonders hoch ist, sind die Produktionskosten ebenfalls noch hoch. Die Energieeinsparung der LEDs gegenüber einer Glühlampe beträgt bis zu 89 %. An der besten Farbzusammensetzung des Lichts für die Beleuchtung von Räumen wird noch gearbeitet.

6.7 Miniaturisierung, Planartechnologie

Im Laufe der vergangenen 60 Jahre hat die Halbleiter Elektronik einen beeindruckend hohen Stand erreicht und ist zu einem wichtigen Wirtschaftszweig geworden. Die ursprünglich an schwarze Kunst erinnernden und aus vielen Tricks und Rezepten bestehenden Methoden der Materialpräparation haben sich über viele

Evolutionsstufen zu den Prozessen entwickelt, die heute in der Halbleiterfabrikation üblich sind. Begleitet wurde diese Entwicklung von der ständig fortschreitenden Miniaturisierung, die eine immer größere Anzahl von Bauelementen und Schaltkreisen auf der Fläche eines Chips von etwa 1 cm^2 ermöglichte. Ein entscheidender Fortschritt war die Einführung der Planartechnologie mit den durch das stabile Oxid geschützten Siliziumoberflächen. Ein großer Silizium-Einkristall wird in dünne Scheiben, sogenannte Wafer (aus dem Englischen), zerschnitten. Die Dicke der Wafer beträgt nur wenige Zehntel mm. Die weiteren Prozessschritte befassen sich nur noch mit der Siliziumoberfläche. Die Dotierung mit Donatoren und Akzeptoren erfolgt durch Diffusion in diejenigen oberflächennahen Gebiete des Silizium-Wafers, die vorher durch Entfernen des Oxids freigelegt wurden. Die Temperatur der hierfür verwendeten Diffusionsöfen muss auf Bruchteile eines Grads genau geregelt werden, ebenso wie die Verweilzeit im Ofen. Nur so lassen sich die Dotierungsprofile in der Nähe der Wafer-Oberfläche exakt reproduzieren. Die vielen bis zu mehr als 400 zählenden Prozessschritte werden mit dem Computer gesteuert. Der Durchmesser der Silizium-Wafer und damit auch der Durchmesser der als Ausgangsmaterial verwendeten Silizium-Einkristalle ist inzwischen bei 30 cm angekommen (Abb. 6.11). Auf einem einzigen Wafer mit diesem Durchmesser können etwa 700 Chips von 1 cm^2 Fläche hergestellt werden. Der Gesamtwert eines einzigen solchen Wafers kann dann am Ende des Prozesses in bestimmten Fällen bis zu 250.000 US$ betragen (Abb. 6.12).

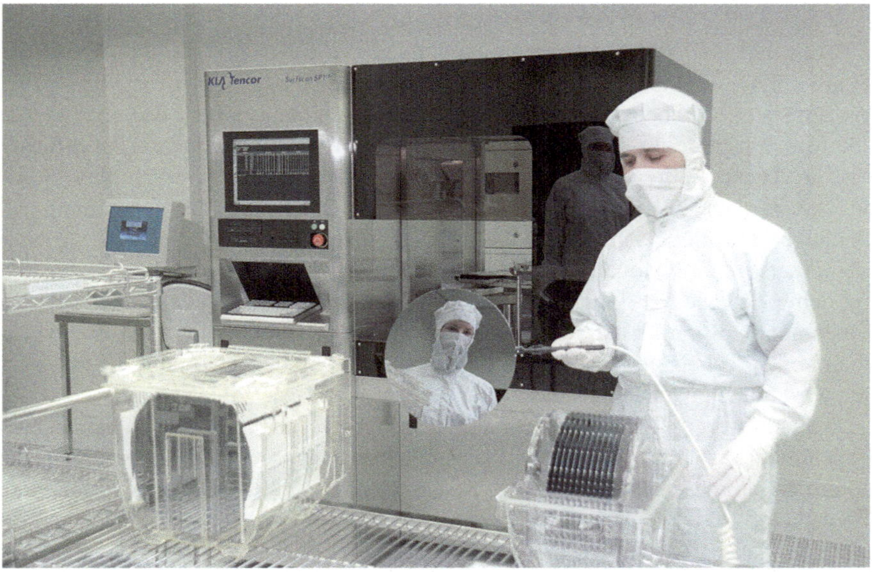

Abb. 6.11 Verarbeitung der Silizium-Wafer mit 30 cm Durchmesser. (Foto: © Wacker-Chemie AG)

Abb. 6.12 Moderner Mikroprozessor-Chip mit den Abmessungen 12,6 mm × 12,6 mm. (Hier der Mikroprozessor Power 3). Auf dem Chip befinden sich ungefähr 15 Mio. Transistoren. (Foto: © IBM)

Aufgrund der ständig fortschreitenden Miniaturisierung ist die Anzahl der Transistoren auf einem Chip rapide angestiegen. In den drei Jahrzehnten von 1970 bis zum Jahr 2000 betrug dieser Anstieg von etwa eintausend am Anfang auf etwa 256 Mio. am Ende. Entsprechend fielen die Kosten pro gespeichertes Bit Information ab. Diese eindrucksvolle Entwicklung wird auch in dem berühmten Gesetz des Amerikaners Gordon Moore zusammengefasst, über das er sich schon 1965 Gedanken machte. Nach diesem Gesetz verdoppelt sich die Rechenleistung eines Computers alle 18 Monate. Ferner verringert sich der Preis von einem Transistor auf dem Chip alle 5–6 Jahre auf ein Zehntel seines Wertes jeweils am Anfang. Die zunehmende Komplexität der Halbleiterschaltungen geht allerdings einher mit einem entsprechenden Anstieg der Kosten für die Halbleiterfabriken. Diese Tatsache wird manchmal auch als das zweite Moore'sche Gesetz bezeichnet.

Die Strukturgröße bei den geometrischen Abmessungen der zu fabrizierenden Bauelemente ist 2012 bei etwa 45 nm angekommen. Sie wird schon demnächst durch die atomaren oder molekularen Quantenbedingungen an eine prinzipielle Grenze stoßen. Für eine weitere Miniaturisierung müssen dann völlig neue Konzepte entwickelt werden.

Eine zunächst unerwartete und wesentlich andersartige, aber umso interessantere Entwicklung ist in den letzten Jahren von den technischen Erfahrungen mit Silizium-Einkristallen ausgegangen. Sie hat mit der Elektronik von dotierten Halbleitern nichts mehr zu tun und betrifft die Verwendung von einkristallinem Silizium in der Mikromechanik. Die Mikromechanik ist inzwischen zu einem wichtigen, neuen Gebiet der Technik geworden, das sich gegenwärtig in einer rasanten Entwicklung befindet. Mithilfe verschiedener Ätzverfahren und anderer Methoden der Mikrofabrikation werden extrem miniaturisierte mechanische Systeme hergestellt, die beispielsweise zur Messung von Druck oder Beschleunigung dienen. Aktuelle Anwendungen finden diese Mikrosysteme unter anderem in der Kraftfahrzeugindustrie. Ein typisches Beispiel ist hier die kontrollierte Auslösung des Airbags. Wiederum sind auch in diesen Fällen große Stückzahlen und niedrige Kosten wichtige Bedingungen.

6.8 Thermoelektrizität, Peltier-Kühlung

Am Ende dieses Kapitels über die Eigenschaften von Halbleitern wollen wir noch auf die thermoelektrischen Phänomene, Peltier- und Seebeck-Effekt, eingehen. Wie wir im letzten Kapitel schon erläutert haben, treten beide Effekte beim Zusammenspiel von einem Temperaturgefälle mit einem elektrischen Potenzialgefälle auf. Beide Effekte sind in Halbleitern viel größer als in Metallen, typischerweise um einen Faktor von 100 oder mehr. Dies hängt mit der speziellen Form der Fermi-Verteilung der elektrischen Ladungsträger in Halbleitern zusammen. Wir hatten schon diskutiert, dass die Zahl der beweglichen Ladungsträger in Halbleitern viel kleiner ist als in Metallen. Entsprechend niedriger ist deshalb auch in den Halbleitern die Fermi-Energie ε_F. Wie wir in Kap. 5 auch schon erläutert haben, wird die Besetzung der Zustände mit Elektronen durch die Fermi-Funktion geregelt. Wie oben bereits erwähnt, ist die Energiebreite k_BT, innerhalb der die Fermi-Funktion von eins auf null abfällt, in Halbleitern im Allgemeinen nicht wie bei Metallen viel kleiner als die Fermi-Energie, sondern deutlich größer als ε_F. Die Fermi-Verteilung geht dann in die klassische Boltzmann-Verteilung Gl. 6.1 über. Als Folge entfällt der für Metalle noch geltende Reduktionsfaktor k_BT/ε_F bei den Halbleitern. Dies ist der Hauptgrund für die relativ hohen Werte beim Peltier- und Seebeck-Effekt in Halbleitern.

Für technische Anwendungen ist der Peltier-Effekt in Halbleitern besonders interessant. Wir erinnern uns: Der Peltier-Effekt beruht auf dem Transport von Wärmeenergie durch die beim elektrischen Stromfluss bewegten Ladungsträger. An der Verbindungsstelle von zwei verschiedenen elektrischen Leitermaterialien kann es dann zu einem Stau des Wärmestroms kommen. Abhängig von der Stromrichtung resultiert an der Verbindungsstelle eine Erwärmung oder Abkühlung. Am meisten ausgeprägt ist dieser Effekt, wenn an der Verbindungsstelle ein n-dotierter und ein p-dotierter Halbleiter aufeinanderstoßen. In diesem Fall bewegen sich die (negativen) Elektronen auf der n-dotierten Seite und die (positiven) Löcher auf der p-dotierten Seite in entgegengesetzter Richtung, also von beiden Seiten entweder auf die Verbindungsstelle hin oder von ihr weg. Im zweiten Fall erfolgt dann die

Abkühlung der Verbindungsstelle besonders wirkungsvoll. Der Peltier-Effekt bei Halbleitern sollte demnach interessant für die Kältetechnik sein.

Einer der Ersten, die diese Bedeutung der Halbleiter für die Kältetechnik erkannt haben, war Abram Fedorovich Ioffe. In der damals zum russischen Reich gehörigen Kreisstadt Romny geboren, war Ioffe in den Jahren 1902–1906 zunächst Praktikant und später Assistent bei Wilhelm Röntgen in München. 1905 erfolgte seine Promotion bei Röntgen über das Thema „Elastische Nachwirkung im Krystallinischen Quarz". Im Herbst 1906 trat Ioffe dann eine Stelle als Assistent am 1902 eröffneten, nach Peter dem Großen benannten Polytechnischen Institut von St. Petersburg an. Im Laufe seiner herausragenden wissenschaftlichen Karriere war Ioffe für die Gründung von mindestens fünf verschiedenen Forschungsinstituten in der damaligen Sowjetunion verantwortlich. An dieser Stelle möchten wir vor allem das Halbleiter-Institut in St. Petersburg hervorheben, das große Berühmtheit erlangte und von dem viele wichtige Arbeiten über die Physik der Halbleiter ausgingen. Besonders seit 1950 hatte Ioffe seine eigenen Forschungen zur Thermoelektrizität in Halbleitern, damals noch im Leningrader Physikalisch-Technischen Institut, verstärkt, und wenige Jahre später schrieb er ein Buch über Halbleiter-Thermoelemente. Seine optimistischen Prognosen zu den thermoelektrischen Anwendungen von Halbleitern, auch in der Kältetechnik durch die Peltier-Kühlung, hatte damals in vielen Laboratorien der Elektroindustrie große neue Anstrengungen bei der Halbleiterforschung ausgelöst.

Heute wird die Peltier-Kühlung vor allem auf der Grundlage der n-dotierten und der p-dotierten Halbleiterverbindung Bismut-Tellurid, Bi_2Te_3, betrieben. Die kommerziell angebotenen Peltier-Module bestehen aus der parallelen Anordnung von bis zu mehreren Hundert n-dotierten und p-dotierten Peltier-Schenkeln. Die einzelnen Peltier-Schenkel sind nur wenige mm lang und haben einen Querschnitt von etwa 1 mm^2. Der einzelne Modul ermöglicht eine Abkühlung ausgehend von Zimmertemperatur um 50–60 K. Noch größere Temperaturabsenkungen können mithilfe einer mehrstufigen Peltier-Kaskade erzielt werden (Abb. 6.13). Beispielsweise wurde kürzlich mit einer 7-stufigen Peltier-Kaskade eine Abkühlung von Zimmertemperatur auf 135 K erreicht.

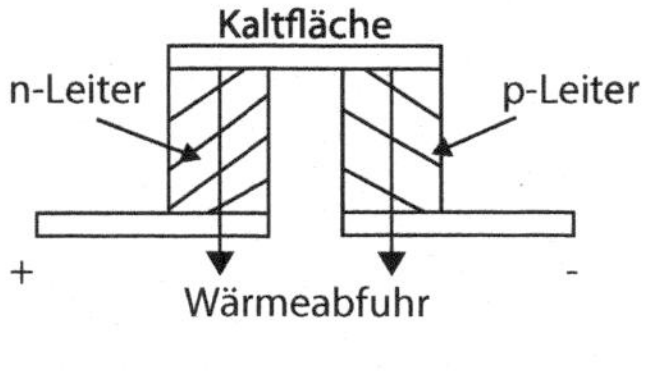

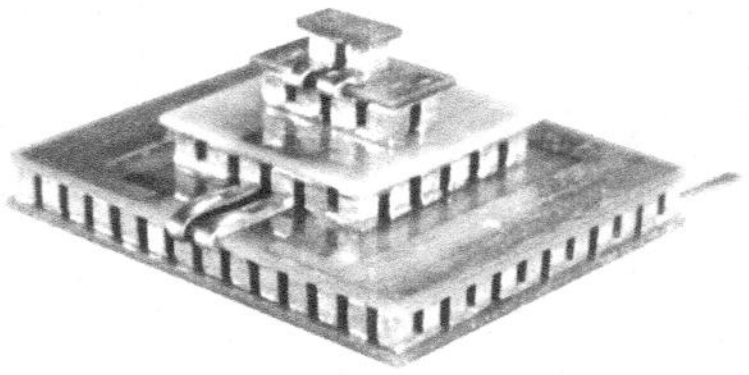

Abb. 6.13 Peltier-Kühlung. *Links:* Schematische Anordnung eines Peltier-Kühlers aus einem n-dotierten und einem p-dotierten Halbleiter. Der elektrische Strom fließt von der linken zur rechten Seite. *Rechts:* Kommerziell erhältliche vierstufige Peltier-Kaskade. In den einzelnen Stufen sind die Peltier-Schenkel deutlich zu erkennen. Mit der gezeigten Kaskade kann die Temperatur von Zimmertemperatur auf der Warmseite um bis zu etwa 140 K unterhalb Zimmertemperatur auf der Kaltseite abgesenkt werden. Die lateralen Abmessungen sind: unterste Stufe: 24,0 mm × 20,6 mm; oberste Stufe: 4,5 mm × 2,4 mm. Gesamthöhe: 13,6 mm. (Foto: © KRYOTHERM)

Der Betrieb einer Stufe zur Peltier Kühlung, wie sie in Abb. 6.13 auf der linken Seite gezeigt ist, wird durch die Gleichung für die Leistungsbilanz

$$|\mathbf{S}|\, T_1\, j = \kappa \frac{T_0 - T_1}{L} + \frac{1}{2}\frac{V^2}{\rho L} \tag{6.23}$$

geregelt. Die Gleichung beschreibt die Wärmestromdichte, die in das kalte Ende des Peltier-Elements herein- oder aus ihm herausfließt. Auf der linken Seite in Gl. 6.23 steht die Dichte des Peltier-Wärmestroms. Der erste Term auf der rechten Seite beschreibt die Wärmestromdichte aufgrund der Wärmeleitung. Der zweite Term repräsentiert die dissipierte elektrische Leistung pro Querschnittsfläche, wobei angenommen wird, dass die Hälfte die kalte Seite des Peltier-Elements erreicht. Gl. 6.23 ist auf beide Schenkel des Peltier-Elements anzuwenden. T_0 und T_1 bezeichnen jeweils die Temperatur der warmen und der kalten Seite. ($|S|$ = absoluter Wert des Seebeck-Koeffizienten, κ = Wärmeleitfähigkeit, ρ = spezifischer elektrischer Widerstand, V = elektrische Spannung, L = Länge des Peltier-Schenkels. Es wird angenommen, dass diese Größen in beiden Schenkeln gleich sind. $j = (1/\rho)\ (V/L)$ = elektrische Stromdichte). In Gl. 6.23 wird angenommen, dass eine zusätzliche Wärmebelastung der kalten Seite nicht vorliegt. Aus Gl. 6.23 ergibt sich

$$(T_0 - T_1) = \frac{1}{\kappa\, \rho}\left[|S|\, T_1 V - \frac{V^2}{2}\right] \tag{6.24}$$

Das Maximum von (T_0-T_1) findet man aus der Bedingung $\partial(T_0-T_1)/\partial V = 0$, woraus man erhält $V = |S|\, T_1$ und schließlich

$$(T_0 - T_1)_{max} = \frac{1}{2} z\, T_1^2 \tag{6.25}$$

Hier bezeichnet

$$z = \frac{S^2}{\kappa\, \rho} \tag{6.26}$$

den sogenannten Gütefaktor, eine besonders wichtige Größe der Thermoelektrizität.

Wie wir aus Gl. 6.24 erkennen, ist es im Wesentlichen die Kombination der linearen Stromabhängigkeit der Peltier-Wärme und die quadratische Stromabhängigkeit der erzeugten Joule'schen Wärmeverluste, die den im Peltier-Element erreichbaren Abkühlungseffekt begrenzt und zu dem obigen Maximalwert des Temperaturabfalls führt. Falls die kalte Seite noch eine zusätzliche Wärmebelastung erfährt (wie, zum Beispiel, durch die höheren Stufen einer Peltier-Kaskade), wird der maximale Temperaturabfall kleiner als der Wert von Gl. 6.25 ausfallen. Mit anwachsender solcher Wärmebelastung nimmt der Temperaturabfall (T_0-T_1) linear ab und verschwindet genau, wenn die Wärmebelastung die Hälfte der in der Peltier-Stufe verbrauchten elektrischen Leistung erreicht.

Gleichung Gl. 6.25 kann in die Form

$$(T_0 - T_1)_{max} = \frac{1}{2z}\left[(2z\,T_0 + 1)^{1/2} - 1\right]^2 \tag{6.27}$$

umgeschrieben werden. Mit den typischen Werten der Umgebung von Zimmertemperatur (die sich auf das oben genannte Bi_2Te_3-System beziehen), $S_n = -200\ \mu V/K$, $S_p = 200\ \mu V/K$, $\rho = 1\ m\Omega$ cm, und $\kappa = 15 \times 10^{-3}$ W/cm K, erhält man $z = 2{,}7 \times 10^{-3} K^{-1}$. Dieser Wert von z ergibt, zusammen mit Gl. 6.27 und $T_0 = 283$ K, $(T_0 - T_1)_{max} = 64$ K.

Kapitel 7
Kreisende Elektronen in hohen Magnetfeldern

Zusammenfassung In einem Magnetfeld wird die senkrecht zum Magnetfeld verlaufende Bewegung elektrischer Ladungen aufgrund der Lorentz-Kraft auf eine Kreisbahn umgelenkt. Diese Umlenkung bewirkt einen Anstieg des elektrischen Widerstands und erzeugt ferner die elektrische Hall-Spannung senkrecht zum Stromfluss in dem Leiter. Die Kreisbewegung führt zu einer Umverteilung der Elektronen im Leitungsband auf Landau-Zylinder im Impulsraum. Bei hohen Magnetfeldern resultieren hieraus periodische Oszillationen der elektronischen Kristalleigenschaften in Abhängigkeit vom Magnetfeld. Die experimentelle Untersuchung dieser Oszillationen liefert Informationen über die extremen Querschnitte der Fermi-Oberfläche senkrecht zur Richtung des Magnetfelds. Der De-Haas-van-Alphen-Effekt und seine wichtige Rolle bei der Bestimmung der Fermi-Oberflächen werden diskutiert. In der eingeschränkten Geometrie eines zweidimensionalen Elektronengases treten neue Quanteneffekte auf, wie der ganzzahlige und der fraktionierte Quanten-Hall-Effekt.

Der brillante amerikanische Physiker Henry A. Rowland ist wohl am besten für seine zu seiner Zeit einzigartige mechanische Fabrikation von optischen Beugungsgittern, den berühmten Rowland-Gittern, bekannt. Im Jahr 1870 hatte er seine Ausbildung als Zivil-Ingenieur am Rensselaer Polytechnic Institute (RPI) in Troy im Bundesstaat New York abgeschlossen. Nach einer kurzen Tätigkeit als Assistenz-Professor für Naturwissenschaften an der Wooster University in Ohio, kehrte er 1872 an das RPI zurück, wo er als Dozent für Physik angestellt wurde. Das Wintersemester 1875/1876 verbrachte er dann als Gast im Institut von Hermann von Helmholtz in Berlin. Rowland interessierte sich besonders für die von Michael Faraday und James Clerk Maxwell begründete Lehre von der Elektrizität, die „Elektrodynamik". Seine Reise nach Berlin führte Rowland über das englische Cambridge, wo er Maxwell persönlich besuchte. Bei Helmholtz gelang Rowland dann in erstaunlich kurzer Zeit der experimentelle Nachweis, dass elektrisch aufgeladene Körper von einem Magnetfeld begleitet sind, wenn sie sich mit hoher Geschwindigkeit bewegen. In seinem Bericht an die Berliner Akademie im März 1876 erläuterte Helmholtz selbst:

R. Huebener, *Leiter, Halbleiter, Supraleiter*,
DOI 10.1007/978-3-662-53281-2_7

> Herr Rowland hat nun eine Reihe directer Versuche im physikalischen Laboratorium der hiesigen Universität angeführt, welche den positiven Beweis geben, dass auch die Bewegung elektrisierter ponderabler Körper [außerhalb von Leitern!] elektromagnetisch wirksam ist.

Derartige Fundamentalversuche zur Elektrodynamik besaßen damals hohe Aktualität. Anschließend an das Semester in Berlin ging Rowland an die gerade erst gegründete amerikanische Johns Hopkins University in Baltimore im Bundesstaat Maryland.

In die USA zurückgekehrt und in Weiterentwicklung seines vorherigen Forschungsgebiets, interessierte sich Rowland dafür, ob der elektrische Strom in einem metallischen Leiter durch ein äußeres Magnetfeld seitlich abgelenkt wird und dadurch ein zusätzliches elektrisches Spannungssignal senkrecht zur elektrischen Stromrichtung erzeugt wird. Die für die damalige Zeit schon anspruchsvolle Messaufgabe übertrug er an seinen Studenten Edwin Herbert Hall, nachdem Rowland selbst noch keinen Effekt finden konnte. Hall hat den Effekt dann im Jahr 1879 gefunden. Seitdem ist dieses Phänomen als Hall-Effekt bekannt.

7.1 Hall-Effekt

Der Hall-Effekt gehört zu den einfachsten Phänomenen, die von bewegten elektrischen Ladungsträgern verursacht werden, wenn auch noch ein Magnetfeld vorhanden ist. Wenn sich elektrische Ladungsträger in einem Magnetfeld bewegen, erfahren sie die Lorentz-Kraft, die senkrecht sowohl zu ihrer Bewegungsrichtung als auch zur Richtung des Magnetfelds orientiert ist. Diese nach dem holländischen theoretischen Physiker Hendrik Antoon Lorentz benannte Kraft lautet

$$\mathbf{f}_\mathrm{L} = q\mathbf{v} \times \mathbf{B} \tag{7.1}$$

und ist proportional zum Magnetfeld $\mathbf{B}$ sowie proportional zur elektrischen Ladung q und zur senkrecht zum Magnetfeld zeigenden Komponente der Geschwindigkeit $\mathbf{v}$ der Ladungsträger. Bei der Umkehr des Vorzeichens von jedem dieser drei Faktoren ändert die Richtung der Lorentz-Kraft ebenfalls ihr Vorzeichen. Die Lorentz-Kraft verschwindet, wenn sich die Ladungen parallel zur Richtung des Magnetfelds bewegen und somit keine Geschwindigkeitskomponente senkrecht zum Magnetfeld existiert. Durch die Auswirkung der Lorentz-Kraft wird die geradlinige Bewegung freier Ladungsträger in eine Kreisbahn umgelenkt (Abb. 7.1a). Im Fall der elektrischen Stromdichte (Gl. 5.3) $\mathbf{j} = n\,(-e)\,\Delta\mathbf{v}_x$ entlang der x-Richtung in einem Leiter und in Anwesenheit eines in z-Richtung orientierten Magnetfelds $\mathbf{B}$ zeigt die Lorentz-Kraft in y-Richtung: $\mathbf{f}_{Ly} = q\,\Delta\mathbf{v}_x \times \mathbf{B}$. Hierbei haben wir die Driftgeschwindigkeit $\Delta\mathbf{v}_x$ in Gl. 7.1 eingesetzt. Aufgrund der Kraft $\mathbf{f}_{Ly}$ sammeln sich jeweils positive und negative Ladungen an den entgegengesetzten Seiten des Leiters an (Abb. 7.1b) und erzeugen so ein elektrisches Feld $\mathbf{E}_y$ in y-Richtung. Im stationären Zustand wird die Lorentz-Kraft $\mathbf{f}_{Ly}$ durch die elektrostatische Kraft q $\mathbf{E}_y$ kompensiert, und wir finden

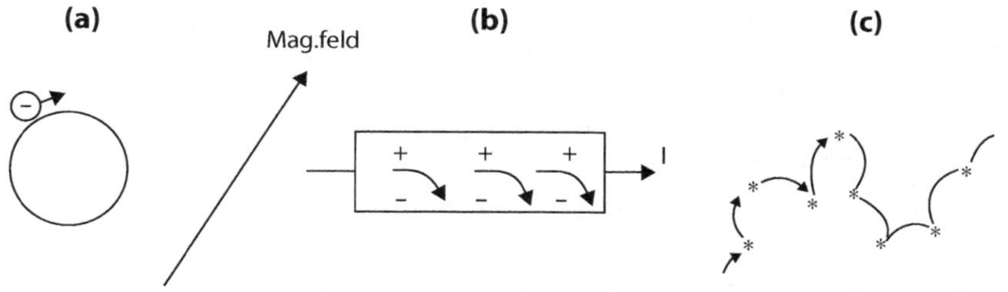

Abb. 7.1 Lorentz-Kraft auf bewegte Ladungen in einem Magnetfeld. Das Magnetfeld ist senkrecht zur Zeichenebene orientiert. **a** Durch die Lorentz-Kraft wird eine Bewegung elektrischer Ladungen, die senkrecht zur Richtung eines Magnetfelds verläuft, auf eine Kreisbahn umgelenkt. **b** Hall-Effekt: Beim elektrischen Stromfluss in einem Leiter verursacht die seitliche Ablenkung des Stroms durch die Lorentz-Kraft die jeweilige Ansammlung von Ladungen mit entgegengesetztem Vorzeichen auf beiden Seiten des Leiters. Dadurch resultiert eine elektrische Spannung senkrecht zur Hauptrichtung des Stroms und senkrecht zur Richtung des Magnetfelds. **c** Magnetwiderstand: Die Umlenkung der elektrischen Ladungen auf Kreisbahnen durch die Lorentz-Kraft behindert den elektrischen Stromfluss in seiner Hauptrichtung und bewirkt eine Zunahme des elektrischen Widerstands. Die Kreuze markieren die Orte, an denen die Elektronen einen Stoßprozess erfahren

$$q\, \Delta \mathbf{v}_x \times \mathbf{B} = q\, \mathbf{E}_y. \tag{7.2}$$

Hieraus folgt

$$|\mathbf{E}_y| = |\Delta \mathbf{v}_x \times \mathbf{B}| = \frac{1}{(-e)n}\, j\, B \equiv R_H\, j\, B. \tag{7.3}$$

$\mathbf{E}_y$ ist das elektrische Hall Feld, das den Hall-Effekt kennzeichnet. In Gl. 7.3 haben wir $q = -e$ verwendet. Der Koeffizient $R_H = \frac{1}{(-e)n}$ ist die Hall-Konstante (die im Fall $q = -e$ negativ ist). Wir sehen, dass die Hall-Konstante Informationen über die Konzentration der bewegten Ladungsträger liefert und dass das Vorzeichen des elektrischen Hall-Felds das Vorzeichen dieser Ladungsträger angibt. Schon frühzeitig hatte man aber mitunter auch ein positives Vorzeichen der Hall-Konstanten beobachtet, was solange unverständlich blieb (anomaler Hall-Effekt), bis das Konzept der Löcher in der elektronischen Bandstruktur etabliert war.

An dieser Stelle ist es ferner wichtig festzuhalten, dass sich bei gleicher Richtung des elektrischen Stroms positive und negative elektrische Ladungen in entgegengesetzter Richtung fortbewegen. Bei einer Umkehrung des Vorzeichens der bewegten Ladungen ändert sich deshalb das Vorzeichen bei der Lorentz-Kraft zweimal, sodass es im Endergebnis erhalten bleibt. Die positiven und die negativen bewegten Ladungen werden somit auf die gleiche Seite des stromdurchflossenen Leiters getrieben. Dies bestätigt uns wieder, dass sich das Vorzeichen der bewegten Ladungen und das Vorzeichen der Hall-Spannung stets gemeinsam umkehren, sodass das letztgenannte Vorzeichen Information über das erstgenannte liefert. Wie wir im letzten Kapitel im Zusammenhang mit dem Loch-Begriff diskutiert haben, hat der Hall-Effekt schon frühzeitig Hinweise dafür gegeben, dass die bewegten Ladungsträger häufig Loch-Charakter besitzen, da sie aus der Nähe des oberen Rands eines fast vollständig besetzten Energiebands stammen. Zusätzlich zum Vorzeichen der bewegten Ladungen lässt sich aus dem Hall-Effekt auch noch die Konzentration n der beweglichen Ladungsträger in dem elektrischen Leitermaterial bestimmen.

Das bisher geschilderte Verhalten gilt grundsätzlich gleichermaßen für Metalle und Halbleiter, solange wir es nur mit einer einzigen Sorte von Ladungsträgern zu tun haben. Wird der elektrische Strom aber von zwei oder mehr Sorten von Ladungsträgern getragen, kann es schnell kompliziert werden. Beispielsweise verschwindet der Hall-Effekt vollständig, wenn gleichzeitig positive und negative Ladungsträger in genau gleicher Konzentration vorhanden sind und auch mit der gleichen Beweglichkeit zum elektrischen Strom beitragen. Da die positiven und negativen Ladungsträger im Magnetfeld zur gleichen Seite des stromdurchflossenen Leiters getrieben werden, kompensieren sich die Ladungen mit entgegengesetztem Vorzeichen in diesem Fall dort exakt, sodass kein Hall-Effekt mehr übrig bleibt.

Ein eindrucksvolles Beispiel für die Bewegung elektrischer Ladungen in Magnetfeldern finden wir beim Polarlicht. Es entsteht durch den Einschuss von elektrisch geladenen Teilchen, besonders von Protonen, die von der Sonne stammen. Im Magnetfeld der Erde werden die Teilchen auf Kreisbahnen zu höheren Breiten abgelenkt, wo sie in etwa 100 km Höhe die Gasmoleküle optisch anregen. Auch in den großen Beschleunigern werden die geladenen Teilchen durch Magnetspulen mithilfe der Lorentz-Kraft auf die richtige Bahn gelenkt. Diese Kraft und die von ihr bewirkte Umlenkung der Bahn von geladenen Teilchen sind ferner die Grundlage der „magnetischen Flasche“, die das heiße Plasma in den langfristig projektierten Kernfusionsreaktoren in genügender Entfernung von den Reaktorwänden zurückhalten soll. Schließlich ist es auch die gleiche Kraft, die auf stromdurchflossene elektrische Leiter wirkt und auf der beispielsweise das Prinzip des Elektromotors beruht.

7.2 Magnetwiderstand

Die Umlenkung der elektrischen Ladungsträger auf Kreisbahnen durch die Lorentz-Kraft in einem Magnetfeld wirkt sich auch auf den elektrischen Widerstand aus (Abb. 7.1c). Man spricht vom „Magnetwiderstand“. Im Allgemeinen erwarten wir eine Widerstandszunahme, da der elektrische Stromfluss behindert wird, wenn die Ladungen auf Kreisbahnen gezwungen werden, anstatt sich nur in einer Richtung zu bewegen. Bei nicht zu hohen Magnetfeldern wächst die Widerstandszunahme in einem Magnetfeld proportional zu B^2. (Da die Widerstandszunahme unabhängig vom Vorzeichen des Magnetfelds erwartet wird, ist diese B^2-Abhängigkeit naheliegend.) Die Widerstandszunahme hängt davon ab, ob und in welcher Form sowohl Elektronen als auch Löcher zum elektrischen Strom beitragen. In Einkristallen kann die Widerstandszunahme im Magnetfeld auch stark von der Kristallrichtung abhängen. In den letzten Jahren haben Magnetwiderstandseffekte, bei denen der Eigendrehimpuls oder Spin der Elektronen die zentrale Rolle spielt, eine besondere Aufmerksamkeit erhalten. Auf diese spektakulären Entwicklungen unter dem Stichwort „Riesenmagnetwiderstand“ wollen wir in Kap. 10 zurückkommen.

7.3 Theorie von Landau, Landau Zylinder, De-Haas-van-Alphen-Effekt

Die exakte quantenmechanische Theorie für die Elektronen im Leitungsband eines Metalls in Anwesenheit eines hohen Magnetfelds stammt von dem Russen Lew Dawidowitsch Landau. Im Jahr 1930 publizierte er schon im Alter von 22 Jahren seine berühmte Arbeit zum Diamagnetismus der Metalle. Ein Jahr zuvor hatte Landau, im Anschluss an sein Studium in Leningrad, eine zweijährige Reise an Forschungsplätze in Europa angetreten, die ihn unter anderem nach Zürich, Kopenhagen, Cambridge, Berlin und Leipzig geführt hat. In seiner Arbeit zeigte Landau, dass das Energiespektrum der Elektronen durch das Magnetfeld deutlich verändert wird. In Kap. 4 und 5 hatten wir schon diskutiert, wie das Energiespektrum der Elektronen im Leitungsband eines Metalls durch die Wellenvektoren erfasst wird, die die Materiewellen der Elektronen bei ihrer Ausbreitung in allen drei Raumrichtungen kennzeichnen. Durch das Magnetfeld wird jedoch aufgrund der Lorentz-Kraft jede Bewegung der Elektronen senkrecht zur Richtung des Magnetfelds auf eine Kreisbahn gezwungen. Wenn wir dem Magnetfeld eine Orientierung in Richtung der z-Koordinate geben, dann liegt die Kreisbahn in der Ebene der x- und y-Koordinate. Während in Abwesenheit eines Magnetfelds (B = 0) das Energiespektrum der Elektronen durch

$$\varepsilon = \frac{\hbar^2}{2m_e}\left(k_x^2 + k_y^2 + k_z^2\right);\ B = 0 \tag{7.4}$$

gegeben ist, beträgt es in einem in z-Richtung orientierten Magnetfeld $B = B_z \neq 0$

$$\varepsilon = \hbar\omega_c\left(\ell + \frac{1}{2}\right) + \frac{\hbar^2}{2m_c}k_z^2;\ B = B_z \neq 0. \tag{7.5}$$

Hier ist ℓ eine ganze Zahl und m_c die Zyklotron-Masse der Elektronen.

$$\omega_c = \frac{e\,B}{m_c} \tag{7.6}$$

ist die Zyklotron-Kreisfrequenz der Elektronen. Wir sehen, dass die Energie der Elektronen bei ihrer Kreisbewegung in der x-y-Ebene in der Einheit der Zyklotron-Energie $\hbar\omega_c$ quantisiert ist. Die Wellenvektoren in der x-y-Ebene sind nicht mehr maßgeblich, da die entsprechenden Zustände neue kombinierte Zustände mit orbitaler Bewegung bilden. Lediglich die Bewegung der Elektronen in z-Richtung bleibt in der Form der Materiewelle erhalten, die durch den Wellenvektor k_Z in z-Richtung definiert ist. Hierbei kommt die Tatsache zur Geltung, dass die Lorentz-Kraft verschwindet, wenn die Bewegung der Elektronen parallel zum Magnetfeld erfolgt.

Während die Zustände in Abwesenheit eines Magnetfelds den **k**-Raum gleichmäßig ausfüllen, werden sie im Fall eines vorhandenen Magnetfelds durch die

Energiequantisierung (Gl. 7.5) nach Landau auf eine Reihe ineinander liegender „Landau-Zylinder" umverteilt. Die Achse der Zylinder zeigt in der Richtung des k_z-Wellenvektors, also in der gleichen Richtung wie das Magnetfeld. Die Landau-Zylinder haben voneinander den Energieabstand $\hbar\omega_c$, der proportional zu B ansteigt. Bei hohen Magnetfeldern ist ihr Abstand daher besonders groß. Bei einem Magnetfeld $B = 1$ T ergibt sich ein typischer Wert $\hbar\omega_c \approx 10^{-4}$ eV. Abb. 7.2 zeigt ein Beispiel.

Für die Manifestation der Energiequantisierung nach Landau ist es notwendig, dass die Kreisbahnen der Elektronen im Magnetfeld nicht durch Stoßprozesse der Elektronen unterbrochen werden. Mindestens einmal sollte die Kreisbahn ungestört durchlaufen werden. Da die Anzahl der Stöße, beispielsweise mit Phononen, mit sinkender Temperatur deutlich abnimmt, sind neben hohen Magnetfeldern möglichst tiefe Temperaturen für die experimentelle Beobachtung der Quantenstruktur durch die Landau-Zylinder erforderlich. Genügend tiefe Temperaturen sorgen auch noch dafür, dass die thermische Energie k_BT deutlich kleiner als der Energieabstand zwischen zwei benachbarten Landau-Zylindern ist und dass deshalb die Quantenstruktur nicht durch die thermische Energie k_BT ausgeschmiert wird. Außerdem sollten für die Experimente möglichst reine Einkristalle benutzt werden.

Aus diesen genannten Gründen müssen für die deutliche Ausprägung der Landau-Zylinder folgende Bedingungen erfüllt sein (wobei τ die Streuzeit ist):

$$\omega_c \tau > 1 \tag{7.7}$$

sowie

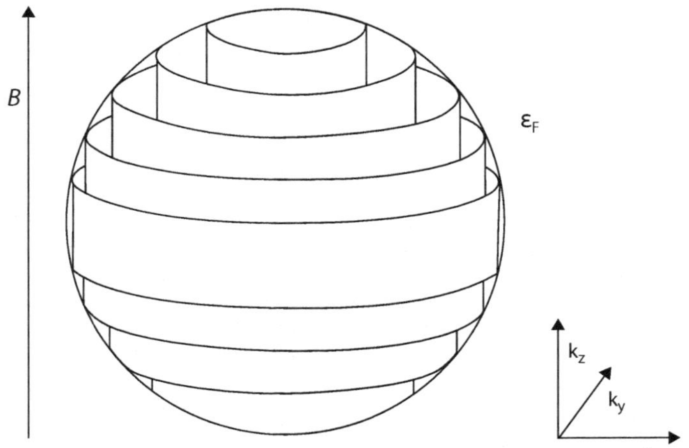

Abb. 7.2 In hohen Magnetfeldern führt die Energiequantisierung nach Landau zu einer Umverteilung der durch Elektronen besetzbaren Zustände auf die Wände von ineinander gestellten Zylindern im **k**-Raum. Die gemeinsame Achse der Zylinder ist in Richtung des Magnetfelds orientiert. Der Abstand zwischen den Zylinderwänden im **k**-Raum wächst proportional zum Magnetfeld. Weitere Erläuterungen finden sich im Text

$$k_B\,T < \hbar\,\omega_c. \tag{7.8}$$

Landau hatte schon 1930 erkannt, dass aufgrund der von ihm zum ersten Mal diskutierten Energiequantisierung der Leitungselektronen im Magnetfeld makroskopische Materialeigenschaften, wie beispielsweise der Diamagnetismus, eine streng periodische Oszillation in Abhängigkeit vom Magnetfeld zeigen sollten. Er glaubte allerdings, dass die erforderlichen Reinheitskriterien von den verfügbaren Probenmaterialien nicht erfüllt werden könnten und dass der Effekt somit unbeobachtbar bleibt. Da der Energieunterschied $\hbar\omega_c$ zwischen zwei benachbarten Landau-Zylindern proportional zu B ansteigt, wird die Anzahl der bis zur Fermi-Energie für die Besetzung verfügbaren Landau-Zylinder mit steigendem Magnetfeld immer kleiner. Bei einem monoton ansteigenden Magnetfeld führt die Umverteilung der Elektronen auf die Landau-Zylinder zu einer periodischen Oszillation der Gesamtenergie der Elektronen. Bei $\varepsilon_F = \hbar\omega_c\ell$ durchläuft die Gesamtenergie der Elektronen ein Minimum und bei $\varepsilon_F = \hbar\omega_c\,(\ell + \frac{1}{2})$ ein Maximum. Als Folge hiervon oszillieren die anderen elektronischen Eigenschaften ebenso als Funktion des Magnetfelds, wie beispielsweise die Magnetisierung beim Diamagnetismus.

Entgegen der Befürchtung von Landau wurden die Oszillationen beim Diamagnetismus von Bismut-Einkristallen tatsächlich aber schon zum ersten Mal im Jahr 1930 von den Holländern Wander Johannes de Haas und Pieter M. van Alphen in Leiden experimentell gefunden. Der Effekt ist seither als De-Haas-van-Alphen-Effekt bekannt. Zur weiteren theoretischen Aufklärung hat Rudolf E. Peierls damals wichtige Beiträge geleistet. Ein entscheidender Anstoß kam dann von Lars Onsager während eines Besuchs im englischen Cambridge im akademischen Jahr 1950/1951. Konsequent auf der geometrischen Interpretation der Fermi- Oberfläche im dreidimensionalen **k**-Raum der Wellenvektoren aufbauend, zeigte er, dass nur die Extremalquerschnitte der Fermi-Oberfläche senkrecht zur Richtung von **B** zu diesem Effekt beitragen. Die Beiträge aller anderen Teile der Fermi-Oberfläche entfallen, da sie sich gegenseitig aufheben. Die Periode der De-Haas-van-Alphen-Oszillationen ist umgekehrt proportional zu diesen Extremalquerschnitten der Fermi-Oberfläche, also umgekehrt proportional zum größten und zum kleinsten Querschnitt. (Hierbei ist der Extremalquerschnitt senkrecht zur Richtung des Magnetfelds zu nehmen.).

Für eine genauere Diskussion kehren wir zur Zyklotron-Masse m_c und zur Zyklotron-Frequenz ω_c von Gl. 7.5 und 7.6 zurück. Wir schreiben die inverse Zyklotron-Frequenz in der Form

$$2\,\pi/\omega_c = \oint \frac{d\mathbf{k}}{|\dot{\mathbf{k}}|} \tag{7.9}$$

und verwenden

$$|\dot{\mathbf{k}}| = \frac{e}{\hbar}\,\mathbf{v} \times \mathbf{B} \tag{7.10}$$

aufgrund der Lorentz-Kraft, Gl. 7.1; wir schreiben ferner $q = e$ und führen die Geschwindigkeitskomponente $v_\perp$ senkrecht zum Magnetfeld ein. Dann erhalten wir

$$2\,\pi/\omega_c = \frac{\hbar}{e\,B} \oint \frac{d\mathbf{k}}{\mathbf{v}_\perp(\mathbf{k})} = \frac{2\pi\, m_c}{e\,B} \qquad (7.11)$$

und schließlich

$$m_c = \frac{\hbar}{2\pi} \oint \frac{d\mathbf{k}}{\mathbf{v}_\perp(\mathbf{k})}. \qquad (7.12)$$

Hier ist $d\mathbf{k}$ ein Linienelement entlang der Elektronenbahn im **k**-Raum. Mit $v_\perp = (1/\hbar)(d\varepsilon/dk_\perp)$ erhalten wir $m_c = \frac{\hbar^2}{2\pi} \oint d\mathbf{k} \frac{\Delta \mathbf{k}_\perp}{\Delta\varepsilon}$. Wir schreiben noch $\oint d\mathbf{k}\, \frac{\Delta \mathbf{k}_\perp}{\Delta\varepsilon} = \frac{1}{\Delta\varepsilon} \oint d\mathbf{k}\, \Delta\mathbf{k}_\perp$ und erkennen so, dass das Integral $\oint$ auf der rechten Seite die Differenz ΔA der von den Elektronenbahnen der Energien ε und $\varepsilon + \Delta\varepsilon$ im **k**-Raum eingeschlossenen Flächen A darstellt. Schließlich erhalten wir

$$m_c = \frac{\hbar^2}{2\pi} \left(\frac{dA}{d\varepsilon}\right), \; k_\parallel = \text{const.} \qquad (7.13)$$

Wir sehen, dass die Zyklotron-Masse m_c die Energieabhängigkeit der von der Elektronenbahn im **k**-Raum eingeschlossenen Fläche A enthält.

Die Quantisierung der Elektronenbahnen im **k**-Raum und des magnetischen Flusses sind äquivalent zueinander: mit $\Delta\varepsilon = \hbar\,\omega_c = \hbar\, e\, B/m_c$ und $\Delta A = (dA/d\varepsilon)\,\Delta\varepsilon$, und nach Einsetzen von Gl. 7.13 erhalten wir

$$A_\ell = (2\pi e B/\hbar)\left(\ell + \frac{1}{2}\right). \qquad (7.14)$$

Die Fläche A_ℓ im **k**-Raum und die Fläche F_ℓ im üblichen Ortsraum hängen zusammen:

$$F_\ell = (\hbar/eB)^2\, A_\ell \qquad (7.15)$$

(Wir erkennen dies aus Gl. 7.10, indem wir schreiben $\dot{\mathbf{k}} = \Delta\mathbf{k}/\Delta t$ und $v_\perp = \Delta r/\Delta t$). Für den durch die Fläche F_ℓ hindurchtretenden magnetischen Fluss Φ_ℓ erhalten wir aus Gl. 7.14 und 7.15

$$\Phi_\ell = B\, F_\ell = (h/e)\left(\ell + \frac{1}{2}\right). \qquad (7.16)$$

Die Größe $(h/e) = 1{,}034 \times 10^{-15}$ Vs repräsentiert das magnetische Flussquant in einem Nicht-Supraleiter. Im nächsten Abschnitt kommen wir hierauf zurück.

Der De-Haas-van-Alphen-Effekt hängt mit der Magnetisierung M zusammen. Mit der Freien Energie $F = U - TS$ ergibt sich für die Magnetisierung $M = -\frac{1}{V}\left(\frac{\partial F}{\partial B}\right)_{T,V}$. Im Fall $T = 0$ haben wir

$$M = -\frac{1}{V}\left(\frac{\partial U}{\partial B}\right)_{T,V} \tag{7.17}$$

(U = innere Energie, S = Entropie, V = Volumen). Die oben gezeigte periodische Oszillation der Energie der Elektronen führt zu einer entsprechenden Oszillation von M mit der Periode $1/B_0$ bei Auftragung über 1/B.

Zur Bestimmung der Periode $1/B_0$ betrachten wir die Aufteilung der Zustände der Elektronen auf die Landau-Niveaus. Dabei ist es zweckmäßig, nur den *zweidimensionalen Schnitt* senkrecht zu $\mathbf{B} = B_z$ und nur die Komponenten k_x und k_y heranzuziehen. Wie wir in Abschn. 6.1 mithilfe der periodischen Randbedingungen gezeigt haben, beträgt die zweidimensionale Zustandsdichte $(L/2\pi)^2$, wobei L die Seitenlänge des Kristalls ist. Aus Gl. 7.14 erhalten wir

$$\text{Zustände}/\text{Landau Niveau} = (L/2\pi)^2(2\pi\ eB/\hbar)$$

Alle Zustände innerhalb des Querschnitts A der Fermi-Oberfläche senkrecht zu **B** lassen sich ohne Rest auf die Landau-Niveaus verteilen, wenn gilt

$$(L/2\pi)^2\ (2\pi\ eB/\hbar)\ \lambda = (L/2\pi)^2\ A,$$

wobei λ eine ganze Zahl ist. Wir finden somit

$$1/B = (2\pi e/\hbar A)\ \lambda$$

mit dem Periodizitätsabstand $1/B_0$ der Energie-Maxima oder -Minima

$$1/B_0 = (2\pi e/\hbar A)$$

Im *dreidimensionalen Fall* sind nur die extremen Querschnitte der Fermi-Oberfläche senkrecht zu **B** relevant, also die maximalen, A_{max}, und die minimalen Querschnitte, A_{min}. (Die Beiträge der anderen Querschnitte mitteln sich raus). Als Beispiele nennen wir die Bauch- und die Halsbahnen der Fermi-Oberfläche von Kupfer, die in Abb. 5.4 gezeigt sind. So finden wir die Periodizität in 1/B

$$\frac{1}{B_0} = \frac{2\pi e}{\hbar}\frac{1}{A_{max}} \text{ oder } \frac{1}{B_0} = \frac{2\pi e}{\hbar}\frac{1}{A_{min}} \tag{7.18}$$

Es stellte sich am Ende heraus, dass Ilya Mikhailovich Lifshitz in Moskau unabhängig von Onsager auch schon die gleichen Ideen entwickelt hatte. Der schon in Kap. 5 genannte David Shoenberg und seine Mitarbeiter haben in Cambridge diese Erkenntnisse mit besonderem Erfolg umgesetzt.

Der De-Haas-van-Alphen-Effekt hat besonders in den 1950er- und den 1960er-Jahren eine wichtige Rolle bei der Aufklärung der Fermi-Oberfläche in vielen Materialien gespielt, sofern sie in der Form von genügend reinen Einkristallen präpariert werden konnten. Eindrucksvolle feine Details wurden hierbei im Laufe der Zeit erarbeitet, während sich die experimentellen Techniken ständig verbesserten. Große Abweichungen von der einfachen Kugelgestalt der Fermi-Oberfläche wurden aufgedeckt. Im gleichen Material, wie beispielsweise bei den mehrwertigen Metallen, besteht die Fermi-Oberfläche häufig aus einem halben Dutzend oder mehr voneinander getrennten Teilen, die entweder Elektronen oder Löchern zugeordnet sind. Für diese Gebilde haben sich Bezeichnungen wie Monster, Kappe, Linse, Schmetterling oder Zigarre eingebürgert. Der Bauch und die Hälse der Fermi-Oberfläche von Kupfer (Abb. 5.4), die Alfred Brian Pippard schon entdeckt hatte, sind hier nur das erste, noch recht einfache Beispiel.

Wie zu erwarten ist, treten ähnliche Oszillationen wie bei dem De-Haas-van-Alphen-Effekt auch in anderen physikalischen Materialeigenschaften auf, die von den beweglichen elektrischen Ladungsträgern beeinflusst werden. Ein Beispiel sind die Shubnikov-de-Haas-Oszillationen bei der elektrischen Leitfähigkeit. Sogar bei der chemischen Reaktionsrate an metallischen Katalysatoroberflächen sind Oszillationen bei der Variation des Magnetfelds beobachtet worden, die den gleichen Ursprung haben.

Für unsere weitere Diskussion ist es nützlich, die Dichte der mit Elektronen besetzbaren Zustände in Abhängigkeit von der Energie der Elektronen genauer zu betrachten. Wir beginnen mit dem dreidimensionalen Fall. In diesem Fall, der im Allgemeinen üblich ist, wächst die Dichte der möglichen Energieniveaus nach Gl. 6.3 und 6.7 mit der Quadratwurzel aus der Energie an, solange kein Magnetfeld anwesend ist. In Gegenwart eines hohen Magnetfelds bewirkt die Umverteilung der Energiewerte auf die Landau-Zylinder im **k**-Raum, dass die Kurve von vielen scharfen Spitzen überlagert wird, die im Abstand der Zyklotron-Energie $\hbar\omega_c$ aufeinander folgen. Im zweidimensionalen Fall finden wir für die Dichte der besetzbaren Energieniveaus in Abwesenheit eines Magnetfelds den interessanten Fall, dass sie unabhängig von der Energie, also konstant ist.

In Abb. 7.3 haben wir zur Übersicht die Energieabhängigkeit der Zustandsdichte für die vier Fälle verschiedener Anzahl der räumlichen Dimensionen (von drei bis null) zusammengestellt. Im eindimensionalen Fall fällt die Zustandsdichte von einem Energieniveau E_{in} zum nächsthöheren mit $(1/\text{Energie})^{1/2}$ ab, während im nulldimensionalen Fall nur die diskreten Energieniveaus E_{inm}existieren. Im zweidimensionalen Fall führt die Unabhängigkeit der Zustandsdichte von der Energie in Anwesenheit von hohen Magnetfeldern zu neuartigen physikalischen Eigenschaften, wie beispielsweise dem Quanten-Hall-Effekt. Diesen Fragen wollen wir uns jetzt zuwenden.

7.4 Ganzzahliger Quanten-Hall-Effekt

Im Kap. 6 hatten wir mithilfe der periodischen Randbedingungen gezeigt, dass die Zustandsdichte $w(\mathbf{k})$ im **k**-Raum im eindimensionalen Fall $w_1(\mathbf{k}) = L/2\pi$ beträgt, wobei L die Kristallabmessung ist. Durch Erweiterung auf zwei Dimensionen ergibt sich $w_2(\mathbf{k}) = (L/2\pi)^2$. Im zweidimensionalen Fall resultiert für die Zustandsdichte *pro Energieintervall* (ohne Berücksichtigung des Spins der Elektronen) analog zu Gl. 6.6

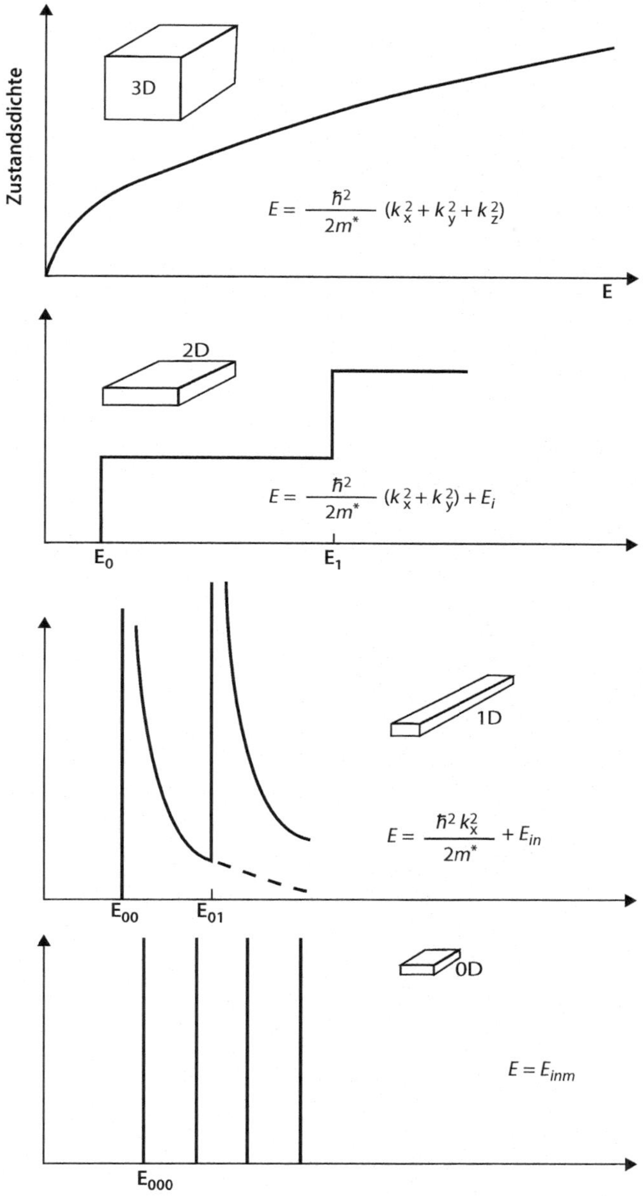

Abb. 7.3 Abhängigkeit der Zustandsdichte von der Energie E für unterschiedliche Anzahl der räumlichen Dimensionen von drei *(oben)* bis null *(unten)*

$$D_2(\varepsilon) = w_2(\mathbf{k}) \frac{\partial(\mathbf{k} - \text{Raum Fläche})}{\partial\varepsilon} = w_2(\mathbf{k})\, 2\pi k \frac{\partial k}{\partial\varepsilon} = \left(\frac{L}{2\pi}\right)^2 2\pi k \frac{m}{\hbar^2 k} \tag{7.19}$$

und für $D_2(\varepsilon)$ pro Flächeneinheit

$$D_2(\varepsilon)/L^2 = m\,/\,2\pi\hbar^2. \tag{7.20}$$

Die Zustandsdichte in Gl. 7.20 ist unabhängig von der Energie. Unter Verwendung des Energieintervalls $\hbar\omega_c$ zwischen zwei aufeinanderfolgenden Landau-Niveaus (aus Gl. 7.5 mit $k_z = 0$) finden wir die Anzahl N der Zustände pro Fläche und pro Landau-Niveau

$$N = \left[D_2(\varepsilon)/L^2\right] \hbar\,\omega_c = \frac{e\,B}{h}. \tag{7.21}$$

Wie oben erwähnt, müssen für die klare Beobachtung der Quantenstruktur nach Landau die Bedingungen Gl. 7.7 und 7.8 erfüllt sein. In Abb. 7.4 ist dieser Fall schematisch gezeigt.

Wir kehren zum Hall-Effekt Gl. 7.3 zurück und haben im zweidimensionalen Fall

$$E_y = \frac{1}{(-e)n_2}\, j_2\, B. \tag{7.22}$$

Hier ist $j_2 = I/w$ die Stromdichte eines den Strom I tragenden zweidimensionalen Leiters von der Breite w. Die Größe n_2 ist die Anzahl der Elektronen pro Fläche. Falls die Fermi-Energie ε_F genau zwischen zwei Landau-Niveaus liegt, sind alle Landau-Niveaus unterhalb (oberhalb) ε_F besetzt (unbesetzt). In diesem Fall beträgt n_2 in Gl. 7.22

$$n_2 = z\,N = z\,\frac{e\,B}{h}, \tag{7.23}$$

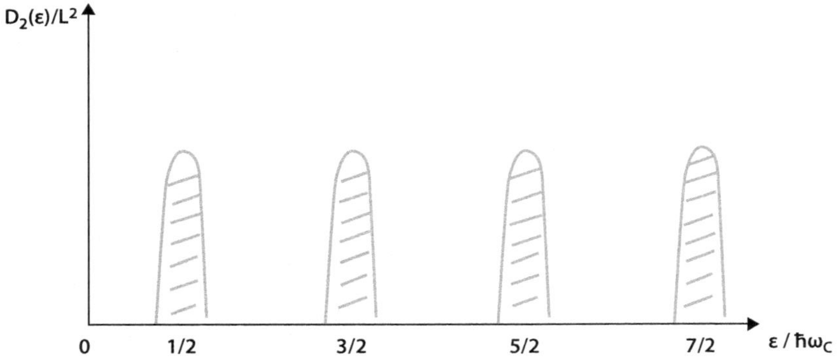

Abb. 7.4 Zustandsdichte pro Fläche, $D_2(\varepsilon)/L^2$, aufgetragen gegen die normierte Energie $\varepsilon/\hbar\omega_c$

wobei z eine ganze Zahl ist. Für den Hall-Widerstand R_{xy} ergibt sich

$$R_{xy} = \frac{E_y}{j_2} = \frac{1}{z}\frac{h}{e^2}. \tag{7.24}$$

Der Hall-Widerstand R_{xy} hängt nur von den fundamentalen Konstanten h und e ab, ein wichtiges und überraschendes Ergebnis.

Zur Diskussion des Quanten-Hall-Effekts betrachten wir einen zweidimensionalen Kristall in einem hohen Magnetfeld, das senkrecht zu der Ebene orientiert ist, in der sich der Kristall befindet. Anstelle der Landau-Zylinder haben wir jetzt nur noch Landau-Kreise, die wir als zweidimensionalen Schnitt durch die Zylinder senkrecht zur Zylinderachse erhalten. Die Abfolge der ineinander liegenden Landau-Kreise entspricht genau wieder der in der Form von Vielfachen der Zyklotron-Energie $\hbar\omega_c$ quantisierten Energie der Elektronen bei ihrer Kreisbewegung in der Kristallebene. Die konstante Dichte der durch Elektronen besetzbaren Energieniveaus im zweidimensionalen Kristall hat nach Gl. 7.21 die Konsequenz, dass alle Energieintervalle (von der Größe $\hbar\omega_c$) zwischen den aufeinanderfolgenden Landau-Kreisen exakt die gleiche Anzahl von besetzbaren Energiezuständen besitzen. Die den einzelnen Kreisen entsprechenden Energieniveaus werden somit auch mit genau der gleichen Anzahl von Elektronen besetzt. Das Energiespektrum der Elektronen besteht daher aus einer Folge von scharfen und genau gleichen Spitzen, die entlang der Energieachse in dem regelmäßigen Abstand von der Zyklotron-Energie $\hbar\omega_c$ erscheinen (Abb. 7.4). Wenn es gelingt, die Zahl der beweglichen Elektronen im zweidimensionalen Kristall kontinuierlich zu vergrößern, dann sollten sich die elektrischen Eigenschaften stufenweise ändern, wenn gerade wieder ein weiteres Landau-Niveau mit Elektronen aufgefüllt wird.

Für diese Effekte interessierte sich vor etwas mehr als 30 Jahren der Deutsche Klaus von Klitzing im Rahmen seiner Forschungen am Physikalischen Institut der Universität Würzburg. Im Herbst 1979 ging er zu einem Forschungsaufenthalt nach Grenoble an das Deutsch-Französische Hochfeld-Magnetlabor, da dort noch stärkere Magnetspulen zur Verfügung standen als in Würzburg. Die Leitung des Magnetlabors in Grenoble hatte damals sein früherer Doktorvater, Gottfried Landwehr. Bei seinen Experimenten in Grenoble benutzte von Klitzing einen Feld-Effekt-Transistor aus Silizium, den ihm die Firma Siemens überlassen hatte. Dieses Bauelement ist eines der zahlreichen Weiterentwicklungen der Transistortypen aus der Frühzeit. An der Halbleiteroberfläche sind die beweglichen Ladungsträger auf einen engen zweidimensionalen Bereich eingeschränkt. Die Halbleiteroberfläche ist durch eine dünne, elektrisch isolierende Schicht aus Siliziumoxid (SiO_2) bedeckt, auf deren Gegenseite sich eine Metallelektrode befindet. Zwischen der Metallelektrode und dem Siliziumkristall kann eine elektrische Spannung, die sogenannte Gate-Spannung, angelegt werden. Diese Gate-Spannung macht es möglich, die Konzentration der beweglichen Ladungsträger in ihrem zweidimensionalen engen Bereich an der Siliziumoberfläche kontinuierlich zu verändern. Die experimentellen Voraussetzungen zur Beobachtung der oben diskutierten möglichen Stufenstruktur waren somit gegeben.

In der Nacht vom 4. auf den 5. Februar 1980 machte von Klitzing die Entdeckung, dass der (senkrecht zum elektrischen Strom gemessene) Hall-Widerstand seines Feldeffekt-Transistors in einem hohen Magnetfeld und bei der tiefen Temperatur von 1.5 K in Abhängigkeit von der Gate-Spannung besonders scharfe und regelmäßige Stufen aufwies. Auf der anderen Seite zeigte der in Richtung des Stroms gemessene elektrische Widerstand in Abhängigkeit von der Gate-Spannung starke Oszillationen und fiel bei jeder horizontalen Stufe des Hall-Widerstands auf den Wert null ab. Blieb das Magnetfeld ausgeschaltet, dann verschwanden auch sämtliche Stufen bzw. die Oszillationen. Noch in der gleichen Nacht erkannte von Klitzing, dass es sich bei den Stufen im Hall-Widerstand um etwas Fundamentales handelt, das nur von zwei Naturkonstanten abhängt und exakt quantisiert ist (Abb. 7.5). Mit ansteigender Gate-Spannung werden die Landau-Niveaus nacheinander mit beweglichen Ladungsträgern aufgefüllt. Gleichzeitig fällt der Hall-Widerstand ab, wobei dieser Abfall aber immer dann unterbrochen wird und ein exakt konstanter Widerstandswert erscheint, wenn gerade ein Landau-Niveau aufgefüllt ist und das nächste Niveau aber noch nicht erreicht werden kann. Auf diese Weise ergeben sich die exakt quantisierten Werte des Hall-Widerstands (1/z) (h/e^2), die von Klitzing von seiner Messkurve ablesen konnte (Abb. 7.6). Hierbei ist z eine ganze Zahl, wie 2, 3, 4 usw. Die Größe h ist die Planck'sche Konstante und e die Ladung eines Elektrons. Für die Einheit des quantisierten Hall-Widerstands erhielt von Klitzing den Wert $h/e^2 = 25813\ \Omega$. Ihm war damit die bahnbrechende Entdeckung des Quanten-Hall-Effekts gelungen.

Aus Gl. 7.23 für die Anzahl n_2 der Elektronen pro Fläche und pro Landau-Niveau finden wir einen wichtigen Zusammenhang mit der Anzahl der magnetischen Flussquanten (h/e), wenn wir die Anzahl n_2 mit der Probenfläche F multiplizieren. Es ergibt sich

$$n_2\, F = z \frac{e\, B}{h}\, F = z \frac{\Phi}{h/e}, \tag{7.25}$$

wobei Φ den magnetischen Fluss (B F) bezeichnet, der die Probe durchsetzt. Dies bedeutet, dass im Zustand der exakt quantisierten Widerstandsstufen jedes magnetische Flussquant in der Probe mit der gleichen Anzahl z von Elektronen verknüpft ist. Einer ähnlichen wichtigen Beziehung zwischen den Anzahlen der Elektronen und der magnetischen Flussquanten pro Flächeneinheit werden wir noch mal bei dem fraktionierten Quanten-Hall-Effekt begegnen, den wir im folgenden Abschnitt besprechen.

Schon von der ersten Stunde an bestand Klarheit darüber, dass der quantisierte Wert des Widerstands beim Quanten-Hall-Effekt sich ausgezeichnet für eine neue Quanten-Definition der elektrischen Widerstandseinheit eignet. Die Physikalisch-Technische Bundesanstalt in Braunschweig, sowie die staatlichen Eichämter in anderen Ländern haben diese Möglichkeit auch bald aufgegriffen. Seit dem 1.1.1990 ist die sogenannte Von-Klitzing-Konstante h/e^2 die gesetzliche Definition der Einheit des elektrischen Widerstands auf der Basis des Quanten-Hall-Effekts. Die Genauigkeit bei der Bestimmung der Von-Klitzing-Konstante war auch noch weiter erhöht worden, und der offizielle Wert beträgt $h/e^2 = 25.812{,}807\ \Omega$. Auf

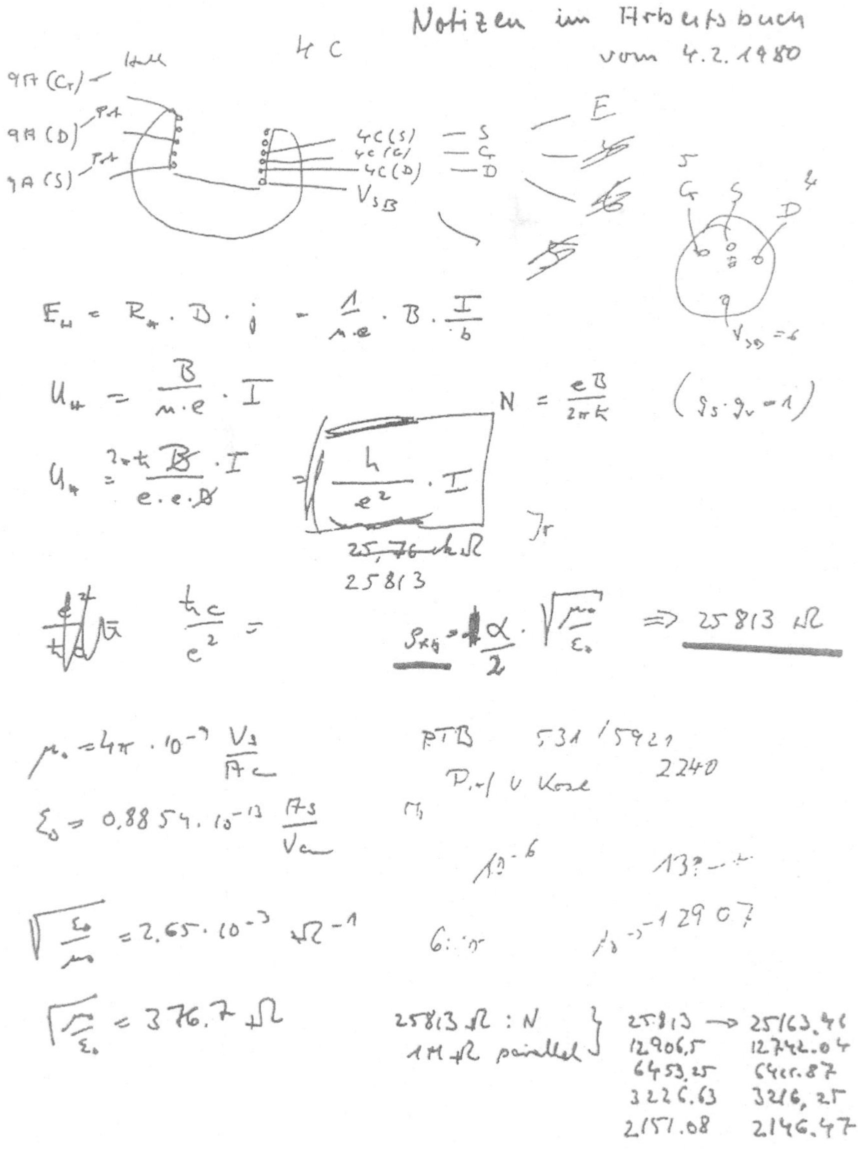

Abb. 7.5 Notizen von Klaus von Klitzing in seinem Arbeitsbuch am 4. Februar 1980, dem Tag, an dem er den Quanten-Hall-Effekt entdeckt hat. (© K. von Klitzing)

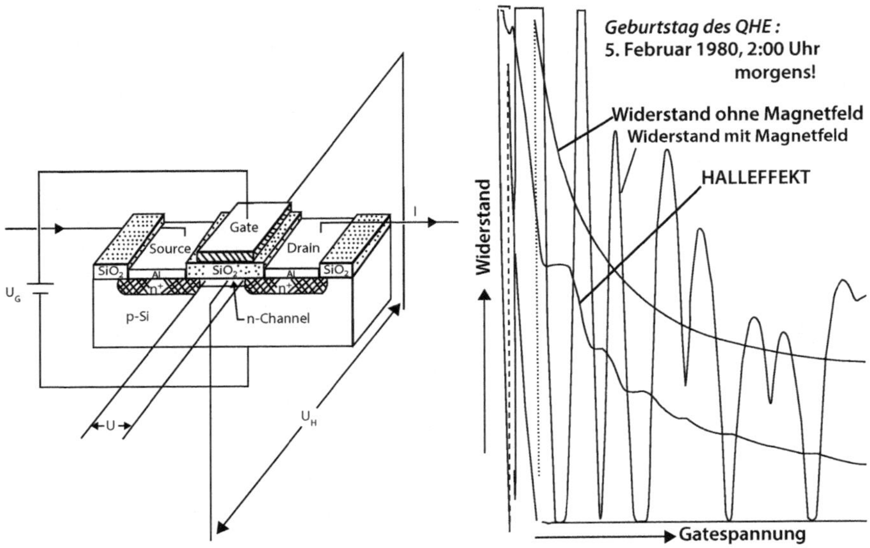

Abb. 7.6 Quanten-Hall-Effekt. Elektrischer Widerstand und Hall-Widerstand in einem hohen Magnetfeld bei einer Temperatur von 1,5 K aufgetragen in Abhängigkeit von der Gate-Spannung für das zweidimensionale Elektronengas des Feld-Effekt-Transistors aus Silizium, mit dem Klaus von Klitzing am 5. Februar 1980 den Quanten-Hall-Effekt entdeckt hat. Die glatte Widerstandskurve ohne Stufen wurde ohne Magnetfeld beobachtet. (© K. von Klitzing)

den Quanten-Hall-Effekt werden wir in Kap. 11 im Zusammenhang mit der Entdeckung der Eigenschaften des Graphen noch einmal zurückkommen.

Von Klitzing war aber nicht der Erste, der stufenartige Strukturen beim Hall-Widerstand und Oszillationen beim elektrischen Widerstand in der Richtung des Stroms in Abhängigkeit von der Gate-Spannung an einem Feldeffekt-Transistor beobachtet hatte. In Tokyo hatte die japanische Gruppe von S. Kawaji schon wenige Jahre vorher ähnliche, wenn auch nicht so deutlich ausgeprägte Kurven wie von Klitzing erhalten. Die fundamentale Bedeutung ihrer Ergebnisse im Hinblick auf eine nur aus zwei Naturkonstanten bestehenden quantisierten Widerstandsgröße war dieser Gruppe jedoch entgangen.

Durch den Quanten-Hall-Effekt hat das zweidimensionale Elektronengas an der Oberfläche eines Halbleiters besondere Berühmtheit erlangt. Die theoretische Diskussion ist auch mehr als 30 Jahre nach der Entdeckung des Effekts aber immer noch nicht abgeschlossen. Die quantisierten Werte des Hall-Widerstands (1/z) (h/e^2) lassen sich zwar anhand der Idee des Auffüllens der Landau-Niveaus mit ansteigender Gate-Spannung schnell herleiten. Alle Einzelheiten bei den gemessenen Kurven sind aber noch nicht eindeutig theoretisch geklärt.

7.5 Fraktionierter Quanten-Hall-Effekt

Die Erforschung der Physik des zweidimensionalen Elektronengases in hohen Magnetfeldern hat weiteren starken Auftrieb auch durch die ständigen Fortschritte bei der Präparation der Halbleitermaterialien erhalten. Von besonderem Interesse war hierbei die Suche nach dem Wigner Kristall. Eugene P. Wigner hatte schon 1938 theoretisch vorhergesagt, dass Elektronen bei genügend tiefen Temperaturen ein perfekt geordnetes Kristallgitter bilden, wenn sie auf einen zweidimensionalen Körper wie beispielsweise eine Halbleiteroberfläche eingeschränkt sind. Der Silizium-Feldeffekt-Transistor schien für eine experimentelle Untersuchung dieses Kristallisationsphänomens in seiner Qualität noch nicht auszureichen. Die Situation verbesserte sich aber wesentlich, als gegen Ende der 1970er-Jahre modulationsdotierte, einkristalline Halbleiterschichten hergestellt werden konnten. Der Modulationsdotierung von Halbleitern liegt die einleuchtende Idee zugrunde, die beweglichen Elektronen und die Donator-Störstellen, aus denen sie stammen, voneinander räumlich zu trennen. Hierdurch kann insbesondere bei tiefen Temperaturen erreicht werden, dass sich die Elektronen im Halbleiter besonders schnell und ungestört fortbewegen können. Von derartigen Heterostrukturen versprach man sich daher auch besonders schnelle und rauscharme Transistoren, sodass damals weltweit in vielen Laboratorien an dieser Entwicklung gearbeitet wurde. In diesem Zusammenhang waren vor allem einkristalline Schichten des III-V-Halbleiters Galliumarsenid (GaAs) in Kombination mit einer durch einen Zusatz von Aluminium modifizierten Galliumarsenid-Schicht ($Al_XGa_{1-X}As$) interessant. Beispielsweise werden Silizium-Donatoratome (mit vier Elektronen in der äußeren Hülle) gezielt auf die Plätze der Gallium- oder Aluminiumatome (mit jeweils nur drei Elektronen in der äußeren Hülle) in der $Al_xGa_{1-X}As$-Schicht eingebracht. Die Überschusselektronen von den Silizium-Donatoren werden dann in das energetisch tiefer liegende Leitungsband der benachbarten GaAs-Schicht abgegeben, wo sie sich relativ ungestört fortbewegen können.

Zum ersten Mal gelang es 1978/1979 auch auf der Basis dieser letztgenannten neuen Materialien an einer Grenzfläche zwischen GaAs und $Al_XGa_{1-X}As$ ein zweidimensionales Elektronengas zu realisieren. Pionierarbeiten bei der Präparation der einkristallinen und nahezu atomare Genauigkeit besitzenden Halbleiterschichten haben hier der Deutsche Horst Ludwig Störmer zusammen mit seinen amerikanischen Kollegen Arthur C. Gossard und Raymond Dingle an den Bell-Laboratorien sowie auch Gerhard Abstreiter und Klaus Ploog am Max-Planck-Institut für Festkörperforschung in Stuttgart geleistet. Der in China geborene Daniel Tsui, damals ebenfalls Mitarbeiter der Bell-Laboratorien, überredete seinen Kollegen Horst Störmer schon bald, mit den neuen, vielversprechenden Halbleiterschichten elektrische Messungen bei möglichst hohen Magnetfeldern und möglichst tiefen Temperaturen durchzuführen. Besonders geeignet hierfür erschien beiden das Francis-Bitter-Hochfeld-Magnetlabor am berühmten MIT im Bundesstaat Massachusetts. Hier konnten Magnetfelder bis etwa zum Millionenfachen des Erdmagnetfelds mit Spulen erzeugt werden. Dort führten sie dann ihre Experimente durch, bei denen sie das Magnetfeld variierten, während die Dichte des zweidimensionalen Elektronengases in der Grenzfläche ihrer Heterostruktur-Probe konstant blieb. Bei Abkühlung auf etwa 2 K fanden sie wie erwartet die horizontalen Stufen des Hall-Widerstands, die man vom Quanten-Hall-Effekt schon kannte. Als sie ihre Probe aber weiter bis unter 0.5 K abkühlten, entdeckten sie im höchsten Magnetfeldbereich etwas völlig Neues: Jetzt tauchte eine Stufe bei dem Hall-Widerstand $3(h/e^2)$ auf, also bei $z = 1/3$, wenn wir den Hall-Widerstand in der oben verwendeten Form $(1/z)$ (h/e^2) ausdrücken. Im Laufe der darauffolgenden Jahre wurden noch weitere Plateaus beim Hall-Widerstand mit anderen gebrochenen Zahlenwerten für z, wie 1/3, 2/3, 2/5, 3/5, 3/7, 4/7, usw., gefunden (Abb. 7.7).

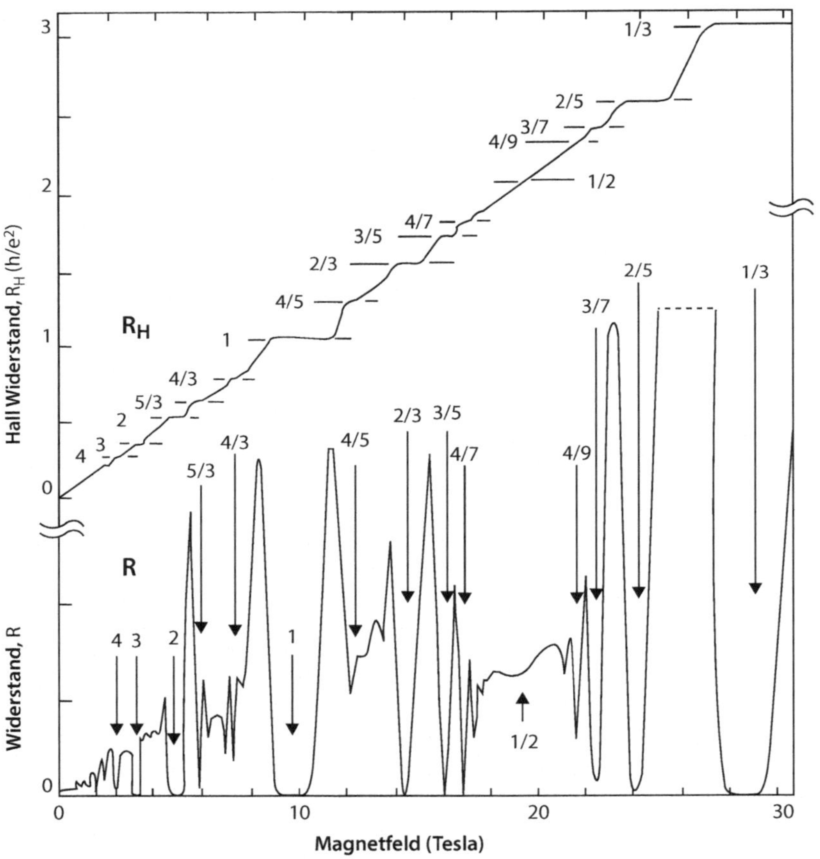

Abb. 7.7 Fraktionierter Quanten-Hall-Effekt im zweidimensionalen Elektronengas einer modulationsdotierten GaAs/AlGaAs-Halbleiter-Heterostruktur bei einer Temperatur von etwa 0.1 K. Der elektrische Widerstand R und der Hall-Widerstand R_H sind in Abhängigkeit vom Magnetfeld aufgetragen. Der Hall-Widerstand zeigt viele Plateaus mit den angegebenen gebrochenen Zahlenwerten von z, wenn für den quantisierten Hall-Widerstand die Schreibweise $(1/z)$ (h/e^2) benutzt wird. (© Horst L. Störmer)

In allen Fällen waren die Hall-Widerstände (1/z) (h/e^2) mit den gebrochenen Werten von z mit der gleichen Präzision erschienen wie beim Quanten-Hall-Effekt mit den ganzzahligen Werten von z. Ähnlich wie bei dem letztgenannten Effekt beobachteten Tsui und Störmer, dass der in Richtung des Stroms gemessene elektrische Widerstand ebenfalls immer auf Werte nahe bei null abfiel, wenn ein horizontales Plateau beim Hall-Widerstand erreicht wurde. Die Entdeckung von Tsui und Störmer wurde dann als fraktionierter Quanten-Hall-Effekt bezeichnet. Im Gegensatz hierzu spricht man bei dem Effekt, den Klaus von Klitzing entdeckt hatte, von dem integralen oder ganzzahligen Quanten-Hall-Effekt.

Wie wir schon diskutiert haben, werden die Elektronen durch die Lorentz-Kraft auf Kreisbahnen gezwungen, wenn sie sich senkrecht zum Magnetfeld bewegen. Bei den oben besprochenen Experimenten war das Magnetfeld stets in der Richtung senkrecht zur Ebene des zweidimensionalen Elektronengases orientiert, sodass die Kreisbahnen ebenfalls innerhalb dieser Ebene lagen. Der Durchmesser der Kreisbahnen ist umgekehrt proportional zur Stärke des Magnetfelds. Mit wachsendem Magnetfeld ziehen sich diese Kreisbahnen zusammen und erreichen schließlich einen Durchmesser, der kleiner ist als der mittlere Abstand der Elektronen voneinander. Bei tiefen Temperaturen besetzen alle Elektronen in diesem Fall nur das niedrigste Landau-Niveau, und wir haben es mit dem extremen Quanten-Grenzfall zu tun. (In diesem Fall müssen wir beachten, dass das Landau-Niveau im **k**-Raum existiert. Im Ortsraum sind alle einzelnen Elektronen des Leitungsbands räumlich voneinander getrennt und bezüglich ihrer Energie entartet). Auf der anderen Seite verlangt die Eindeutigkeit der quantenmechanischen Wellenfunktion der Elektronen, dass der magnetische Fluss, der das zweidimensionale Elektronengas durchsetzt, in Einheiten des magnetischen Flussquants (h/e) quantisiert ist. Die Beobachtung des fraktionierten Quanten-Hall-Effekts deutet an, dass die Elektronen in ihrer zweidimensionalen Anordnung ganz bestimmte Abstände voneinander bevorzugen. Bei diesen bevorzugten Abständen nimmt das Verhältnis z aus der Zahl der magnetischen Flussquanten pro Flächeneinheit und der Anzahl der Elektronen pro Flächeneinheit genau rationale Zahlenwerte, wie die oben angegebenen Zahlenbrüche aus zwei ganzen Zahlen, an. Magnetische Flussquanten und Elektronen stehen in einer engen Beziehung zueinander. Ferner kann man aus den experimentellen Beobachtungen auf die Existenz einer Lücke im Energiespektrum des Elektronensystems schließen, ähnlich wie beim ganzzahligen Quanten-Hall-Effekt. Im vorliegenden Fall spielt aber offenbar die Wechselwirkung der Elektronen untereinander auch eine entscheidende Rolle. In hohen Magnetfeldern scheinen die Elektronen zusammen mit den magnetischen Flussquanten in eine neuartige Quantenflüssigkeit zu kondensieren.

Zur Beschreibung dieses neuen Vielteilchen-Grundzustands hat der heute an der Stanford University in Kalifornien arbeitende Amerikaner Robert Betts Laughlin eine verblüffend einfache Vielteilchen-Wellenfunktion vorgeschlagen, mit der sich viele Aspekte der experimentellen Ergebnisse erklären lassen. Insbesondere konnte Laughlin die ausschließlich ungeraden Zahlenwerte im Nenner der rationalen Zahlen z für das oben diskutierte Verhältnis durch die Bedingung der Antisymmetrie der Gesamtwellenfunktion erklären. Die experimentelle und theoretische

Behandlung des fraktionierten Quanten-Hall-Effekts hat inzwischen zu Ansätzen über neuartige, aus magnetischen Flussquanten und Elektronen zusammengesetzten Teilchen geführt, die als kollektive energetische Anregung im zweidimensionalen Elektronengas erscheinen können.

7.6 Erzeugung von hohen Magnetfeldern

Bevor wir unsere Diskussion der hohen Magnetfelder beschließen, wollen wir noch die verwendeten Magnetspulen und die damit verbundene Entwicklung etwas näher betrachten. Magnetspulen, die aus supraleitenden Drähten gewickelt sind, gibt es seit den 1960er-Jahren. Damals hat ein entscheidender Fortschritt bei der Herstellung von den technischen Supraleitern stattgefunden. Seitdem findet man supraleitende Magnete in vielen Laboratorien, und die Experimente bei hohen Magnetfeldern sind viel einfacher geworden als vorher. Um den Temperaturbereich der Supraleitung zu erreichen, werden die Magnetspulen mit flüssigem Helium auf 4 K gekühlt. Die supraleitenden Materialien wollen wir in Kap. 8 noch genauer besprechen. Supraleitungsmagnete, die Magnetfelder bis etwa zum Einmillionenfachen des Erdmagnetfelds erzeugen, gehören heute schon zur Standardausrüstung der entsprechenden Labors. Durch besondere Konstruktionsmaßnahmen kann in „Hybrid-Magneten" das Magnetfeld noch auf ungefähr das Doppelte weiter erhöht werden. Im Laufe der Jahre sind verschiedene Zentren, meist auf nationaler Basis, gegründet worden, in denen bei sehr hohen Magnetfeldern experimentiert werden kann. Das Deutsch-französische Hochfeld-Magnetlabor in Grenoble und das amerikanische Francis-Bitter-Laboratorium am MIT in Cambridge haben wir schon erwähnt. Als Fortentwicklung aus dem letztgenannten Labor besteht in den USA schon seit einigen Jahren das Nationale Hochfeld-Magnet-Laboratorium an der Florida State University in Tallahassee im Bundesstaat Florida. Weitere spezielle Einrichtungen für hohe Magnetfelder befinden sich in Nijmegen in Holland sowie in Sendai und in Tsukuba in Japan. In Hefei, China, wird ein Labor für statische hohe Magnetfelder gebaut, das etwa ab 2013 in Betrieb sein soll.

Schon in den 1920er- und 1930er-Jahren gab es Laboratorien, in denen Experimente bei hohen Magnetfeldern durchgeführt wurden. Der Franzose Aimé Cotton hatte in der Nähe von Paris einen riesigen Elektromagnet konstruiert, und der Amerikaner Francis Bitter baute große Elektromagnete am MIT in Cambridge. Der Russe Pjotr Leonidovich Kapitza entwickelte im englischen Cambridge gepulste Elektromagnete. Neben dem benötigten elektrischen Strom war in allen Fällen auch der Verbrauch an Kühlwasser enorm hoch, da die Magnetspulen noch nicht aus Supraleitern hergestellt waren und im Betrieb eine große Wärmeentwicklung aufwiesen.

Pjotr Leonidovich Kapitza hatte am Polytechnischen Institut in St. Petersburg studiert, wo er von Abram Fedorovich Ioffe betreut worden war. Im Jahr 1921 kam er mit 27 Jahren zu Ernest Rutherford nach Cambridge in England, um die aktuellen Entwicklungen in der Physik kennenzulernen. In Cambridge machte er eine außerordentlich steile Karriere und wurde 1930 Direktor des neu eingerichteten Mond-Laboratoriums. Er interessierte sich damals für starke Magnetfelder, um die Spuren von Alphateilchen abzulenken. Daher baute er einen speziellen Pulsgenerator, mit dem er in einer gepulsten Spule die damals höchsten Magnetfelder erzeugen konnte. Er war damit der Erste, der diese Pulstechnik einsetzte, um hohe Magnetfelder zu erhalten. Inzwischen ist diese Methode von verschiedenen Gruppen zu einem hohen Stand weiterentwickelt worden. Kapitza entdeckte unter anderem das nach ihm benannte Gesetz des linearen Anwachsens des elektrischen Widerstands in hohen Magnetfeldern. Schon bald wandte er sich der Tieftemperaturphysik zu. Als er während der Stalin-Ära im Jahr 1934 wieder einmal in seine russische Heimat fuhr, um seine Mutter in Moskau zu besuchen, verboten ihm die Behörden, nach England zurückzukehren. Stattdessen baute man für ihn ein neues Institut in Moskau. Sein Institut für Physikalische Probleme wurde später sehr berühmt. Im Jahr 1937 gelang es Kapitza, den theoretischen Physiker Lew Dawidowitsch Landau aus Charkow in der Ukraine an sein Institut nach Moskau zu holen. Während dieser Zeit der politischen Verfolgungen in der damaligen Sowjetunion wurde auch Landau schon im folgenden Jahr verhaftet. Nur durch persönliche Intervention bei Stalin gelang es Kapitza schließlich nach einem Jahr, Landau wieder aus dem Gefängnis zu holen. Landau ist anschließend die herausragende Vaterfigur in der russischen theoretischen Physik geworden. Der russische Experimentalphysiker Leo Vasilyevich Shubnikov, ebenfalls aus Charkow und ein enger Freund von Landau, hatte damals nicht so viel Glück nach seiner Verhaftung wie Landau. Nach dreimonatiger Untersuchungshaft wurde er zum Tode verurteilt und am 10. November 1937 erschossen. Shubnikov hatte 1931 am Ukrainischen Physikalisch-Technischen Institut in Charkow den Aufbau des ersten Tieftemperaturlabors in der Sowjetunion eingeleitet. Hier konnte dann auch im Temperaturbereich des flüssigen Heliums experimentiert werden, ähnlich wie damals nur noch in Leiden, Toronto und Berlin. Shubnikov ist durch seine Pionierarbeiten zur Supraleitung besonders hervorgetreten. Schon früh erhielt er bei seinen Experimenten Hinweise auf eine zweite Art von Supraleitern. Dieses Thema behandeln wir in Kap. 8.

Gepulste hohe Magnetfelder, wie sie Kapitza zum ersten Mal verwendet hatte, besitzen auch heute noch besondere Aktualität. Entsprechende Forschungseinrichtungen gibt es in Los Alamos, USA, in Toulouse, Frankreich, und in Tokyo, Japan. Im deutschen Forschungszentrum in Dresden-Rossendorf ist seit 2007 ein Hochfeld-Magnetlabor in Betrieb, in dem gepulste Magnetfelder bis 90 T erzeugt werden können. (Ein Tesla ist etwa das 2×10^4-Fache des Erdmagnetfeldes in Mitteleuropa). Für die benötigte elektrische Stromquelle wurde die weltgrößte Kondensatorbank eigens entwickelt. Für das höchstmögliche Magnetfeld beträgt die Pulsdauer 11 Millisekunden. Sie verlängert sich im Fall von etwas niedrigeren Magnetfeldern. In Wuhan, China, ist bis 2013 ein ähnlich leistungsfähiges Labor für gepulste Magnetfelder geplant.

Kapitel 8
Der Rekord: Supraleiter

Zusammenfassung Nachdem es Heike Kamerlingh Onnes durch die Verflüssigung des Edelgases Helium gelungen war, den experimentell zugänglichen Bereich zu viel tieferen Temperaturen zu erweitern, entdeckte er 1911 die Supraleitung, nämlich den elektrischen Stromfluss ohne elektrischen Widerstand. Supraleitung verlangt, dass bestimmte kritische Werte der Temperatur und des Magnetfeldes, die vom Material abhängen, nicht überschritten werden. Es wurde dann gefunden, dass ein Magnetfeld aus dem Inneren eines Supraleiters herausgedrängt wird. Dieser perfekte Diamagnetismus wird als „Meissner-Effekt" bezeichnet und ist eine charakteristische fundamentale Eigenschaft von Supraleitern. Im Mischzustand wird ein Typ-II-Supraleiter von dem Abrikosov-Gitter aus magnetischen Flussquanten durchsetzt. Die magnetische Flussquantisierung und der Josephson-Effekt werden diskutiert. Die erste mikroskopische Theorie, die BCS-Theorie, erklärt Supraleitung durch einen aus Elektronenpaaren bestehenden makroskopischen Quantenzustand. Die zur Bildung von Cooper-Paaren führende Anziehungskraft resultiert aus der Wechselwirkung zwischen Elektronen und Phononen. Die durch die Lorentz-Kraft bewirkte Bewegung der magnetischen Flussquanten ist der Mechanismus, der den elektrischen Stromfluss ohne elektrischen Widerstand begrenzt.

Nur drei Jahre nachdem es Heike Kamerlingh Onnes in Leiden gelungen war, das Edelgas Helium zu verflüssigen und dadurch bei der Abkühlung auf tiefe Temperaturen den damaligen Kälterekord von 4 K (–269 °C) zu erzielen, machte er im Jahr 1911 eine überraschende Entdeckung: Unterhalb einer bestimmten Temperatur kann der elektrische Widerstand von Metallen praktisch völlig verschwinden und ist experimentell nicht mehr nachweisbar. Zum ersten Mal war das Phänomen der Supraleitung, wie es dann anschließend genannt wurde, beobachtet worden (Abb. 8.1).

Nachdem Kamerlingh Onnes seine Experimente auf den durch die Verflüssigung von Helium neu erschlossenen Bereich von deutlich tieferen Temperaturen als bis dahin möglich ausdehnen konnte, interessierte er sich unter anderem auch dafür, wie sich der elektrische Widerstand von Metallen bei diesen tiefen Temperaturen verändert. Damals gab es drei verschiedene Vorhersagen für das Verhalten des elektrischen Widerstands mit abnehmender Temperatur bei tiefen

R. Huebener, *Leiter, Halbleiter, Supraleiter*,
DOI 10.1007/978-3-662-53281-2_8

Abb. 8.1 Der holländische Physiker Heike Kamerlingh Onnes. In Leiden verflüssigte er 1908 zum ersten Mal das Edelgas Helium. Drei Jahre später entdeckte er die Supraleitung. (Foto: © Kamerlingh Onnes Laboratorium, Universität Leiden)

Temperaturen: 1) der Widerstand fällt ab auf den Wert null, 2) er bleibt konstant, 3) er steigt wieder an. Für derartige Messungen schien Quecksilber als Metall besonders günstig zu sein, da es wegen seines niedrigen Schmelzpunktes (bei Zimmertemperatur ist es bereits flüssig) verhältnismäßig gut in hochreiner Form hergestellt werden kann. Die pionierartige Untersuchung sollte schließlich an einem Material erfolgen, das möglichst wenig störende Verunreinigungen enthielt. Für eine der ersten Messungen wurde deshalb eine mit Quecksilber gefüllte dünne Glaskapillare verwendet. Es war dann am 8. April 1911, als Heike Kamerlingh Onnes zusammen mit seinen Mitarbeitern Cornelis Dorsman, Gerrit Jan Flim und dem Studenten Gilles Holst beim Abkühlen der Kapillare mit Quecksilber beobachtete, wie der elektrische Widerstand der Probe mit sinkender Temperatur abnahm. Als aber schließlich die Temperatur von 4 K erreicht war, zeigte die Kurve einen scharfen Knick, und der Widerstand fiel abrupt auf einen unmessbar kleinen Wert (Abb. 8.2). Zunächst gab es noch einige Irritationen, da vermutet wurde, dass die elektrische Schaltung der Messanordnung einen Fehler hatte und möglicherweise ein Kurzschluss die Ursache für den plötzlichen Abfall des elektrischen Widerstands war. Nach sorgfältigen Kontrollen war man allmählich aber sicher, dass die Messtechnik in Ordnung war und man ein neues Phänomen entdeckt hatte. Der Student Gilles Holst hat später eine Anstellung in den

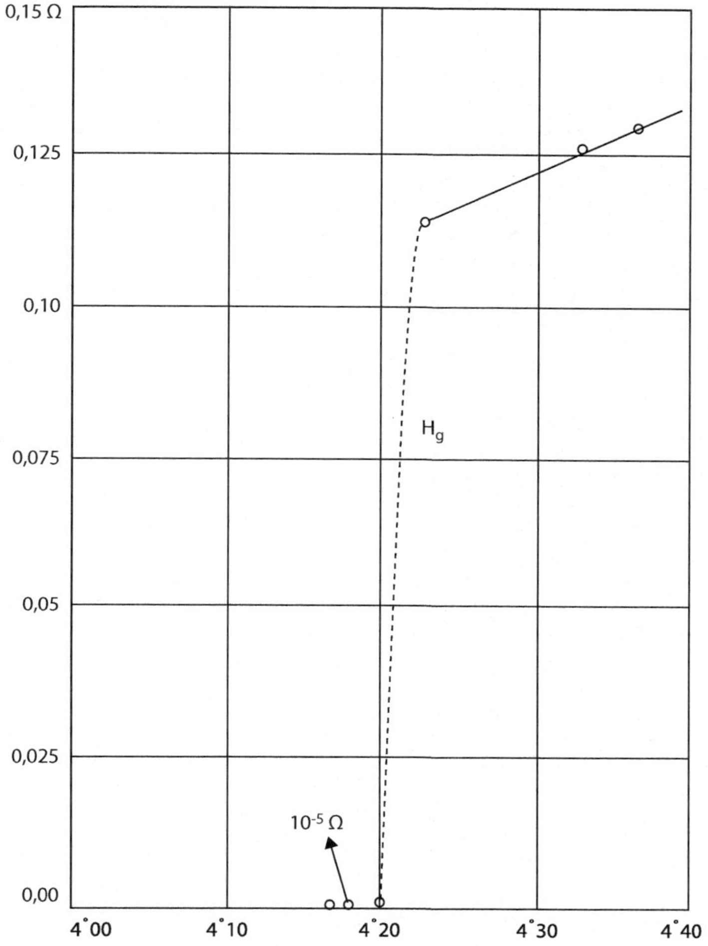

Abb. 8.2 Entdeckung der Supraleitung. Elektrischer Widerstand in Ohm einer Quecksilberprobe aufgetragen in Abhängigkeit von der Temperatur in Kelvin. (© H. Kamerlingh Onnes)

N. V. Philips' Gloeilampenfabrieken in Eindhoven erhalten und wurde schließlich der erste Direktor der Philips-Forschungslaboratorien.

Anschließend an diese erste Beobachtung in Quecksilber hat man Supraleitung auch in anderen Metallen gefunden, wie beispielsweise in Aluminium, Blei, Indium, Zink, und Zinn, sowie im Laufe der Zeit auch in Legierungen und in metallischen Verbindungen. Eine Zusammenstellung aus dem Jahr 1969 weist etwa 350 unterschiedliche supraleitende Materialsysteme auf. Supraleitung tritt immer erst bei Abkühlung unter eine materialspezifische, charakteristische Temperatur, die kritische Temperatur T_C, auf. Seit der Entdeckung der Hochtemperatursupraleitung, die wir in Kap. 9 besprechen werden, bezeichnet man die bis dahin bekannten supraleitenden Materialien als „klassische Supraleiter". Unter diesen klassischen Supraleitern besitzt die metallische Verbindung Nb_3Ge den höchsten Wert der kritischen Temperatur mit $T_C = 23{,}2$ K.

Nach seiner Entdeckung, dass elektrischer Strom durch einen Supraleiter ohne elektrischen Widerstand transportiert werden kann, schmiedete Kamerlingh Onnes schon bald Pläne, das Phänomen der Supraleitung bei der Anlieferung und Verteilung von elektrischer Energie in Kabeln technisch zu nutzen. Zu seiner Enttäuschung musste er aber bei den ersten Versuchen feststellen, dass die Supraleitungseigenschaft durch ein Magnetfeld reduziert wird und oberhalb eines bestimmten Magnetfeldes, dem kritischen Magnetfeld H_C, verschwindet. Ein äußeres Magnetfeld wirkt hierbei genauso wie das von dem elektrischen Strom im Supraleiter selbst erzeugte Magnetfeld, das sogenannte Eigenfeld. Das kritische Magnetfeld $H_C(T)$ verschwindet bei der kritischen Temperatur T_C und steigt unterhalb T_C mit abnehmender Temperatur an. Seinen Maximalwert erreicht es bei der Temperatur null Kelvin (Abb. 8.3). In vielen klassischen Supraleitern liegt dieser Maximalwert im Bereich zwischen dem 100-Fachen bis 5000-Fachen des Erdmagnetfelds.

Durch das Eigenfeld des transportierten elektrischen Stroms wird die maximale Stromstärke begrenzt, bis zu der die Supraleitung aufrechterhalten bleibt. Diese maximale Stromstärke in einem Supraleiter wird mit „kritischer Stromstärke I_C" bezeichnet. Im einfachsten Fall wird die kritische Stromstärke erreicht, wenn das magnetische Eigenfeld des Stroms gleich dem kritischen Feld H_C ist. Dieser Zusammenhang wird auch „Silsbee'sche Regel", nach Francis Briggs Silsbee, genannt. Diese deutliche Einschränkung bei der Möglichkeit, große elektrische Ströme in Supraleitern zu transportieren, hat viele Jahre die technische Anwendung der Supraleitung behindert. Dies änderte sich erst in den 1960er-Jahren, als neue supraleitende Materialien gefunden wurden mit günstigeren Eigenschaften und relativ hohen Werten für die kritischen Magnetfelder und die kritischen Stromstärken. Wir werden am Ende dieses Kapitels hierauf zurückkommen.

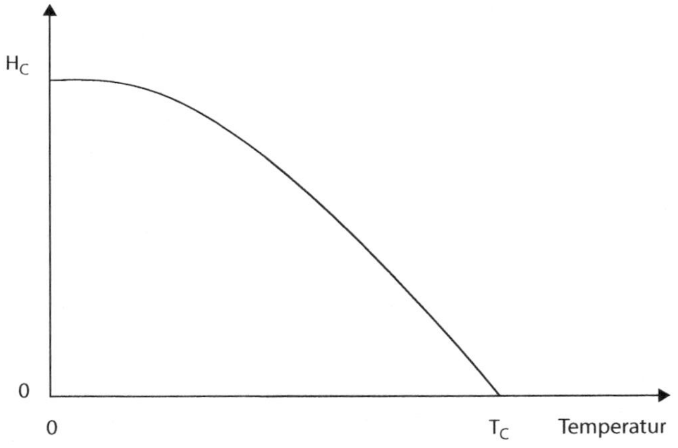

Abb. 8.3 Temperaturabhängigkeit des kritischen Magnetfelds H_C (schematisch)

8.1 Meissner-Effekt, magnetische Eindringtiefe, London-Theorie

Im Jahr 1933 machten Walther Meissner (Abb. 8.4) und sein Mitarbeiter Robert Ochsenfeld an der Physikalisch-Technischen Reichsanstalt in Berlin-Charlottenburg eine für die weitere Entwicklung höchst folgenschwere Entdeckung: Befindet sich ein Supraleiter in einem Magnetfeld, so wird beim Übergang in den supraleitenden Zustand das Magnetfeld aus dem Supraleiter herausgedrängt und verschwindet in seinem Inneren. Dieses Phänomen wird seither als „Meissner-Effekt" bezeichnet (Abb. 8.5). Walther Meissner war damals nach der Pionierleistung von Kamerlingh Onnes in Leiden einer der Ersten, der das Edelgas Helium ebenfalls verflüssigen konnte und ein entsprechend ausgerüstetes Tieftemperatur-Laboratorium leitete. Immerhin hatte es 15 Jahre gedauert, bis außerhalb Leiden auch an einem weiteren Platz, nämlich von John C. McLennan an der Universität von Toronto, mit der Heliumverflüssigung begonnen wurde. Das Tieftemperatur-Laboratorium der Physikalisch-Technischen Reichsanstalt war dann weltweit der dritte Ort.

Schon bald nachdem der Meissner-Effekt bekannt worden war, haben Cornelis Jacobus Gorter und Hendrik Brugt Gerhard Casimir 1934 eine wichtige Folgerung aus seiner Existenz gezogen. Die magnetische Feldverdrängung aus dem Inneren des Supraleiters aufgrund des Meissner-Effekts bedeutet, dass der supraleitende Zustand ein thermodynamischer Gleichgewichtszustand ist, der per Definition unabhängig davon ist, auf welchem Weg man diesen Zustand durch Veränderung des Magnetfelds und der Temperatur erreicht hat. Am Ende muss die Temperatur T nur kleiner als die kritische Temperatur T_C und das Magnetfeld nur kleiner als das kritische Magnetfeld $H_C(T)$ sein.

In Abb. 8.6 haben wir den Punkt c des supraleitenden Zustands markiert (unterhalb der kritischen Temperatur T_C und des kritischen Magnetfelds H_C). Falls wir

Abb. 8.4 Walther Meissner. (Quelle: © Physikalisch-Technische Bundesanstalt Braunschweig und Berlin)

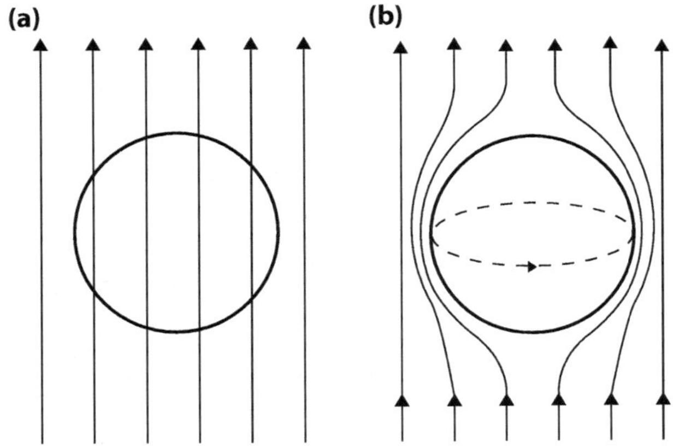

Abb. 8.5 Meissner-Effekt. **a** Der kugelförmige Supraleiter wird im Normalzustand oberhalb seiner kritischen Temperatur vom äußeren Magnetfeld durchsetzt. **b** Unterhalb der kritischen Temperatur verdrängt der Supraleiter das Magnetfeld vollständig aus seinem Innern, solange das kritische Magnetfeld nicht überschritten wird. Die Feldverdrängung erfolgt durch elektrische Ströme, die an der Oberfläche um den Supraleiter verlustfrei herumfließen und das Innere des Supraleiters gegen das Magnetfeld abschirmen

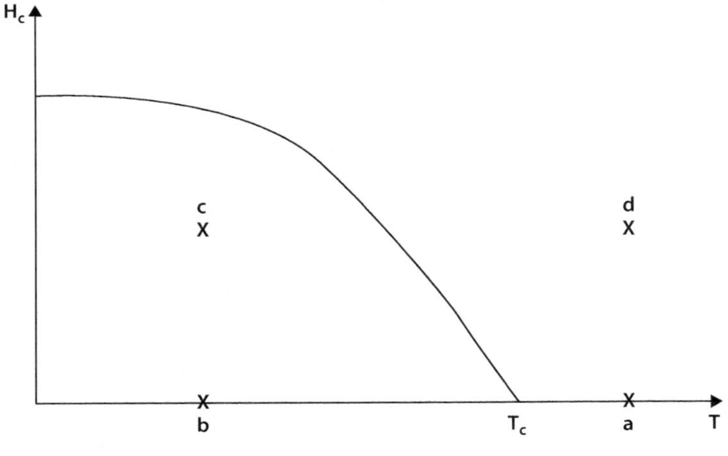

Abb. 8.6 Unabhängigkeit des supraleitenden Zustands vom Weg. Aufgrund des Meissner-Effekts wird auf den beiden Wegen a→d→c und a→b→c am Punkt c der Endzustand mit $B = 0$ erreicht

nur unendliche elektrische Leitfähigkeit ohne die Existenz des Meissner-Effekts annehmen, wird auf dem Weg a→b→c der Zustand mit $B = 0$ etabliert. Andererseits ergibt der Weg a→d→c den Zustand mit $B \neq 0$ von Punkt d. Nur aufgrund des Meissner-Effekts wird immer der Zustand mit $B = 0$ erreicht, unabhängig von dem zurückgelegten Weg. (Hierbei haben wir perfekte Reversibilität des Supraleiters angenommen und haben das Festhalten von magnetischem Fluss durch Haftkräfte ignoriert). Wir erkennen so, dass Supraleiter mehr sind als perfekte elektrische Leiter (mit unendlicher Leitfähigkeit). Der Meissner Effekt definiert auf einzigartige Weise den Zustand der Supraleitung.

Gorter und Casimir haben außerdem gezeigt, dass die Geltung des Meissner-Effekts die Möglichkeit eröffnet, den Energieunterschied zwischen dem normalen (nicht supraleitenden) und dem supraleitenden Zustand genau zu berechnen. Ihre thermodynamische Behandlung des supraleitenden Phasenübergangs im Anschluss an die Entdeckung des Meissner-Effekts betrachtet die Dichte der Freien Gibbs-Energie im normalen (G_n) und im supraleitenden (G_s) Zustand. In Anwesenheit des Magnetfelds H gilt

$$G_s(T,H) = G_s(T,0) - \int_0^H M(H)\, dH. \tag{8.1}$$

M(H) ist die Magnetisierung. Im Fall des Meissner-Effekts (perfekter Diamagnetismus) gilt

$$M(H) = -\frac{1}{4\pi} H. \tag{8.2}$$

Der letzte Teil in (Gl. 8.1) repräsentiert die bei der Verdrängung des Magnetfelds geleistete Arbeit. Wir erhalten mit Gl. 8.2

$$G_s(T,H) = G_s(T,0) + \frac{1}{8\pi} H^2. \tag{8.3}$$

Bei $H = H_C(T)$ gilt im Gleichgewicht $G_n(T,H_C) = G_s(T,H_C)$ und andererseits $G_n(T,H_C) = G_n(T,0)$. Wir finden somit im Fall $H = H_C$ für den Unterschied zwischen der Energiedichte im normalen und im supraleitenden Zustand

$$G_n(T,0) - G_s(T,0) = \frac{1}{8\pi} H_c^2(T) \tag{8.4}$$

Um den Meissner-Effekt aufrechtzuerhalten, müssen an der Oberfläche des Supraleiters elektrische Ströme fließen, die wie bei einer elektrischen Spule ein Magnetfeld erzeugen, das dem ursprünglich vorhandenen Magnetfeld genau entgegengerichtet ist und es exakt kompensiert. Diese „Abschirmströme" müssen verlustfrei, d. h. ohne elektrischen Widerstand, fließen, da andernfalls der supraleitende Zustand im Magnetfeld nicht beliebig lange bestehen bleiben kann (Abb. 8.7). Den Fall von elektrischen Abschirmströmen, die mit Verlusten behaftet sind, haben wir in jedem nicht supraleitenden elektrischen Leiter wie beispielsweise Kupfer. Wird dieser Leiter plötzlich in ein Magnetfeld gebracht, fließen an seiner Oberfläche am Anfang ebenfalls Abschirmströme, die das Magnetfeld aus dem Inneren des Leiters verdrängen. Wegen der jetzt aber auftretenden elektrischen Verluste nehmen die Abschirmströme mit der Zeit ab, und das Magnetfeld dringt vollständig in den elektrischen Leiter ein. Die Dauer für diesen Abklingprozess der Abschirmströme ist umso länger, je größer die elektrische Leitfähigkeit des Leiters ist.

Abb. 8.7 Demonstration des Meissner-Effekts. Ein auf die Temperatur des flüssigen Stickstoffs abgekühlter kleiner Würfel aus einem Hochtemperatur-Supraleiter schwebt über einer ferromagnetischen Scheibe. Zwischen diesem Magnet und den durch den Meissner-Effekt induzierten Abschirmströmen im Supraleiter besteht eine abstoßende Kraft. (Foto: © Rainer Straub)

Aus unseren Erläuterungen geht klar hervor, dass der Meissner-Effekt das Fließen von supraleitenden Abschirmströmen erfordert. Supraleitung ist also die notwendige Folge aus der Existenz des Meissner-Effekts. Der umgekehrte Schluss, dass für ein Material mit verschwindendem elektrischem Widerstand notwendig die Existenz des Meissner-Effekts folgt, ist aber unzulässig. Der Meissner-Effekt ist daher für die Supraleitung grundlegender als das Verschwinden des elektrischen Widerstands. Beim Namen „Supraleitung" rückt allerdings die letztgenannte Eigenschaft in den Vordergrund. Für Max von Laue bedeutete die Entdeckung des Meissner-Effekts einen Wendepunkt in der Geschichte der Supraleitung.

Die supraleitenden Abschirmströme an der Oberfläche können keine beliebig hohe oder sogar unendliche Dichte des elektrischen Stromflusses annehmen, sondern müssen auf einen endlichen Wert der Stromdichte begrenzt bleiben. Dies hat zur Folge, dass die Abschirmströme eine Schicht bestimmter Dicke an der Oberfläche benötigen und dass das Magnetfeld auch bei der Existenz des Meissner-Effekts eine kleine, aber endliche Strecke in den Supraleiter eindringt. Die Dicke dieser Schicht wird als „magnetische Eindringtiefe" bezeichnet. Im Folgenden wollen wir sie mit dem Symbol λ_m kennzeichnen.

Das Magnetfeld des supraleitenden Abschirmstroms kompensiert genau das äußere Magnetfeld. Die Dichte j_s des Abschirmstroms beträgt ungefähr

$$j_s = H_C/\lambda_m. \tag{8.5}$$

Eine phänomenologische Theorie der endlichen magnetischen Eindringtiefe λ_m wurde 1935 von den Brüdern Fritz und Heinz London vorgeschlagen. Für eine kurze Beschreibung ihrer Theorie beginnen wir mit der Gleichung der auf ein Elektron wirkenden Kräfte

$$m \frac{\partial \mathbf{v}_s}{\partial t} = (-e)\, E \tag{8.6}$$

ohne Einschluss eines dissipativen Beitrags. Mit der supraleitenden Stromdichte

$$\mathbf{j}_s = (-e)\, n_s\, \mathbf{v}_s \tag{8.7}$$

erhalten wir

$$E = \left[m \big/ \left(e^2\, n_s\right)\right] \frac{\partial \mathbf{j}_s}{\partial t} = \mu_o\, \lambda_m^2 \frac{\partial \mathbf{j}_s}{\partial t} \tag{8.8}$$

Die in Gl. 8.5 eingeführte Größe λ_m wird auch London-Eindringtiefe genannt (und häufig mit λ_L bezeichnet). Für λ_m gilt

$$\lambda_m^2 = m \big/ \left(\mu_o\, n_s\, e^2\right). \tag{8.9}$$

Hier ist n_s die Dichte und $\mathbf{v}_s$ die Geschwindigkeit der supraleitenden Elektronen. μ_o ist die magnetische Feldkonstante. Mit der Maxwell-Gleichung

$$\text{rot}\, \mathbf{E} = -\frac{\partial \mathbf{B}}{\partial t} \tag{8.10}$$

erhalten wir aus Gl. 8.8

$$\mu_o\, \lambda_m^2\, \text{rot}\, \left(\frac{\partial \mathbf{j}_s}{\partial t}\right) + \frac{\partial \mathbf{B}}{\partial t} = 0. \tag{8.11}$$

Es war die zentrale Idee von Fritz und Heinz London, Gl. 8.11 durch Streichen der Zeitableitung zu erweitern und so eine neue Gleichung zu postulieren

$$\mu_o\, \lambda_m^2\, \text{rot}\, \mathbf{j}_s + \mathbf{B} = 0. \tag{8.12}$$

Mit der Maxwell-Gleichung

$$\text{rot}\, \mathbf{H} = \mathbf{j} \tag{8.13}$$

erhalten wir

$$\Delta H = \frac{1}{\lambda_m^2}\, \mathbf{H} \tag{8.14}$$

und hieraus die Lösung

$$H(x) = H(0)\, \exp\left(-x/\lambda_m\right). \tag{8.15}$$

In Abb. 8.8 zeigen wir den Verlauf des Magnetfelds H_0 und der Dichte n_s der supraleitenden Elektronen in der Umgebung der Grenzfläche zwischen einem

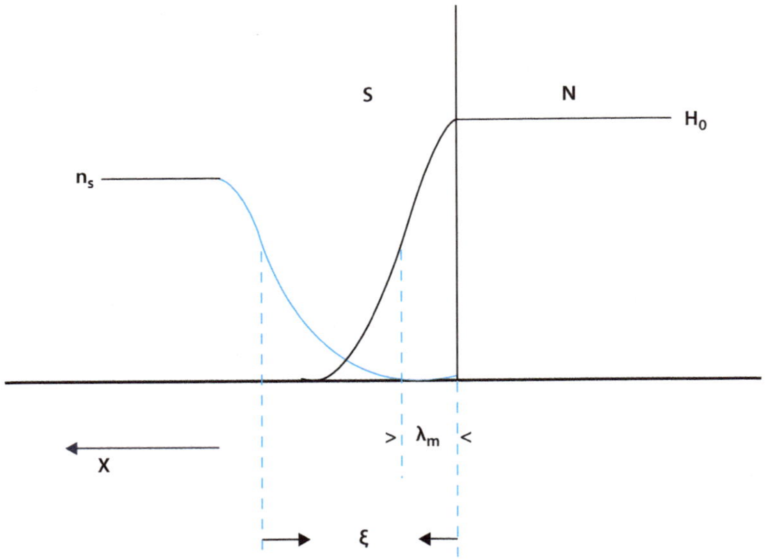

Abb. 8.8 Abhängigkeit der Dichte der supraleitenden Elektronen, n_s, und des Magnetfelds H_0 vom Abstand von der Grenzfläche zwischen einem normalen (N) und einem supraleitenden (S) Gebiet

Normalleiter (N) und einem Supraleiter (S). Hier haben wir die Geometrie eines Supraleiters angenommen, dessen x-Koordinate von der Oberfläche bei $x = 0$ *nach links* in das Innere des Supraleiters verläuft und der den (linken) Halbraum $x > 0$ ausfüllt. Das Magnetfeld **H** ist senkrecht zur x-Richtung angenommen.

Die Gl. 8.8 und 8.12 werden als erste und zweite London-Gleichung bezeichnet. Zusätzlich zu den Maxwell-Gleichungen gelten sie für Supraleiter und kennzeichnen diese im Unterschied zu anderen Materialien. Aus Gl. 8.15 sehen wir, dass das Magnetfeld exponentiell aus dem Inneren des Supraleiters abgeschirmt wird, wobei die Abschirmung innerhalb einer Oberflächenschicht von der Dicke λ_m erfolgt. Für $T \rightarrow T_C$ finden wir $n_s \rightarrow 0$ und deshalb $\lambda_m \rightarrow \infty$.

Die magnetische Eindringtiefe liegt bei vielen Supraleitern typischerweise im Bereich $\lambda_m = 40$–60 nm. Bei Annäherung an die kritische Temperatur T_C wächst sie stark an. Die magnetische Eindringtiefe ist eine wichtige materialspezifische räumliche Länge, die bei vielen Eigenschaften der Supraleiter eine Rolle spielt. Die endliche magnetische Eindringtiefe führt beispielsweise dazu, dass eine Ansammlung von kleinen supraleitenden Körnern, mit einem Durchmesser jedes Korns von ähnlicher Größe wie die magnetische Eindringtiefe, insgesamt nur einen deutlich abgeschwächten Meissner-Effekt zeigt, da der magnetisch abgeschirmte Volumenbruchteil bei jedem einzelnen Korn entsprechend reduziert ist.

Ein supraleitender Ringstrom, ähnlich wie er als Abschirmstrom den Meissner-Effekt verursacht, kann auch dazu dienen, in einem einfachen Experiment herauszufinden, wie genau der elektrische Widerstand im Supraleiter wirklich null ist oder ob noch ein endlicher Restwiderstand übrig bleibt. Die übliche Widerstandsmessung anhand des elektrischen Spannungsabfalls bei einem stromdurchflossenen Leiter reicht hierfür nicht aus, da die elektrische Spannung für diese Methode unmessbar klein sein kann. Anstelle dieser konventionellen Widerstandsmessung kann man aber auch in einem supraleitenden Ring durch magnetische Induktion einen elektrischen Ringstrom anwerfen. Der Ringstrom erzeugt wie bei einer elektrischen Spule ein Magnetfeld, das man nur nachzuweisen braucht. Die Aufgabe besteht jetzt darin, festzustellen, wie lange das Magnetfeld des Ringstroms aufrechterhalten bleibt. Je länger die Laufzeit des Stroms dauert, während der noch kein Abfall des erzeugten Magnetfelds zu beobachten ist, umso näher muss der elektrische Widerstand des supraleitenden Rings bei dem Wert null liegen. Die beiden Amerikaner D. J. Quinn und W. B. Ittner haben im Jahr 1961 eine besonders fortgeschrittene Version eines solchen Experiments durchgeführt. Mithilfe von zwei nacheinander abgeschiedenen Bleischichten stellten sie eine dünne supraleitende Röhre aus Blei her und untersuchten dann den zeitlichen Abfall des eingefangenen magnetischen Flusses in der Röhre über einen Zeitraum von sieben Stunden. Aus ihren Messungen ergab sich bei einer Temperatur von 4 K als Obergrenze des spezifischen elektrischen Widerstands von supraleitendem Blei der Wert $3{,}6 \times 10^{-23}$ Ohm-cm. Dieser Wert ist etwa 17 Zehnerpotenzen kleiner als der spezifische Widerstand eines unserer besten metallischen Leiters, Kupfer, bei Zimmertemperatur.

Neben der magnetischen Eindringtiefe spielt in Supraleitern eine zweite charakteristische Länge eine fundamentale Rolle: die Kohärenzlänge ξ. Diese Länge kennzeichnet die kleinstmögliche räumliche Strecke, auf der sich die Eigenschaft der Supraleitung wesentlich ändern kann. Als Erster hat der Engländer Alfred Brian Pippard im Jahr 1950 auf diese räumliche Starrheit bei der Supraleitung hingewiesen. Einen anderen Zugang zur Frage der räumlichen Kohärenz der Supraleitung haben die beiden Russen Vitaly Lazarevich Ginzburg und Lew Dawidowitsch Landau ebenfalls 1950 entwickelt. Die Ginzburg-Landau-Theorie geht von einem thermodynamischen Energieansatz aus, in Verbindung mit Landaus allgemeinem Konzept der Phasenumwandlungen höherer Ordnung. Die Supraleitungseigenschaft wird durch eine Wellenfunktion ψ ausgedrückt.

Zunächst hatte man geglaubt, dass von den beiden charakteristischen Längen λ_m und ξ die Kohärenzlänge ξ immer größer als die magnetische Eindringtiefe λ_m ist. Dies hing insbesondere mit folgender Tatsache zusammen: Wegen der endlichen Ausdehnung der Kohärenzlänge ξ kann ein supraleitender Bereich nicht exakt bis zu der Grenzfläche existieren, die ihn von einem normalen Bereich trennt. Stattdessen verliert er seine supraleitende Eigenschaft – und deshalb auch seine supraleitende Kondensationsenergie – bereits im Abstand ξ von dieser Grenzfläche. Dies resultiert in der positiven Grenzflächenenergie $\alpha_1 = (H_C^2/8\pi)\,\xi$. Hiervon muss aber noch der Betrag $(H_C^2/8\pi)\,\lambda_m$ abgezogen werden, da innerhalb der magnetischen Eindringtiefe λ_m kein Gewinn und daher auch kein Verlust an Kondensationsenergie auftritt. Somit ergibt sich für die Wandenergie α einer Grenzfläche zwischen einem normalen und einem supraleitenden Bereich

$$\alpha = (H_c^2/8\pi)\,(\xi - \lambda_m). \tag{8.16}$$

Diese Bedeutung der beiden Längen ξ und λ_m ist in Abb. 8.8 dargestellt.

In seiner einfachsten Form wird der Meissner-Effekt nur beobachtet, wenn durch die Feldverdrängung das Magnetfeld in der nächsten Umgebung des Supraleiters praktisch unverändert bleibt. Ein solcher Fall liegt aber nur vor, wenn die Form des Supraleiters dünn und lang ist und wenn seine Längsrichtung parallel zum Magnetfeld orientiert ist. Im anderen Fall, wenn der Supraleiter beispielsweise die Form einer dünnen Platte besitzt, die quer zum Magnetfeld liegt, wird durch die Feldverdrängung das Magnetfeld am Außenrand der Platte stark erhöht, sodass es schnell größer als das kritische Magnetfeld $H_C(T)$ wird. Die vollständige Verdrängung des Magnetfelds kann jetzt nicht mehr aufrechterhalten werden, und magnetischer Fluss dringt in den Supraleiter ein. Wie Landau im Jahr 1937 zum ersten Mal vorgeschlagen hat, wird als Folge ein neuer „Zwischenzustand" gebildet, bei dem normale Domänen mit dem lokalen Magnetfeld H_C und supraleitende Domänen mit dem lokalen Magnetfeld null nebeneinander existieren. Die Grenzflächen zwischen den Domänen sind wie bei allen räumlichen Domänenbildungen mit einer Wandenergie behaftet. Wie man aus Gl. 8.16 sieht, ist diese Wandenergie proportional zur Längendifferenz $\xi - \lambda_m$. Da zunächst vermutet wurde, dass die Wandenergie immer positiv ist und somit die Bildung einer Domänenwand immer einen Energieaufwand erfordert, hatte man geschlossen, dass die Kohärenzlänge ξ grösser als die magnetische Eindringtiefe λ_m sein muss.

In Abb. 8.9 zeigen wir den Zwischenzustand einer supraleitenden Bleischicht von 9,3 μm Dicke bei 4,2 K für verschiedene Werte des senkrecht zur Schicht orientierten

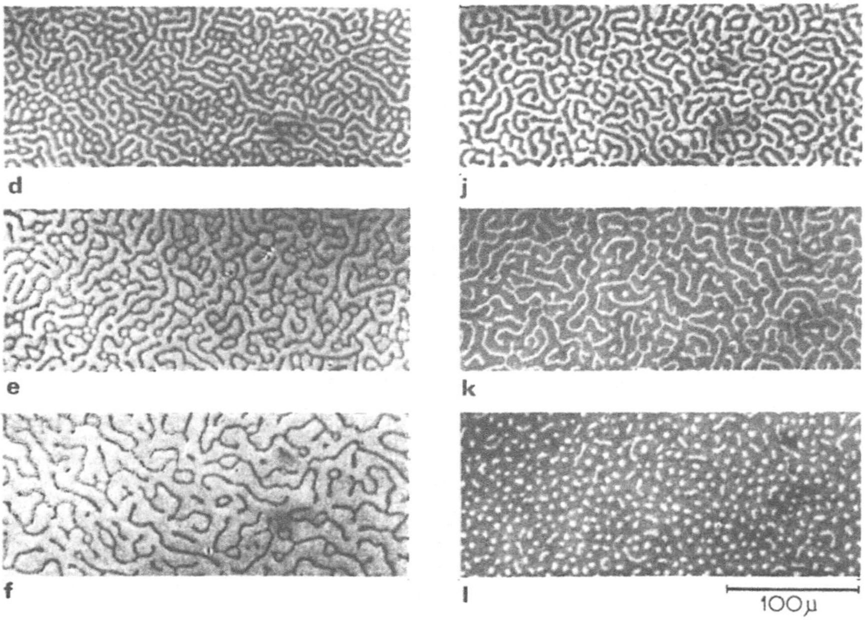

Abb. 8.9 Zwischenzustand einer supraleitenden Bleischicht von 9,3 μm Dicke bei 4,2 K in ansteigendem (**d–f**) und abfallendem (**j–l**) senkrechten Magnetfeld für folgende Werte des Magnetfelds: **d** 218 G; **e** 348 G; **f** 409 G; **j** 260 G; **k** 101 G; **l** 79 G. Normale Domänen sind hell, supraleitende Domänen sind dunkel

Magnetfelds. Die Aufnahmen wurden magneto-optisch mithilfe eines Polarisationsmikroskops gewonnen. Die normalen Domänen sind hell und die supraleitenden Domänen dunkel. Das kritische Magnetfeld von Blei bei 4,2 K beträgt 550 G ($T_C = 7{,}2$ K).

8.2 Typ-II-Supraleiter

Allmählich geriet dieser geschilderte Gedankengang aber ins Wanken. Erste Anstöße kamen schon in den 1930er-Jahren aus dem Tieftemperatur-Laboratorium von Leo Vasilyevich Shubnikov in Charkow in der Ukraine, in dem auch bereits früh mit Experimenten zur Supraleitung begonnen worden war. Immer wieder zeigten elektrische und magnetische Messungen besonders an supraleitenden Legierungen Verhaltensweisen, die sich nur schwer mit den vorhandenen Vorstellungen erklären ließen. Der entscheidende Durchbruch gelang dann 1953 in Moskau dem jungen theoretischen Physiker Alexei A. Abrikosov. In der Universität teilte er ein Zimmer mit Nikolay Zavaritskii, der am berühmten Kapitza-Institut für Physikalische Probleme Experimente an supraleitenden dünnen Schichten durchführte, um die Vorhersagen der Ginzburg-Landau-Theorie zu überprüfen. Bis dahin hatte man sich nur für den Fall interessiert, dass die Längendifferenz ξ–λ_m, und damit auch die Wandenergie, positiv ist. Abrikosov und Zavaritskii diskutierten jetzt zum ersten Mal ernsthaft die Möglichkeit, dass die Längendifferenz auch negativ werden kann, wenn die Kohärenzlänge ξ kleiner als die magnetische Eindringtiefe λ_m ist. Abrikosov berechnete auf der Basis der Ginzburg-Landau-Theorie das kritische Magnetfeld für den Fall, dass die Differenz ξ–λ_m negativ ist, und konnte nachweisen, dass nur in diesem Fall gute Übereinstimmung mit den experimentellen Daten Zavaritskiis für besonders sorgfältig präparierte dünne Schichten erzielt werden konnte. Es musste sich also um eine bis dahin noch unbekannte neue Art von Supraleitern handeln. Abrikosov und Zavaritskii nannten sie die „zweite Gruppe“. Im Laufe der Zeit hat sich dann der Name Typ-II-Supraleiter (mit $\xi < \lambda_m$) durchgesetzt, während die Supraleiter mit positiver Wandenergie heute Typ-I-Supraleiter (mit $\xi > \lambda_m$) genannt werden.

Abrikosov hat anschließend die Typ-II-Supraleiter theoretisch genauer analysiert und gefunden, dass bei ihnen im Magnetfeld ein neuartiger Zustand möglich ist, in dem der Supraleiter von einem regelmäßigen Gitter aus einzelnen magnetischen Flussquanten durchsetzt ist. Das berühmte Abrikosov-Flussliniengitter war entdeckt. Der hiermit verbundene Zustand des Supraleiters wird als Mischzustand bezeichnet (Abb. 8.10). Durch ein magnetisches Flussquant wird der Supraleiter von einem eng begrenzten, lokalen Magnetfeld fadenartig durchsetzt, wobei das räumlich eng eingeschränkte Magnetfeld durch supraleitende Ringströme, die um den Magnetfeldfaden herumlaufen, wie bei einer Magnetspule erzeugt wird. Auf diese magnetische Flusslinie wollen wir unten noch einmal zurückkommen. Abrikosov hatte diese Arbeiten im Jahr 1953 abgeschlossen. Die vorgestellten Konzepte waren aber so neuartig, dass der Doktorvater von Abrikosov, Lew Dawidowitsch Landau, nicht einverstanden war. Es stellte sich dann aber schon zwei Jahre später heraus, dass ähnliche Fragen auch bei wirbelartigen Strömungen bei tiefen Temperaturen in suprafüssigem Helium auftauchen. Auch in diesem Fall unterliegt die Zirkulation der Strömung ähnlichen Quantenbedingungen wie die zirkulierenden Suprasröme bei den magnetischen Flussquanten. Erst als in diesem Zusammenhang der Amerikaner Richard Phillips Feynman quantisierte Wirbellinien in rotierendem suprafüssigem Helium theoretisch diskutierte, gab Landau seine Zustimmung. So wurde Abrikosovs Arbeit erst 1957 veröffentlicht.

Bei der Verleihung des Nobelpreises für Physik an Alexei A. Abrikosov, Vitaly L. Ginzburg und Anthony J. Leggett hat Abrikosov in seinem Vortrag am 8. Dezember 2003 in Stockholm an diese Entwicklungen noch einmal erinnert (hier in deutscher Übersetzung):

> Ich machte meine Herleitung des Vortex-Gitters im Jahr 1953. Die Veröffentlichung wurde aber hinausgeschoben, da Landau zunächst die ganze Idee ablehnte. Erst nachdem Richard Feynman seine Arbeit über Wirbel in suprafüssigem Helium publiziert hatte, und Landau die Idee der Wirbel akzeptierte, war er mit meiner Herleitung einverstanden, und ich publizierte meine Arbeit im Jahr 1957. Aber auch dann blieb sie unbeachtet, obwohl es eine englische Übersetzung gab. Erst nachdem Anfang der sechziger Jahre supraleitende Legierungen und Verbindungen mit hohen kritischen Magnetfeldern entdeckt wurden, erweckte meine Arbeit Interesse. Trotzdem haben die Experimentatoren sogar auch noch danach an die Möglichkeit der Existenz eines Wirbelgitters, das mit dem Kristallgitter inkommensurabel ist, nicht geglaubt. Erst nachdem das Wirbelgitter experimentell beobachtet war, zuerst durch Neutronenbeugung und dann durch die (Bitter) Dekorationsmethode, zweifelten sie nicht mehr. Heute gibt es viele verschiedene Methoden, um ein Abbild des Wirbelgitters zu bekommen.

Als Abrikosov gefragt wurde, warum er zur damaligen Zeit die Veröffentlichung seiner spektakulären neuen Ergebnisse nicht stärker verfolgt hätte, gab er zur Antwort:

> Der wirkliche Grund, weshalb ich damals nicht stärker auf meine Theorie hingewiesen habe, rührte daher, dass damals dies alles nicht so wichtig erschien. Supraleitung wurde immer noch als ein exotisches Phänomen angesehen, weit entfernt von irgendwelchen praktischen Anwendungen. Außerdem war ich bereits mit der Erweiterung der Quanten-Elektrodynamik auf hohe Energien beschäftigt, die mir als viel wichtiger erschien.

Bei einem Typ-II-Supraleiter dringen magnetische Flussquanten erst in sein Inneres ein, wenn das „untere kritische Magnetfeld" H_{C1} erreicht wird. Unterhalb von H_{C1} bleibt der Meissner-Effekt bestehen, und im Innern des Supraleiters verschwindet das Magnetfeld. Der Mischzustand existiert oberhalb von H_{C1} bis zum „oberen kritischen Magnetfeld" H_{C2}. Eine überzeugende erste experimentelle Bestätigung der Existenz des Abrikosov'schen Flussliniengitters im Mischzustand kam von Uwe Essmann und Hermann Träuble aus dem Max-Planck-Institut für Metallforschung in Stuttgart im Jahr 1967. Ihnen gelang es, das Flussliniengitter an der Oberfläche des Supraleiters dadurch sichtbar zu machen, indem sie ein feines ferromagnetisches Pulver auf die Oberfläche streuten. Da das Pulver von den Stellen angezogen wird, wo die Flusslinien die Oberfläche erreichen, werden dort kleine Häufchen des Pulvers gebildet, die die einzelnen Flusslinien dekorieren (Abb. 8.10). Diese Dekorationsmethode wurde zum ersten Mal im Jahr 1931 von dem Amerikaner Francis Bitter zur Abbildung der Domänenstruktur in ferromagnetischen Materialien benutzt und ist seither als Bitter-Technik bekannt.

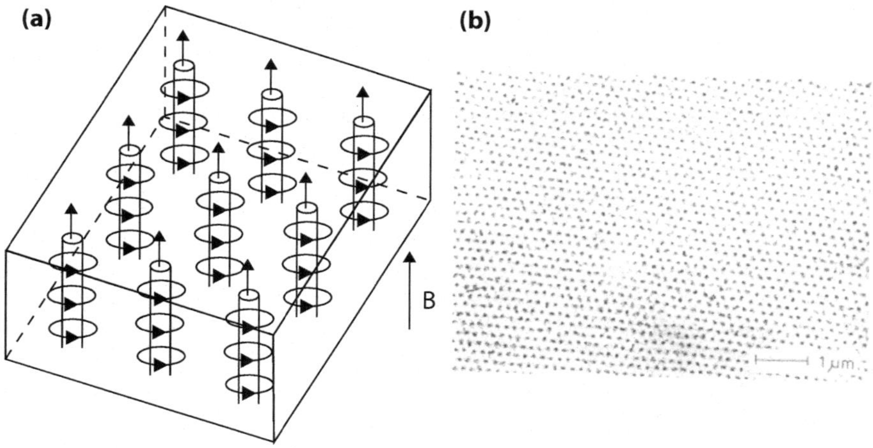

Abb. 8.10 Supraleitender Mischzustand mit dem von Abrikosov zum ersten Mal vorgeschlagenen Gitter aus quantisierten magnetischen Flussfäden. **a** Schematische Darstellung. Insgesamt sind neun magnetische Flussfäden gezeigt, wobei jeder Magnetfeldfaden von supraleitenden Ringströmen umgeben ist. **b** Experimenteller Nachweis des Abrikosov-Gitters aus magnetischen Flussfäden für eine 0,5 mm dicke Platte aus supraleitendem Niob durch Dekoration mit der Bitter-Technik. Die vielen dunklen Punkte markieren die Stellen, an denen die einzelnen magnetischen Flussfäden die Oberfläche der supraleitenden Platte durchsetzen. (© U. Essmann)

8.3 Magnetisches Flussquant

Mit der Vorhersage der Typ-II-Supraleiter und des magnetischen Flussliniengitters durch Abrikosov hatte die Ginzburg-Landau-Theorie einen beachtenswerten Erfolg erzielt. Indem sie den supraleitenden Zustand der Elektronen durch eine makroskopische quantenmechanische Wellenfunktion ausdrückte, lieferte diese Theorie für eine Reihe von grundlegenden Erscheinungen auf dem Gebiet der Supraleitung eine einfache Erklärung. Ein wichtiges Beispiel ist die magnetische Flussquantisierung. Magnetischer Fluss kann in einem Supraleiter nur in ganzen Vielfachen der kleinsten Einheit $h/2e = 2{,}068 \times 10^{-15}\,\mathrm{Vs}$, dem magnetischen Flussquant, existieren. Die Größe h ist die Planck'sche Konstante und e die Ladung eines Elektrons. Diese Quantisierungsbedingung folgt unmittelbar aus der Tatsache, dass sich die den supraleitenden Zustand beschreibende makroskopische Wellenfunktion exakt reproduzieren muss, wenn man mit dem räumlichen Koordinatenpunkt der Wellenfunktion einmal um den eingeschlossenen magnetischen Flussbereich herumläuft und genau zu dem Ausgangspunkt zurückkehrt. Als kleinste Einheit ist das magnetische Flussquant h/2e recht winzig. Beispielsweise wird ein Quadratzentimeter im Magnetfeld der Erde von etwa einer Million Flussquanten durchsetzt. In schönen Experimenten haben die beiden Deutschen Robert Doll und Martin Näbauer und unabhängig von ihnen die Amerikaner Bascom Deaver und William Fairbank im Jahr 1961 die magnetische Flussquantisierung im Supraleiter nachgewiesen. Indem sie ein kleines supraleitendes Röhrchen mit nur etwa 10 µm Durchmesser in ein geringes Magnetfeld parallel zur Achse des Röhrchens brachten, konnten Doll und Näbauer zeigen, dass der in dem kleinen Hohlzylinder vorhandene magnetische Fluss entweder null war oder ein ganzes Vielfaches des oben genannten Flussquants betrug (Abb. 8.11).

Eine genauere Erklärung der in Abb. 8.11b gezeigten Stufenstruktur ist in Abb. 8.12 illustriert. Hier ist in Teil (a) der supraleitende Abschirmstrom I_s in Abhängigkeit von der magnetischen Flussdichte B_e aufgetragen. B_e verläuft parallel zur Achse des kleinen supraleitenden Zylinders. Der durch die Querschnittfläche des Zylinders passierende magnetische Fluss $\pi R^2 B_e$ (R = Zylinderradius) ist in Einheiten des magnetischen Flussquants $\varphi_0 = h/2e$ angegeben. (Der Vektor $\boldsymbol{\varphi}_0$ zeigt in Richtung der Flussdichte **B**). Anfangs verhindert der Abschirmstrom I_s den Eintritt von magnetischem Fluss in die Zylinderöffnung aufgrund des Meissner-Effekts. Wenn die magnetische Flussdichte den Wert $B_e = \varphi_0/(2\pi R^2)$ erreicht hat, kompensiert der Abschirmstrom exakt ein halbes Flussquant $\varphi_0/2$ im Zylinder (Punkt 1). Wenn B_e weiter erhöht wird, kehrt der Abschirmstrom I_s sein Vorzeichen um (anstelle weiter anzusteigen), sodass genau ein Flussquant $\varphi_0$im Zylinder existiert (dessen eine Hälfte durch I_s erzeugt wird; Punkt 2). Während B_e weiterhin erhöht wird, nimmt $|I_s|$ wieder ab, bis bei $B_e = \varphi_0/(\pi R^2)$ der Zustand mit $I_s = 0$ erreicht ist (Punkt 3). Bei weiterem Anwachsen von B_e wiederholt sich dieser Prozess. Auf diese Weise kommen die Stufen der Anzahl n der magnetischen Flussquanten im Zylinder zustande (Abb. 8.11b und 8.12b). Die Superposition

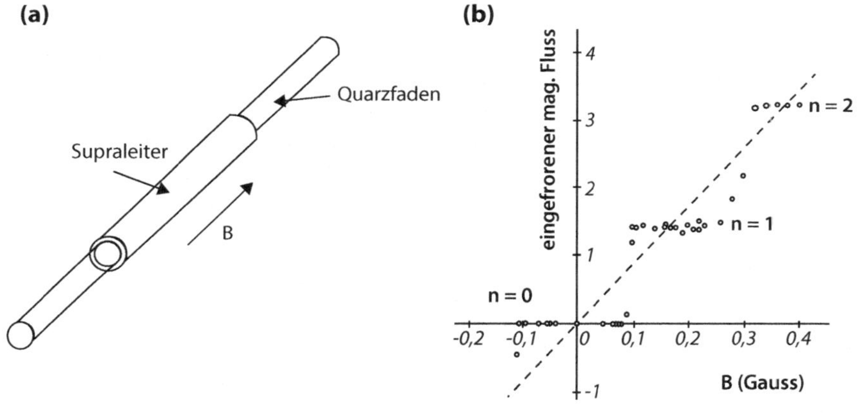

Abb. 8.11 Experimenteller Nachweis der magnetischen Flussquantisierung im Supraleiter. **a** Das aus einem Supraleiter bestehende Röhrchen von nur etwa 10 µm Durchmesser wird in einem parallel zu seiner Achse orientierten Magnetfeld B abgekühlt. Unterhalb der kritischen Temperatur T_C wird das Magnetfeld abgeschaltet und der eingefrorene magnetische Fluss im Röhrchen gemessen. **b** In Abhängigkeit vom Magnetfeld B zeigt der eingefrorene magnetische Fluss eine quantisierte Stufenstruktur, da nur ganze Vielfache des magnetischen Flussquants (h/2e) im Röhrchen erlaubt sind. Das Bild zeigt die Beobachtung von 0, 1 und 2 magnetischen Flussquanten. Ohne Quantisierung sollten die Messpunkte auf der gestrichelten Geraden liegen. (© R. Doll und M. Näbauer)

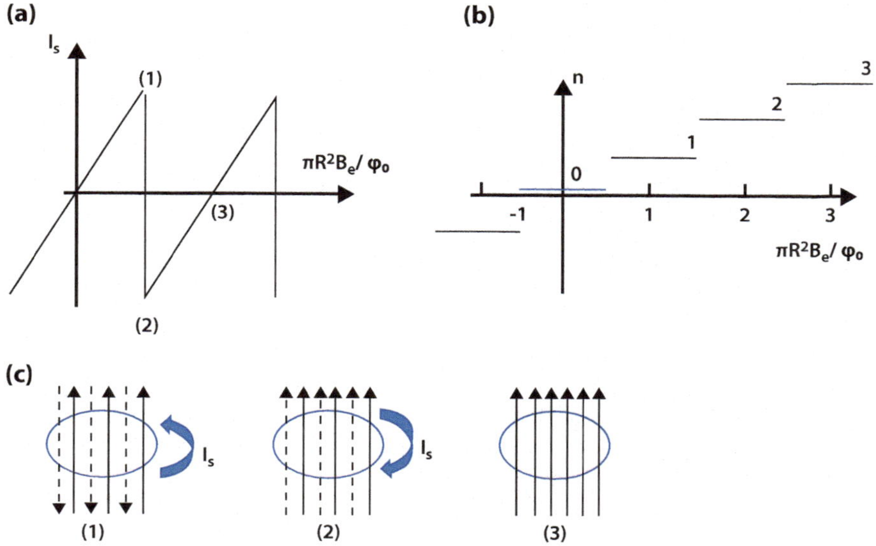

Abb. 8.12 Experimentelle Demonstration der magnetischen Flussquantisierung beim Eintritt von magnetischem Fluss in einen kleinen supraleitenden Zylinder. Teil **a** zeigt den supraleitenden Abschirmstrom I_s in Abhängigkeit von der parallel zur Zylinderachse orientierten (normierten) magnetischen Flussdichte B_e. Teil **b** gibt die Anzahl n der magnetischen Flussquanten im Zylinder in Abhängigkeit von B_e an. Teil **c** erläutert die Superposition des angelegten Magnetfelds (durchgezogene Pfeile) und des durch I_s erzeugten Magnetfelds (gestrichelte Pfeile) bei den drei Punkten 1 bis 3. Weitere Details finden sich im Text

des angelegten Magnetfelds (durchgezogene Pfeile) und des durch I_s erzeugten Magnetfelds (gestrichelte Pfeile) ist in Abb. 8.12c für die drei Punkte 1 bis 3 aus Abb. 8.12a schematisch gezeigt. Der Eintritt der magnetischen Flussquanten φ_0 in den Zylinder bewirkt, dass der Abschirmstrom I_s und die damit verbundene kinetische Energie begrenzt bleiben.

Die Quantisierung des magnetischen Flusses in Supraleitern kann folgendermaßen gezeigt werden. Wir beschreiben den supraleitenden Zustand durch eine makroskopische Wellenfunktion (Ordnungsparameter)

$$\psi(\mathbf{r},\ t) = |\psi(\mathbf{r},\ t)|\ e^{i\varphi(\mathbf{r},\ t)}, \tag{8.17}$$

mit einer Amplitude $|\psi(\mathbf{r}, t)|$ und einer Phase $\varphi(\mathbf{r}, t)$. Die exakte Reproduktion des Zustands nach dem vollständigen Umlauf um einen festen Punkt erfordert dann für das Ringintegral entlang dieses Umlaufs

$$\oint \mathbf{grad}\ \varphi\ ds = n\ 2\pi \tag{8.18}$$

wobei n eine ganze Zahl ist. In einem Magnetfeld beträgt der verallgemeinerte Teilchenimpuls

$$m^* \mathbf{v}_s = \hbar \, \mathbf{grad} \, \varphi - e^* \mathbf{A} \tag{8.19}$$

woraus folgt

$$\oint (m^* \mathbf{v}_s + e^* \mathbf{A}) \, d\mathbf{s} = n \, h \tag{8.20}$$

Hier bezeichnet **A** das Vektorpotenzial und d**s** ein Linienelement. Mit der Annahme, dass der Supraleiter genügend dick ist, können wir einen Integrationsweg finden, für den $\mathbf{v}_s = 0$ gilt. Nach Anwendung der Stokes'schen Regel erhalten wir

$$\oint \mathbf{A} \, d\mathbf{s} = \int \mathrm{rot} \, \mathbf{A} \, d\mathbf{a} = \int \mathbf{B} \, d\mathbf{a} \tag{8.21}$$

wobei d**a** ein Flächenelement bezeichnet. Mit $e^* = 2e$ wegen der Cooper-Paarung ergibt (8.20) die magnetische Flussquantisierung: $\int \mathbf{B} d\mathbf{a} = n \frac{h}{2e} = n \, \varphi_o$.

Die von Abrikosov zum ersten Mal diskutierte magnetische Flusslinie in einem Typ-II-Supraleiter wollen wir uns jetzt noch etwas genauer ansehen (Abb. 8.13). Im Zentrum besteht die einzelne Flusslinie aus einem normalen Kern, dessen Radius etwa durch die Kohärenzlänge ξ gegeben ist. Das mit der Flusslinie verbundene lokale Magnetfeld erreicht im Zentrum sein Maximum und fällt von hier

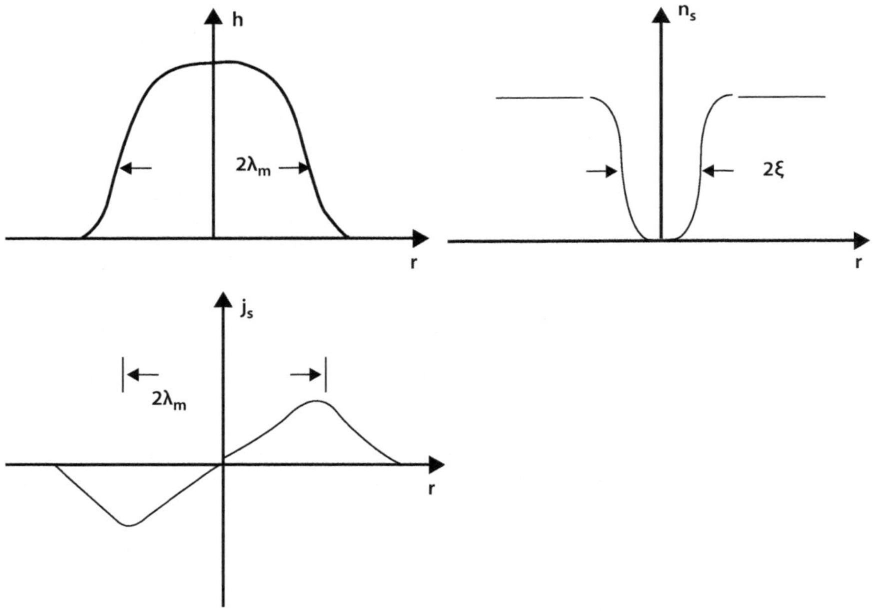

Abb. 8.13 Struktur einer einzelnen Flusslinie. Lokales Magnetfeld h, Dichte der supraleitenden Elektronen n_s und die umlaufende supraleitende Stromdichte j_s in Abhängigkeit vom Abstand r von der Achse der Flusslinie

nach außen ab, wobei dieser Abfall hauptsächlich innerhalb eines Radius stattfindet, der durch die magnetische Eindringtiefe λ_m gegeben ist. Dieser räumliche Verlauf des lokalen Magnetfelds wird durch supraleitende Ringströme erzeugt, die in einem Radialabstand zwischen der Kohärenzlänge ξ und der magnetischen Eindringtiefe λ_m kreisförmig um das Zentrum der Flusslinie herum fließen.

Der obige Ausdruck h/2e für das magnetische Flussquant in Supraleitern ist genau halb so groß wie das magnetische Flussquant, das wir in Kap. 7 im Zusammenhang mit dem fraktionierten Quanten-Hall-Effekt erwähnt haben. Der Grund für diesen halben Wert ist die Tatsache, dass in Supraleitern die Cooper-Paare ausschlaggebend sind, die aus zwei Elektronen bestehen. Diesem Punkt wollen wir uns jetzt zuwenden.

8.4 BCS-Theorie, Energielücke

Fast 50 Jahre mussten seit der Entdeckung der Supraleitung verstreichen, bis zum ersten Mal eine mikroskopische Theorie vorgeschlagen wurde, die den zugrunde liegenden Mechanismus zufriedenstellend erklären konnte. Im Jahr 1957 schafften die drei Amerikaner John Bardeen, Leon Cooper und Robert Schrieffer den lange erstrebten theoretischen Durchbruch. Ihre Theorie wurde dann als BCS-Theorie schnell berühmt. Die Frage, warum es mit der theoretischen Erklärung der Supraleitung so lange gedauert hat, lässt sich verhältnismäßig einfach beantworten. Der Energieunterschied der Elektronen zwischen ihrem normalen und ihrem supraleitenden Zustand ist extrem gering und viel kleiner als die Fermi-Energie. Andererseits ist die Ungenauigkeit bei der Berechnung der verschiedenen einzelnen Beiträge zur Energie der Elektronen im Kristall viel größer als der erzielte Energiegewinn beim Übergang in den supraleitenden Zustand. Die Theorie musste also genau den richtigen Punkt finden, mit dem die Supraleitung verknüpft ist. Der BCS-Theorie liegt der zentrale Gedanke zugrunde, dass bei tiefen Temperaturen zwischen zwei Elektronen eine spezielle Anziehungskraft wirksam wird. Diese Anziehung führt dazu, dass sich zwei Elektronen in bestimmter Weise zu Paaren zusammenschließen und dabei eine Energieabsenkung in Form einer Bindungsenergie erfahren. Eine derartige mit einer Energieabsenkung verbundene Paarbildung hatte Leon Cooper schon 1956 theoretisch hergeleitet. Die Elektronenpaare werden daher als „Cooper-Paare" bezeichnet. Nach der BCS-Theorie wird die Anziehungskraft bei der Bildung der Cooper-Paare durch Verzerrungen des Kristallgitters in der Umgebung der einzelnen Elektronen, also durch die Wirkung der Phononen, verursacht. Auf diese Weise wird die eigentlich zu erwartende Abstoßungskraft zwischen zwei Elektronen überwunden. Deutliche Hinweise auf die wichtige Rolle des Kristallgitters bei der Supraleitung hatten schon Anfang der 1950er-Jahre experimentelle Beobachtungen des Isotopeneffekts gegeben. Als „Isotopeneffekt" wird bezeichnet, wenn das Ergebnis von der Masse der Atomkerne bei konstanter elektrischer Ladung der Kerne, also von der Anzahl der Neutronen im Atomkern, abhängt. In verschiedenen supraleitenden Metallen, wie beispielsweise Blei, Quecksilber und Zinn, wurde nämlich durch die Untersuchung ihrer verschiedenen und speziell präparierten reinen Isotope gefunden, dass die kritische Temperatur T_C umgekehrt proportional zur Quadratwurzel aus der Masse der Gitteratome ist:

$$T_C \sim 1/M^{\alpha} \tag{8.22}$$

mit dem Exponenten $\alpha = 0{,}5$. Das Kristallgitter musste also beteiligt sein.

Bei der Paarbildung schließen sich immer zwei Elektronen mit entgegengesetzt gerichtetem Eigendrehimpuls zusammen. Der Gesamtspin des einzelnen Cooper-Paars ist somit null, und das Pauli-Prinzip ist in diesem Fall ungültig. Alle Cooper-Paare können deshalb denselben Quantenzustand besetzen, der durch eine makroskopische quantenmechanische Wellenfunktion gekennzeichnet ist. An der Bildung von Cooper-Paaren und an dem makroskopischen Quantenzustand sind allerdings nicht alle Elektronen beteiligt, sondern nur die aus einem bestimmten kleinen Energiebereich in der Umgebung der Fermi-Oberfläche. Wir ersehen hieraus, wie das Konzept der Fermi-Oberfläche wieder eine zentrale Rolle spielt. Mathematisch haben wir es bei der Supraleitung mit einem Vielkörperproblem zu tun, dessen theoretische Behandlung spezielle Techniken erfordert. Die Entwicklung dieser notwendigen neuen Methoden hat vor etwa 60–70 Jahren im Rahmen der Quantenfeldtheorie begonnen. Die ersten Grundlagen zu dieser Theorie hatten der Deutsche Pascual Jordan und der aus Ungarn stammende Eugene P. Wigner schon in einer Arbeit aus dem Jahr 1928 gelegt.

Ein Hauptergebnis der BCS-Theorie war die Vorhersage, dass sich im supraleitenden Zustand an der Fermi-Energie eine Lücke im Energiespektrum der Elektronen bildet, in der keine Energiezustände mehr existieren, die von Elektronen besetzt werden können. Die Energielücke verschwindet oberhalb der kritischen Temperatur T_C. Unterhalb von T_C wächst die Energielücke mit abnehmender Temperatur in bestimmter Weise an und erreicht ihr Maximum bei der Temperatur null Kelvin. Einen eindrucksvollen Beweis für diese Energielücke lieferte Ivar Giaever im Jahr 1960 durch sein berühmtes Tunnelexperiment (Abb. 8.14). Er war damals schon länger von dem quantenmechanischen Tunnelprozess besonders fasziniert. Der aus Norwegen stammende Giaever war als junger Ingenieur für Maschinenbau bei General Electric in Schenectady im amerikanischen Bundesstaat New York angestellt. In einer Vorlesung am Rensselaer Polytechnic Institute in der Nähe seines Arbeitsortes hatte er von der neuen BCS-Theorie und ihrer Vorhersage einer Lücke im Energiespektrum der Elektronen gehört. Schon auf dem Heimweg von der Vorlesung kam ihm die Idee, dass sich die Energielücke direkt auf den elektrischen Stromfluss zwischen einer supraleitenden und einer normalen Elektrode auswirken muss, wenn beide Elektroden durch eine dünne elektrisch isolierende Barriere voneinander getrennt sind. Wegen dieser Barriere kommt der elektrische Stromfluss nur durch den quantenmechanischen Tunneleffekt zustande. Daher bezeichnet man die Anordnung als Tunnelkontakt. Der Tunneleffekt bei der

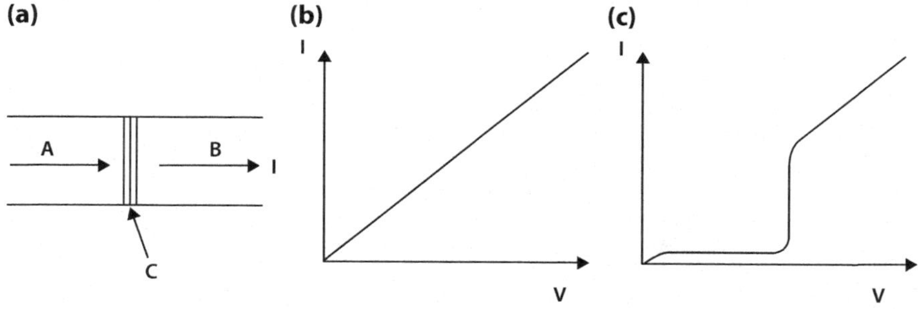

Abb. 8.14 Experimenteller Nachweis der Energielücke in einem Supraleiter durch das Tunnelexperiment von Giaever. **a** Eine supraleitende Elektrode A und eine normale Elektrode B sind durch eine dünne, elektrisch isolierende Barriere C voneinander getrennt, sodass der elektrische Stromfluss durch die Barriere nur durch den quantenmechanischen Tunneleffekt möglich ist. **b** Elektrischer Strom I in Abhängigkeit von der Spannung V, wenn beide Elektroden Metalle im Normalzustand sind. **c** Elektrischer Strom I in Abhängigkeit von der Spannung V, wenn eine Metallelektrode supraleitend ist. Erst wenn der Potenzialunterschied zwischen beiden Elektroden den Wert der Energielücke erreicht hat, kann der elektrische Stromfluss einsetzen

Fortbewegung von Teilchen kommt dadurch zustande, dass die Wellenfunktion des Teilchens auch noch durch eine hohe Wand hindurchsickern und so auf der anderen Seite einen merklichen Wert besitzen kann. Bei unserem Kontakt kann aber der Tunnelstrom solange noch nicht fließen, wie wegen der Energielücke keine erlaubten Energiezustände im Supraleiter für die aus der anderen Elektrode stammenden Elektronen zur Verfügung stehen. Erst wenn durch die elektrische Spannung der Potenzialunterschied zwischen beiden Elektroden den Wert der Energielücke erreicht hat, kann der elektrische Stromfluss einsetzen. Einen ähnlichen Verlauf haben wir, wenn beide Elektroden supraleitend sind. Mit einer einfachen Messung von elektrischer Spannung und elektrischem Strom müsste man die Energielücke bestimmen können. Giaevers Experimente haben diese Erwartungen eindrucksvoll bestätigt. Im Anschluss an diese Pionierarbeit haben Tunnelexperimente mit Supraleitern eine besondere Bedeutung erzielt. Die BCS-Theorie ist noch durch viele weitere Experimente bestätigt worden, sodass sie schnell Akzeptanz und Verbreitung gefunden hat. Die Liste derjenigen Physiker, die sich zuvor vergeblich um eine mikroskopische Theorie des Mechanismus der Supraleitung bemüht haben, ist lang. Sie enthält unter anderen die Namen Felix Bloch, Niels Bohr, Léon Brillouin, Jakov I. Frenkel, Werner Heisenberg, Ralph Kronig, Lew Dawidowitsch Landau und Wolfgang Pauli.

Die Tatsache, dass die Bildung von Cooper-Paaren in einem makroskopischen Quantenzustand für die Supraleitung verantwortlich ist, kommt auch in der Größe des oben besprochenen magnetischen Flussquants zum Ausdruck. Da die Cooper-Paare aus zwei Elementarladungen bestehen, ist das magnetische Flussquant nur halb so groß, wie es in dem Fall wäre, wenn die zugrunde liegenden Elementarteilchen nur eine einzige Elementarladung besäßen.

8.5 Josephson-Effekt

Schon bald nachdem Giaever das Ergebnis seines berühmten Tunnelexperiments veröffentlicht hatte, interessierte sich ein Student im englischen Cambridge für den zugrunde liegenden Tunnelprozess: Brian David Josephson. Er wurde von Alfred Brian Pippard betreut und hörte 1961/1962 Vorlesungen des Amerikaners Philip Warren Anderson über die neuen Entwicklungen in der Theorie der Supraleitung. Das Konzept der Supraleitung als makroskopisches Quantenphänomen, das weit über den Geltungsbereich für einzelne Atome oder Moleküle hinausgeht, hat Josephson besonders beeindruckt. Als er sich mit dem elektrischen Stromfluss durch die Barriere eines Tunnelkontakts zwischen zwei Supraleitern, wie ihn Giaever auch benutzt hatte, ausführlich theoretisch auseinandersetzte, leitete er zwei Gleichungen für den elektrischen Strom und für die elektrische Spannung ab, die seither als Josephson-Gleichungen bekannt sind:

$$I_s = I_C \sin \chi \tag{8.23}$$

$$\frac{\partial \chi}{\partial t} = \frac{2e}{\hbar} V \tag{8.24}$$

In Gl. 8.23 wird der ohne elektrischen Widerstand fließende Strom von Cooper-Paaren behandelt. Gl. 8.24 besagt, dass eine elektrische Spannung V am Tunnelkontakt immer von einem mit hoher Frequenz zwischen den beiden Supraleitern oszillierenden Supra-Wechselstrom begleitet ist, wobei die Frequenz dieser Josephson-Oszillation proportional zur elektrischen Spannung ansteigt. Gl. 8.23 und 8.24 basieren auf dem Konzept, dass die Supraleitung ein makroskopisches Quantenphänomen darstellt, das durch die Wellenfunktion (Ordnungsparameter)

$$\psi = |\psi|\, e^{i\varphi} \tag{8.25}$$

beschrieben ist, mit einer Amplitude $|\psi(\mathbf{r}, t)|$ und einer Phase $\varphi(\mathbf{r}, t)$. Die Strom-Phasen-Beziehung (Gl. 8.23) besagt, dass der durch eine schwache Verbindung fließende Suprastrom I_s mit der Phasendifferenz $\chi = \varphi_2 - \varphi_1$ zwischen beiden Seiten der Verbindung zusammenhängt. I_C ist der kritische Strom der betreffenden Kontaktgeometrie.

Die Josephson-Gleichungen Gl. 8.23 und 8.24 können auf verschiedene Weise hergeleitet werden. Eine von Richard Feynman stammende Herleitung startet mit der zeitabhängigen Schrödinger-Gleichung für die beiden Wellenfunktionen ψ_1 und ψ_2 für die beiden zunächst noch getrennten Supraleiter und fügt eine Kopplung zwischen beiden hinzu. Wir kennzeichnen die beiden Seiten des Josephson-Kontakts jeweils mit den Indizes 1 und 2. Dann lautet die Schrödinger-Gleichung für die Wellenfunktion auf beiden Seiten

$$i\hbar \frac{d\psi_1}{dt} = \mu_1 \psi_1 + K \psi_2 \tag{8.26}$$

und

$$i\hbar \frac{d\psi_2}{dt} = \mu_2 \psi_2 + K \psi_1 \tag{8.27}$$

Hier ist K eine Kopplungskonstante und $\mu_{1,2}$ das chemische Potenzial (Energie) auf beiden Seiten. Mit der Potenzialdifferenz V zwischen beiden Seiten erhalten wir

$$\mu_1 = e^* \, V/2, \quad \mu_2 = -e^* \, V/2 \tag{8.28}$$

Aufgrund des Zusammenhangs zwischen der Wellenfunktion (Gl. 8.25) und der Dichte n_s der supraleitenden Elektronen gemäß $|\psi|^2 = n_s$ schreiben wir

$$\psi_1 = n_{s1}^{1/2} \, e^{i\varphi_1} \; ; \; \psi_2 = n_{s2}^{1/2} \, e^{i\varphi_2} \tag{8.29}$$

und durch Einsetzen in Gl. 8.26 erhalten wir

$$i\,\hbar\, e^{i\varphi_1} \frac{1}{2\,n_{s1}^{1/2}} \dot{n}_{s1} - \hbar\, n_{s1}^{1/2} \dot{\varphi}_1 \, e^{i\varphi_1} = \frac{e^*V}{2} n_{s1}^{1/2} \, e^{i\varphi_1} + K\, n_{s2}^{1/2} \, e^{i\varphi_2} \tag{8.30}$$

Einsetzen in Gl. 8.27 liefert ein analoges Ergebnis. In Gl. 8.30 dividieren wir durch $\hbar\, e^{i\varphi_1}/2\, n_{s1}^{1/2}$ und erhalten

$$i\,\dot{n}_{s1} - 2\,n_{s1}\,\dot{\varphi}_1 = \frac{e^*\,V}{2\,\hbar} 2\,n_{s1} + \frac{K}{\hbar} 2\,(n_{s1}\,n_{s2})^{1/2} \, e^{i(\varphi_2-\varphi_1)} \tag{8.31}$$

Gleichsetzen der *Realteile* auf beiden Seiten ergibt

$$-2\,n_{s1}\,\dot{\varphi}_1 = \frac{e^*V}{\hbar} n_{s1} + \frac{2K}{\hbar} (n_{s1}\,n_{s2})^{1/2} \cos\,(\varphi_2 - \varphi_1)$$

und

$$\dot{\varphi}_1 = -\frac{e^*V}{2\,\hbar} - \frac{K}{\hbar} \left(n_{s2}/n_{s1}\right)^{1/2} \cos\,(\varphi_2 - \varphi_1) \tag{8.32}$$

Analog findet man von Gl. 8.27

$$\dot{\varphi}_2 = \frac{e^*V}{2\,\hbar} - \frac{K}{\hbar} \left(n_{s1}/n_{s2}\right)^{1/2} \cos\,(\varphi_2 - \varphi_1) \tag{8.33}$$

Im Fall $n_{s1} = n_{s2} = n_s$ ergibt sich

$$\dot{\varphi}_2 - \dot{\varphi}_1 = \frac{e^*V}{\hbar}. \tag{8.34}$$

Wir setzen jetzt $(\varphi_2 - \varphi_1) = \chi$ und beachten die Cooper-Paarung, $e^* = 2e$. So erhalten wir schließlich Gl. 8.24

Dies Ergebnis erinnert uns an die Einstein-Relation $2eV = \Delta E = \hbar\omega$. In Abschn. 8.7 kehren wir zu Gl. 8.24 zurück, wenn wir ihre Anwendung beim Josephson-Spannungsstandard diskutieren.

Durch Gleichsetzen der *Imaginärteile* in Gl. 8.31 erhalten wir

$$\dot{n}_{s1} = \frac{2K}{\hbar} (n_{s1}\,n_{s2})^{1/2} \sin\, X \tag{8.35}$$

und analog aus Gl. 8.27

$$\dot{n}_{s2} = -\frac{2K}{\hbar}\,(n_{s1}\,n_{s2})^{1/2}\,\sin X \tag{8.36}$$

Mit $\dot{n}_{s1} = -\dot{n}_{s2}$ und der Proportionalität dieser Größen zum Strom I_s finden wir die Strom-Phasen-Beziehung Gl. 8.23.

Beide Vorhersagen machte Josephson im Jahr 1962. Seine Theorie wurde zunächst mit Skepsis und Unverständnis aufgenommen, so wie es oft bei vollkommen neuen Ideen der Fall ist. Beispielsweise berichtet Felix Bloch von einem Gespräch mit dem ebenso sehr renommierten amerikanischen theoretischen Physiker Chen Ning Yang:

> Yang sagte mir, dass er sie (die Theorie) nicht verstehen kann und fragte, ob ich es könnte. Ich musste ganz ehrlich zugeben, dass ich es auch nicht könnte. Aber wir haben verabredet, dass derjenige von uns, der den Effekt zuerst versteht, ihn dem anderen erklären würde.

Josephsons Theorie wurde schon 1963 experimentell bestätigt (Abb. 8.15). In der zweiten Josephson-Gleichung manifestiert sich insbesondere auch wieder, dass die Cooper-Paare mit ihrer zweifachen Elementarladung die elektrischen Ladungsträger für die Supraleitung sind.

Im Zusammenhang mit unserer Diskussion des Josephson-Effekts für zwei nur schwach miteinander gekoppelte Supraleiter ist eine Notiz im Protokoll der Kuratoriumssitzung der Physikalisch-Technischen Reichsanstalt in Berlin-Charlottenburg

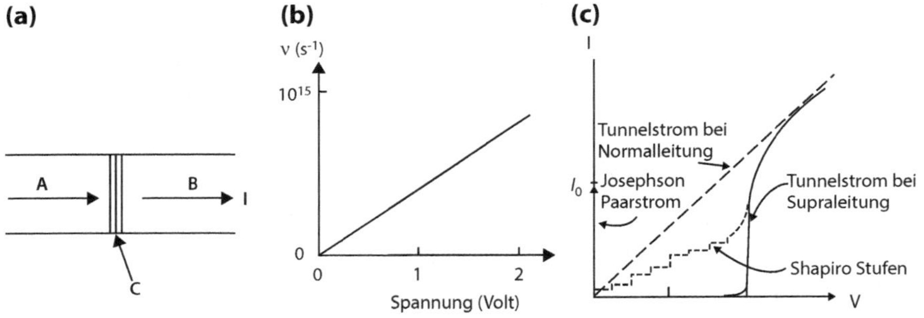

Abb. 8.15 Josephson-Oszillation des Suprastroms zwischen den supraleitenden Elektroden eines Tunnelkontakts in Gegenwart einer elektrischen Spannung am Kontakt. **a** Im Josephson-Kontakt sind die beiden supraleitenden Elektroden A und B nur schwach miteinander gekoppelt, beispielsweise durch eine dünne, elektrisch isolierende Barriere C, die elektrischen Stromfluss durch den quantenmechanischen Tunnelprozess aber noch ermöglicht. **b** Die Frequenz ν der Josephson-Oszillation des Suprastroms zwischen beiden Elektroden wächst proportional zur elektrischen Spannung V am Kontakt. Bei der Spannung von einem Volt beträgt die Frequenz ungefähr 483.000 GHz. **c** Elektrischer Strom I in Abhängigkeit von der Spannung V für einen Josephson-Kontakt. Die durchgezogene Kurve zeigt den Tunnelstrom bei Supraleitung und die gestrichelte Gerade den Tunnelstrom bei Normalleitung. Bei der Spannung null erkennt man den Josephson-Paarstrom bis zu seinem Maximalwert I_0. Bei Bestrahlung des Kontakts mit Mikrowellen zeigt die Kennlinie „Shapiro-Stufen", die durch das Zusammenwirken der Josephson-Oszillation im Kontakt mit den Mikrowellen verursacht werden

vom März 1926 historisch interessant. Albert Einstein, der damals dem Kuratorium angehörte, machte während der Sitzung die folgende Bemerkung:

> Von besonderem Interesse ist die Frage, ob die Verbindungsstelle zwischen zwei Supraleitern auch supraleitend wird.

Einsteins Bemerkung in der Sitzung des Kuratoriums der Reichsanstalt hing damit zusammen, dass er damals zur Erklärung der Supraleitung vorgeschlagen hatte, dass sie durch molekulare Leitungsketten verursacht wird. In seiner Gedenkrede auf Kamerlingh Onnes im Jahr 1923 hatte Einstein den supraleitenden Zustand folgendermaßen diskutiert:

> Es scheint also unvermeidlich, dass die Supraleitungsströme von geschlossenen Molekülketten (Leitungsketten) getragen werden, deren Elektronen unablässig cyclische Vertauschungen erleiden. Kamerlingh Onnes vergleicht daher die geschlossenen Ströme in Supraleitern mit den Ampère'schen Molekularströmen. [...] Es mag als unwahrscheinlich anzusehen sein, dass verschiedenartige Atome Leitungsketten miteinander bilden können. Vielleicht ist also der Übergang von einem supraleitenden Metall zu einem anderen niemals supraleitend.

Motiviert durch diese Ideen von Einstein, war der Kontakt zwischen zwei Supraleitern dann Gegenstand von Experimenten, die Walther Meissner zusammen mit Ragnar Holm, einem Mitarbeiter des Forschungslaboratoriums des Siemens-Konzerns in Berlin, im Jahr 1932 durchführte. Die Messungen wurden an supraleitendem Zinn (Sn) und Blei (Pb) durchgeführt, wobei Sn-Sn, Pb-Pb und Sn-Pb Kontakte geprüft wurden. Zum Ergebnis der Experimente heißt es in dem Artikel von Meissner und Holm in der Zeitschrift für Physik von 1932:

> Zwischen Supraleitern aus gleichem oder verschiedenem Material ist ein supraleitender Kontakt ohne Verschweißung der Materialien möglich. Bei Eintritt der Supraleitfähigkeit verschwindet auch der Widerstand der Störschicht.

Somit wurde das von Einstein vorgeschlagene Modell der molekularen Leitungsketten für die Supraleitung widerlegt.

Hier wurde zum ersten Mal, angeregt durch die Gedanken von Einstein, das später so große Bedeutung erlangende Gebiet der dünnen Kontakte bzw. Mikrobrücken zwischen zwei Supraleitern angesprochen. Es dauerte dann aber noch weitere 30 Jahre, bis Brian David Josephson 1962 diese Fragen endgültig beantwortete.

8.6 Bewegung der magnetischen Flussquanten

Die Wissenschaftler hatte immer wieder die Frage beschäftigt, ob die Supraströme in einem supraleitenden Ring tatsächlich für immer fließen oder ob sie doch, wenn auch sehr langsam, zerfallen. Diese Frage wurde Anfang der 1960er-Jahre besonders aktuell, als Bernd T. Matthias an den Bell-Laboratorien die neuen supraleitenden Niob-Legierungen Nb_3Sn und NbZr entdeckt hatte. Die Tests durch Gene Kunzler zeigten vielversprechend hohe Werte der kritischen elektrischen

Stromdichte und des kritischen Magnetfelds bei diesen Materialien. Die weiteren, besonders durch den Koreaner Young Kim durchgeführten Experimente deuteten an, dass ein „kritischer Zustand" existiert, oberhalb dessen der Strom in einem supraleitenden Ring immer langsam abfällt. Die entscheidende Idee kam dann von Philip W. Anderson, als er erkannte, dass dieser Prozess nicht diskontinuierlich ist, sondern durch die Bewegung der magnetischen Flussquanten verursacht wird. Das Konzept des *flux creep* und des *flux flow* war geboren.

Diese folgenschwere Auswirkung der magnetischen Flussquanten (neben ihrem Einfluss auf die magnetischen Eigenschaften) kommt folgendermaßen zustande. Falls sich die Flussquanten durch die Wirkung einer Kraft im Supraleiter bewegen, wird ein elektrisches Feld und somit eine elektrische Spannung erzeugt. Diese „Flusswanderungsspannung" ist proportional zur Geschwindigkeit und zur Anzahl der bewegten Flusslinien. Ein elektrischer Strom der Dichte $\mathbf{j}$ im Supraleiter verursacht die Lorentz-Kraft $\mathbf{f}_L = \mathbf{j} \times \boldsymbol{\varphi}_0$ auf die Flussquanten. Sie steht senkrecht zur elektrischen Stromrichtung und zum Magnetfeld der Flusslinien. Durch die Auswirkung dieser Lorentz-Kraft kann eine Bewegung der Flusslinien verursacht werden, die wiederum das elektrische Feld $\mathbf{E}$ erzeugt:

$$\mathbf{E} = -\mathbf{v}_\varphi \times \mathbf{B}. \tag{8.37}$$

$\mathbf{v}_\varphi$ ist die Geschwindigkeit der Flusslinien. Die Orientierung dieses elektrischen Feldes ist stets senkrecht zu der Bewegungsrichtung und zum Magnetfeld der magnetischen Flusslinien. Im Fall der Lorentz-Kraft haben das elektrische Feld und der elektrische Strom dann die gleiche Richtung, sodass durch die Flusslinienbewegung im Supraleiter elektrische Verluste entstehen. Für den Prozess der Flusswanderung gilt die (hier vereinfachte) Kräftegleichung

$$\mathbf{j} \times \boldsymbol{\varphi}_0 - \eta\, \mathbf{v}_\varphi = 0. \tag{8.38}$$

Hier ist $\eta\, \mathbf{v}_\varphi$ der dissipative Beitrag und η eine Dämpfungskonstante. In Gl. 8.38 beziehen sich die Kräfte auf eine Längeneinheit der Flusslinie. Aus Gl. 8.37 und 8.38 erhalten wir den spezifischen Flusswanderungswiderstand

$$\rho_f = \varphi_0\, B / \eta. \tag{8.39}$$

Es ist genau dieser Mechanismus, wodurch der Stromfluss ohne elektrischen Widerstand und ohne Verluste in Supraleitern immer begrenzt wird. Daher ist es von größtem Interesse, diesen Prozess der Flusslinienbewegung möglichst weitgehend zu verhindern. In der letzten Diskussion haben wir die Situation vereinfacht, indem wir in Gl. 8.38 die Effekte der Haftkräfte *(pinning)* und eine Kraftkomponente, die den Hall-Effekt bei der Bewegung der Flusslinien verursacht, vernachlässigt haben.

Als ein Beispiel zeigen wir in Abb. 8.16 die Flusswanderungsspannung *(flux-flow voltage)* in Abhängigkeit vom elektrischen Strom in einer Niob-Folie für verschiedene Werte des Magnetfelds, das senkrecht zur Folie orientiert ist. Dicke der Folie = 18 μm, Breite der Folie = 4 mm, T = 4,22 K. Das elektrische Widerstandsverhältnis R(295 K)/R(4,2 K) betrug 620, wobei R(4,2 K) in einem senkrechten Magnetfeld von 4000 G gemessen wurde. Die Spannung setzt bei einem

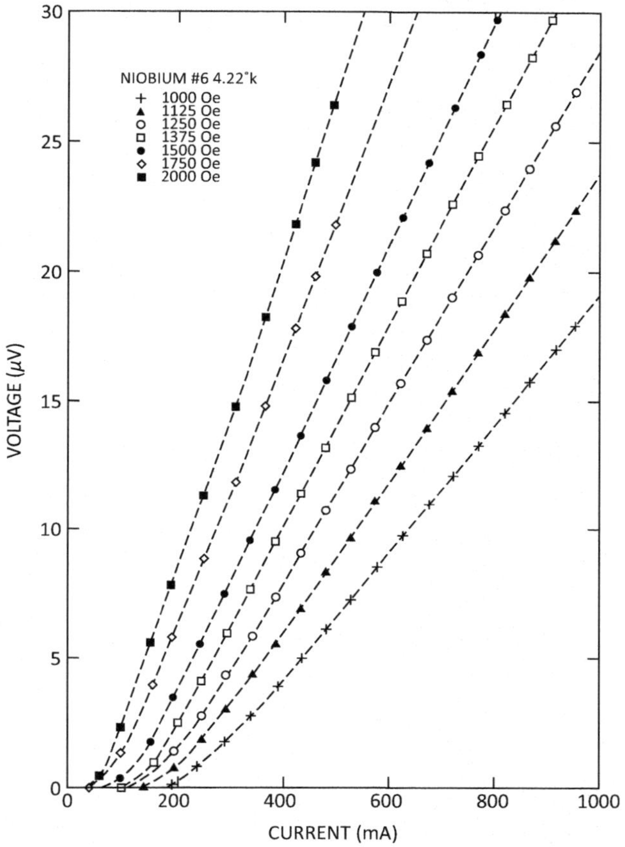

Abb. 8.16 Flusswanderungsspannung *(flux-flow voltage)* in Abhängigkeit vom elektrischen Strom in einer Niob-Folie von 18 μm Dicke und 4 mm Breite für verschiedene senkrecht orientierte Magnetfelder. T = 4,22 K; T_C = 9,2 K

endlichen kritischen Strom ein und zeigt zunächst einen nach oben gekrümmten Verlauf. Anschließend wächst sie linear mit ansteigendem Strom, wie von Gl. 8.38 und 8.39 zu erwarten ist. Der endliche kritische Strom resultiert von den Haftkräften *(pinning)* aufgrund von räumlichen Inhomogenitäten im Supraleiter, die als Haftzentren die Bewegung der magnetischen Flusslinien verhindern. Die Steigung der linearen Kurvenabschnitte repräsentiert den Flusswanderungswiderstand und wächst mit ansteigendem äußerem Magnetfeld.

Eine schematische Darstellung des spezifischen Flusswanderungswiderstands ρ_f in Abhängigkeit vom äußeren Magnetfeld H zeigt Abb. 8.17. Zunächst wächst ρ_f linear mit H an und mündet dann in einen deutlich steileren Kurvenast, der bei dem oberen kritischen Magnetfeld H_{C2} den Normalwert ρ_n des spezifischen Widerstands erreicht.

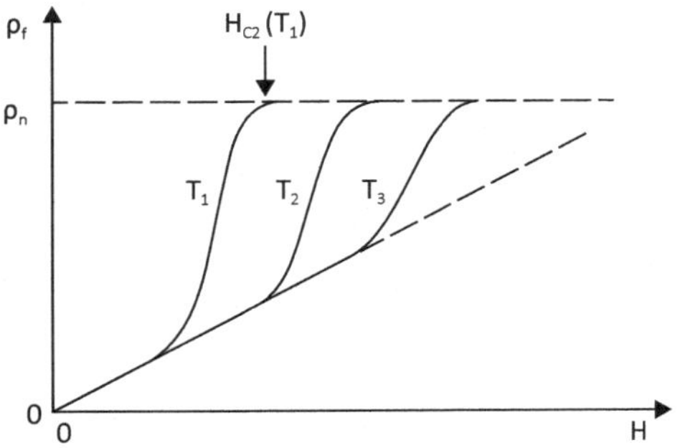

Abb. 8.17 Schematische Darstellung des spezifischen Flusswanderungswiderstands ρ_f in einem Typ-II-Supraleiter in Abhängigkeit vom Magnetfeld für verschiedene Temperaturen ($T_1 > T_2 > T_3$). ρ_n bezeichnet den Normalwiderstand

Die Bewegung magnetischer Flussquanten in einem Supraleiter, die den Flusswanderungswiderstand und den Zusammenbruch der Supraleitung verursacht, ist das Beispiel eines allgemeinen Prinzips in der Natur, nach dem die Erzeugung und die Bewegung eines lokalen Defekts in einem sonst homogenen Medium einen deutlichen makroskopischen Effekt bewirkt. Mit anderen Worten: große Wirkung einer kleinen Ursache. In Kap. 12 werden wir einem ähnlichen Fall begegnen, der von der Erzeugung und der Bewegung individueller Versetzungen in einem sonst homogenen Kristall handelt, wodurch die mechanischen Kristalleigenschaften beeinflusst werden und die Deformation eines Kristalls durch unerwartet kleine Werte der mechanischen Spannung zustande kommt.

Die Bewegung lokaler Wirbel in einer Supraflüssigkeit spielt auch in der Dynamik der Neutronensterne oder Pulsare eine Rolle. Diese Sterne rotieren mit einer Umdrehungszeit unter einer Sekunde. Man beobachtet jedoch, dass diese Umdrehung für lange Zeiten langsamer wird, um dann plötzlich in der Rotationsgeschwindigkeit einen Sprung nach oben zu zeigen. Dies Verhalten wird heute durch die Bewegung und plötzlichen Sprünge von lokalen Wirbeln erklärt

Schon lange bemühen sich die Materialwissenschaftler, durch den Einbau von „Haftzentren" in den Supraleiter die magnetischen Flusslinien an bestimmten Stellen so zu verankern, dass sie durch die Auswirkung der Lorentz-Kraft nicht mehr in Bewegung geraten oder dass diese Bewegung und damit die elektrischen Verluste erst bei möglichst hohen elektrischen Strömen einsetzen. Materialwissenschaft und Metallurgie haben in den letzten Jahren auf diesem Gebiet große Anstrengungen unternommen. Motiviert waren diese Entwicklungen vom Interesse an den technischen Anwendungsmöglichkeiten der Supraleitung. Den technischen Anwendungen wollen wir uns jetzt anhand einiger Beispiele zuwenden.

8.7 Technische Anwendungen

Für die Anwendungen der Supraleitung in der Elektronik und der Mikroelektronik stehen die magnetische Flussquantisierung und der Josephson-Effekt im Mittelpunkt. Beide Tatsachen hängen unmittelbar mit der Natur der Supraleitung als makroskopisches Quantenphänomen und der Beschreibung des Zustands der Cooper-Paare durch eine quantenmechanische Wellenfunktion zusammen. Die Beschränkung der quantentheoretischen Konzepte auf die atomaren und die subatomaren Vorgänge wird hier aufgehoben. Stattdessen werden diese Konzepte in Instrumenten und Vorrichtungen direkt technisch ausgenutzt.

Ein heute vielseitig verwendetes Gerät ist das SQUID (abgekürzt von der englischen Bezeichnung Superconducting Quantum Interference Device). Es basiert auf der magnetischen Flussquantisierung und dem Josephson-Effekt. Eine kleine geschlossene supraleitende Schleife ist durch zwei parallel geschaltete Josephson-Kontakte unterbrochen. Wird die Schleife von einem magnetischen Fluss durchsetzt, so kann der Magnetfluss durch die Schleife nur in Einheiten ganzer Vielfachen eines magnetischen Flussquants existieren. Diese Quantisierungsbedingung wird eingehalten, indem in der Schleife ein zirkulierender supraleitender Abschirmstrom so angeworfen wird, dass sich der von ihm erzeugte zusätzliche Magnetfluss in der Schleife zusammen mit dem Magnetfluss von außen exakt zu einem ganzen Vielfachen eines magnetischen Flussquants ergänzen (ähnlich wie in Abb. 8.12c dargestellt). In Abhängigkeit von dem äußeren Magnetfeld kommt so eine exakt periodische Modulation des Abschirmstroms in der Schleife zustande, wobei die magnetische Periodenlänge genau einem Flussquant in der Schleife entspricht. Der zirkulierende Abschirmstrom muss aber immer einem von außen stammenden elektrischen Stromfluss hinzuaddiert werden. Als Folge ergibt sich eine ebenso periodische Modulation des nach außen erscheinenden elektrischen Widerstands der Schleifenanordnung mit den zwei parallel geschalteten Josephson-Kontakten. Da bei der Widerstandsmessung noch ein kleiner Bruchteil einer einzelnen Modulationsperiode des Magnetfelds aufgelöst werden kann, wird eine extrem hohe Empfindlichkeit bei der Messung des Magnetfelds erzielt. Die Herstellung der SQUIDs erfolgt heute üblicherweise mithilfe der Dünnschichttechnologie und der integrierten Schaltungstechnik

Als Sensoren für Magnetfelder besitzen SQUIDs die höchste heute erreichbare Empfindlichkeit. Hierauf beruhen viele der gegenwärtigen Anwendungen von SQUIDs, beispielsweise in der Forschung oder in der zerstörungsfreien Werkstoffprüfung. Interessante Anwendungsfelder haben sich auch in der medizinischen Diagnostik eröffnet, für den Nachweis der Magnetfelder, die durch die elektrischen Ströme bei der Herzaktivität und im Gehirn verursacht werden. So konnten sich die neuen Gebiete der Magnetokardiographie und der Magnetoenzephalographie aufgrund der höchstempfindlichen SQUIDs erst entwickeln. Für die Hirnforschung stehen heute beispielsweise Geräte mit insgesamt bis zu 275 SQUID-Kanälen zur Verfügung, bei denen die Kanäle mit den einzelnen Sensoren dreidimensional um den Kopf der Versuchsperson oder des Patienten angeordnet sind (Abb. 8.18). Stark miniaturisierte SQUIDs werden auch seit kurzem in SQUID-Rastermikroskopen verwendet. Bei extrem hoher Magnetfeldempfindlichkeit wurde hiermit eine räumliche Auflösung von nur wenigen µm erzielt, sodass in einem Supraleiter einzelne magnetische Flussquanten gut abgebildet werden konnten. (In Abb. 9.8 von Kap. 9 zeigen wir die Anwendung eines SQUID-Rastermikroskops.)

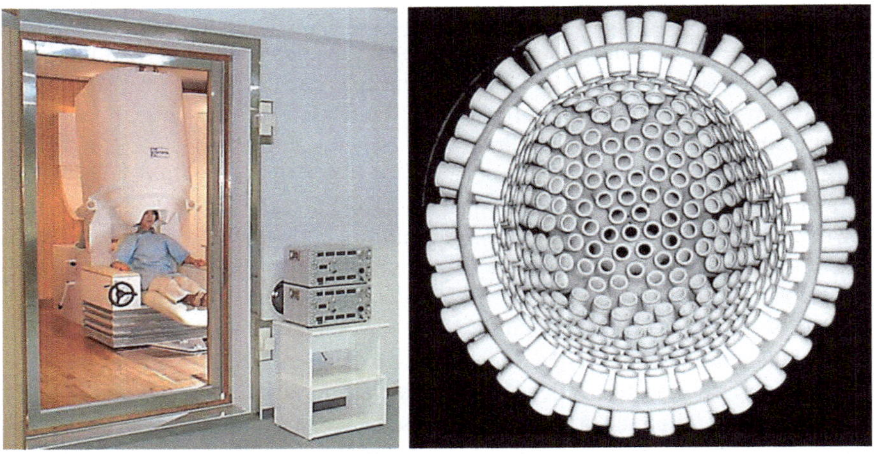

Abb. 8.18 Magnetoenzephalographie. *Links:* Versuchsperson mit dem über den Kopf gestülpten Helm mit den SQUID-Magnetfeld-Sensoren in einer magnetischen Abschirmkammer. *Rechts:* Innenansicht eines Helmes mit 151 SQUID-Sensoren. (Fotos: © MEG International Services Ltd.)

Gegenwärtig finden kleine Spin-Systeme in Nano-Teilchen besondere Aufmerksamkeit. Die neueste Entwicklung dieser SQUID-Instrumente ist die Herstellung von ultra-kleinen Geräten auf scharfen Spitzen auf der Nano-Skala *(nano-SQUID-on-tip)*. Durch die Abscheidung von supraleitendem Blei oder Niob auf der Spitze von hohlen Quarzröhrchen können SQUID-Schleifen mit einem effektiven Durchmesser von nur 160 nm oder sogar weniger als 100 nm erzielt werden. Eine Abschätzung zeigt, dass das Signal eines einzigen Elektronenspins, der sich 10 nm unterhalb einer *SQUID-on-tip*-Schleife befindet, mit einer räumlichen Genauigkeit von etwa 20 nm noch aufgelöst werden kann.

Wir hatten oben diskutiert, dass ein elektrischer Spannungsabfall an einem Josephson-Kontakt immer mit einer Hochfrequenzoszillation des Suprastroms zwischen beiden Elektroden des Kontakts verbunden ist, so wie es die zweite Josephson-Gleichung Gl. 8.24 vorhersagt. Hierbei entspricht einer Spannung von 10^{-3} V eine Oszillationsfrequenz von 483,6 GHz (Gigahertz). Umgekehrt ergeben sich bei dem stromdurchflossenen Josephson-Kontakt scharf ausgeprägte elektrische Spannungsplateaus, wenn der Kontakt mit einer hochfrequenten elektromagnetischen Welle, beispielsweise mit einer Mikrowelle, bestrahlt wird. Hierbei ist der Wert des Spannungsplateaus über die zweite Josephson-Gleichung eindeutig durch die Frequenz der eingestrahlten elektromagnetischen Welle festgelegt. Diese exakte Quantenbeziehung zwischen Frequenz und elektrischer Spannung in Verbindung mit der Tatsache, dass sich Frequenzen extrem genau bestimmen lassen, hat veranlasst, dass seit dem 1. Januar 1990 die gesetzliche Definition der elektrischen Spannungseinheit durch die staatlichen Eichämter in der Form des Josephson-Spannungsnormals mit dem Josephson-Effekt verknüpft ist. Offiziell entspricht hierbei einer Spannung von einem Volt die Frequenz 483.597,9 GHz.

Im Kap. 7 hatten wir schon eine andere Quanten-Definition einer elektrischen Einheit kennengelernt, nämlich den Von-Klitzing-Effekt zur Definition der Einheit des elektrischen Widerstands. Mit der Josephson-Oszillation als verbindender Mechanismus zwischen einer elektrischen Spannung und einer Frequenz sind jetzt zwei Seiten des berühmten Quantendreiecks von Strom, Spannung und Widerstand für die Definition der elektrischen Einheiten fertiggestellt. An der dritten Seite, die die Verbindung zwischen elektrischem Strom und einer Frequenz liefert, wird zurzeit noch in verschiedenen Laboratorien gearbeitet. Hier besteht die Zielsetzung darin, den elektrischen Strom durch die Frequenz des Transfers einzelner Elektronen zu definieren. Mit dem Beispiel des Josephson-Spannungsnormals wollen wir zunächst unsere Diskussion des heute schon für die elektrische Messtechnik weit entwickelten Gebiets der Josephson-Elektronik und der Josephson-Technologie beschließen.

Relativ niedrige Werte der kritischen Magnetfelder und der kritischen Stromstärken hatten viele Jahre die technische Hochstromanwendung der Supraleitung in der Energietechnik und bei elektrischen Maschinen verhindert. Dies änderte sich in den 1960er-Jahren, als neue Supraleitermaterialien mit höheren Werten der kritischen elektrischen Stromdichte und des oberen kritischen Magnetfelds H_{C2} bekannt wurden. Technisch besonders relevant wurden die Verbindungen NbTi mit $T_C = 9{,}6$ K und Nb_3Sn mit $T_C = 18$ K. Den Rekordwert der kritischen Temperatur mit $T_C = 23{,}2$ K erzielten bei den klassischen Supraleitern dünne Schichten der Verbindung Nb_3Ge. Für die Herstellung von Drähten wurden spezielle Zieh- und Strangpressverfahren mit optimierter Kombination von Glüh- und Kaltverformungsschritten entwickelt. Besonders bewährt haben sich die „Vielkerndrähte", bei denen viele dünne Filamente aus dem Supraleitermaterial in eine Kupfer-Matrix eingebettet sind. Mit dieser Technik wird erreicht, dass beim Zusammenbruch der Supraleitung durch Überlastung noch eine gewisse restliche elektrische Leitfähigkeit zur Verfügung bleibt und dass andererseits genügend Haftzentren für die Verankerung der magnetischen Flussquanten im Supraleitermaterial vorhanden sind.

Eine Hauptanwendung finden die technischen Supraleiter bei Magnetspulen. Supraleitungsmagnete werden heute in hoher Anzahl in der Forschung verwendet (Abb. 8.19). Besonders große Exemplare findet man als Strahlführungsmagnete bei Teilchenbeschleunigern und in den dazu gehörigen Teilchen-Detektorsystemen. Der weltweit größte auf Supraleitung basierende Teilchenbeschleuniger, der „Large Hadron Collider" (LHC), ist seit wenigen Jahren am European Nuclear Research Center (CERN) in Genf in Betrieb. Er befindet sich in einem ringförmigen Tunnel von 27 km Länge und wird bei vollem Betrieb Protonen auf Energien bis zu 7000 GeV beschleunigen. Insgesamt werden zur Strahlführung mehr als 1600 supraleitende Magnete aus NbTi verwendet. Die meisten Magnete wiegen mehr als 27 Tonnen. Hierfür wurden mehr als 7000 km NbTi Kabel verwendet. Zusätzlich werden noch mehr als 3500 supraleitende Korrekturmagnete eingesetzt. Erst die korrekte Einstellung aller Magnete ermöglicht die Speicherung qualitativ sehr hochwertiger Protonenstrahlen, wie sie für den LHC benötigt werden. Für den Betrieb müssen insgesamt 31.000 Tonnen Material auf 1,9 K abgekühlt

Abb. 8.19 Supraleitende Magnetspulen. *Links:* Kommerziell erhältliche Spule für Forschungszwecke. Die Spule ist aus Niob-Titan(NbTi)-Draht gewickelt und kann ein Magnetfeld bis 9 T (etwa das Einmillionenfache des Erdmagnetfelds) erzeugen (Oxford). *Rechts:* Supraleitende Modellspule mit ihrem Testaufbau für ein magnetisches Toroidalfeld beim Einfahren in den Kryobehälter einer Versuchsanlage am Forschungszentrum Karlsruhe. Die Versuchsanlage dient zur Entwicklung der Technik für den magnetischen Plasmaeinschluss bei der Kernfusion. Die Außenabmessungen der ovalen Modellspule betragen 2,55 m × 3,60 m × 0,58 m. Im Betrieb fließt ein elektrischer Strom von 80.000 Ampère durch die Spule. Die gesamte Testanordnung wiegt 107 t und ist auf 4,5 K abzukühlen. Der Kryobehälter hat einen nutzbaren Innendurchmesser von 4,3 m und eine nutzbare Höhe von 6,6 m. (© Forschungszentrum Karlsruhe)

werden. Hierfür werden zwölf Millionen Liter flüssiger Stickstoff und 700.000 Liter flüssiges Helium benötigt. (Auf die hierfür am LHC installierten großen Kälteanlagen hatten wir in Kap. 1 hingewiesen.)

Eine weitere großtechnische Anwendung der Supraleitung finden wir beim magnetisch levitierten Schwebezug. In letzter Zeit hat besonders das japanische JR-Maglev-Projekt gute Fortschritte erzielt. 2015 wurde bei Tests eine Geschwindigkeit oberhalb 600 km/h erzielt. Im Zug sind supraleitende Spulen montiert, die Magnetfelder oberhalb 5 T erzeugen. In das Gleisbett sind elektrisch gut leitende Stromschleifen eingebaut, in denen beim Vorbeifahren des Zuges starke Wirbelströme erzeugt werden. Aufgrund der Lenz'schen Regel bewirkt das Magnetfeld der Wirbelströme eine Abstoßungskraft auf das Feld der Spulen und somit die levitierende Kraft. Da diese Abstoßung erst oberhalb einer bestimmten Minimalgeschwindigkeit genügend stark ist, muss der Zug zunächst auf Rädern laufen, die eingezogen werden, wenn diese Geschwindigkeit erreicht ist.

Supraleitungsmagnete für die Kernspin-Tomografie haben sich in den letzten 25 Jahren zum bedeutendsten Markt für die Supraleitungstechnik entwickelt, nachdem Anfang der 1980er-Jahre die Gesundheitsbehörden weltweit die Nutzung der Kernspin-Tomographie für die medizinische Diagnostik zugelassen haben. Inzwischen beträgt der Jahresumsatz der Industrie auf diesem Gebiet 2–3 Mrd. €.

Da in supraleitenden Spulen Gleichstrom praktisch beliebig lange verlustfrei fließen kann, bieten sie eine interessante Möglichkeit für die Speicherung von elektrischer Energie, insbesondere zur Überbrückung bei kurzen Unterbrechungen der elektrischen Energieversorgung. Die Entwicklung supraleitender magnetischer Energiespeicher wird daher gegenwärtig intensiv vorangetrieben. Für die Kernfusion als langfristige Option zur Energieversorgung sind supraleitende Spulen zur Erzeugung der für den Plasmaeinschluss erforderlichen Magnetfelder aus energetischen Gründen unausweichlich notwendig. Die größten supraleitenden Magnetsysteme werden daher für die Verwendung bei der Kernfusion entwickelt.

Nachdem die technischen Supraleiter mit ihren deutlich verbesserten supraleitenden Materialeigenschaften verfügbar waren, hat man schon in den 1970er-Jahren begonnen, die Grundprinzipien für supraleitende Energieübertragungskabel mit klassischen Supraleitern, die durch flüssiges Helium gekühlt werden, zu erarbeiten. Auf dieser Basis wurden weltweit verschiedene Pilotprojekte durchgeführt. Etwa 95 % der elektrischen Energieübertragung erfolgt heute durch Wechselstrom-Hochspannungs-Freileitungen. Ihre Vorteile sind unter anderem die relativ geringen Bau- und Reparaturkosten. Der mögliche Einsatz supraleitender Energieübertragungskabel ist vor allem dort interessant, wo Freileitungen nicht möglich sind, wie beispielsweise in Ballungsgebieten. Durch die Entdeckung der Hochtemperatursupraleitung, die wir im anschließenden Kap. 9 besprechen, erhält auch diese Hochstromanwendung der Supraleitung starken neuen Auftrieb.

Kapitel 9
Die Überraschung: Hochtemperatur-Supraleitung

Zusammenfassung Die Entdeckung der Hochtemperatur-Supraleitung im Jahr 1986 verursachte weltweit enorme Forschungsaktivitäten, die schon bald zur Herstellung von Supraleitern mit einer kritischen Temperatur oberhalb 130 K führten. Diese Kuprat-Supraleiter sind stark anisotrop, wobei die Supraleitung in den Kupferoxid-Ebenen lokalisiert ist. Zu Anfang musste die granulare Struktur der keramischen Materialien noch optimiert werden. Die Herstellung von epitaktischen Schichten erlebte jedoch große Fortschritte. Die Symmetrie der Wellenfunktion des Kondensats der Cooper-Paare ist eine wichtige Fragestellung. Der Josephson-Effekt an einzelnen Korngrenzen wird heute bei SQUIDs ausgenutzt. Der intrinsische Josephson-Effekt in kleinen Kristallen mit vielen supraleitenden Einzellagen wird als Quelle für Terahertz-Strahlung erforscht. Weitere Höhepunkte waren 2001 die Entdeckung der Supraleitung in MgB_2 und 2008 die in den Eisenpniktiden.

9.1 Kuprat-Supraleiter

Im April 1986 reichte der Deutsche Johannes Georg Bednorz zusammen mit dem Schweizer Karl Alexander Müller eine Arbeit bei der Zeitschrift für Physik zur Veröffentlichung ein mit dem hier ins Deutsche übersetzten Titel „Mögliche Hoch-T_C-Supraleitung in dem Ba-La-Cu-O-System". Die beiden arbeiteten in dem IBM-Forschungslaboratorium in Rüschlikon bei Zürich. Sie hatten in Verbindungen aus Barium (Ba), Lanthan (La), Kupfer (Cu) und Sauerstoff (O) mit fallender Temperatur eine plötzliche Abnahme des elektrischen Widerstands um mindestens drei Größenordnungen gefunden, wobei der Abfall bei etwa 35 K einsetzte. Es bestand die Vermutung, dass es sich um eine neue Art von Supraleitung handelte. Da die Supraleitung offenbar bei Temperaturen einsetzte, die bis zu 12 K höher lagen als der damals schon seit 12 Jahren bestehende Rekordwert der kritischen Temperatur von 23,2 K für die Verbindung Nb_3Ge, war Vorsicht und Skepsis angesagt. Die Autoren hatten daher mit der Redaktion der Zeitschrift verabredet, die Arbeit so lange zurückzuhalten, bis durch den experimentellen Nachweis des Meissner-Effekts der Tatbestand der Supraleitung eindeutig bewiesen war. Wie

R. Huebener, *Leiter, Halbleiter, Supraleiter*,
DOI 10.1007/978-3-662-53281-2_9

wir in Kap. 8 gesehen hatten, ist der Meissner-Effekt der charakteristische Fingerabdruck für die Supraleitung. Er wurde dann auch für das Ba-La-Cu-O-System bestätigt, und Bednorz und Müller haben ihre eingereichte Arbeit zur Veröffentlichung freigegeben.

Auch Bednorz und Müller stießen anfangs vorwiegend auf Skepsis, die aber nur von kurzer Dauer war. Schon Ende 1986 wurden ihre Ergebnisse an der Universität Tokyo bestätigt und kurz danach auch an der Universität Houston im amerikanischen Bundesstaat Texas. 1987 gelang dann Paul Ching-Wu Chu, Maw-Kuen Wu und ihren Mitarbeitern in Houston ein weiterer sensationeller Fortschritt. In einer Modifikation der ursprünglichen Oxide, bei der das größere Lanthanatom durch das kleinere Yttriumatom ersetzt wurde, beobachteten sie den enormen Anstieg der kritischen Temperatur auf 92 K. Jetzt setzte weltweit bei vielen Gruppen ein atemberaubendes Tempo bei der Erforschung der „Hochtemperatur-Supraleiter" ein. Die kritische Temperatur von 92 K des gerade entdeckten neuen Materials $YBa_2Cu_3O_7$ (abgekürzt YBCO) liegt immerhin deutlich oberhalb der Siedetemperatur von 77 K für flüssigen Stickstoff, sodass das relativ teure flüssige Helium als Kühlmittel durch den viel billigeren flüssigen Stickstoff ersetzt werden kann. Die daraufhin sich an vielen Stellen ausbreitende Hektik in der Forschung war so groß, dass vorübergehend neue Ergebnisse mit Angabe des Tages und der Uhrzeit in Tageszeitungen, wie beispielsweise in der New York Times, publiziert wurden. Der erste Höhepunkt war vielleicht der Sitzungsmarathon auf der Frühjahrskonferenz der American Physical Society am 18. März 1987 im Hilton-Hotel in New York City, der bis weit nach Mitternacht dauerte und anschließend besonders treffend als das „Woodstock der Physik" bezeichnet wurde.

Weltweit hat die Entdeckung der Hochtemperatur-Supraleiter durch Bednorz und Müller ein explosives Wachstum der Forschung und Entwicklung auf dem Gebiet der Supraleitung ausgelöst. Bezüglich der internationalen Reaktion auf diese Entdeckung kann sie mit der Entdeckung der Röntgenstrahlen 1895 durch Wilhelm Conrad Röntgen oder mit der ersten Beobachtung der Kernspaltung 1938 durch Otto Hahn und Fritz Strassmann verglichen werden. Eine Schätzung besagt, dass bis zum Anfang des Jahres 2001 etwa 100.000 wissenschaftliche Arbeiten über die Hochtemperatur-Supraleiter seit ihrer Entdeckung publiziert wurden (Abb. 9.1).

Besonders der Vortrag von Bednorz zur Verleihung des Nobelpreises für Physik an ihn und an K. A. Müller am 8. Dezember 1987 in Stockholm gibt eine lebendige und anschauliche Schilderung des Weges bis zur Entdeckung der Hochtemperatur-Supraleitung. Wir wollen einige Passagen aus diesem Vortrag zitieren:

> … Wir begannen unsere Suche nach Hoch-T_C-Supraleitung im Spätsommer 1983 mit dem La-Ni-O-System.

Bednorz berichtet dann über verschiedene Schritte, bei denen das Nickel und das Lanthan durch andere Elemente ersetzt wurden, jedoch ohne Erfolg.

> […] Das Widerstandsverhalten änderte sich so, wie wir es bereits im vorangegangenen Fall beobachtet hatten. An diesem Punkt begannen wir uns zu fragen, ob das Ziel, auf das wir hinarbeiteten, überhaupt existierte. Würde der Weg, den wir gewählt hatten, letztlich in einer Sackgasse enden?

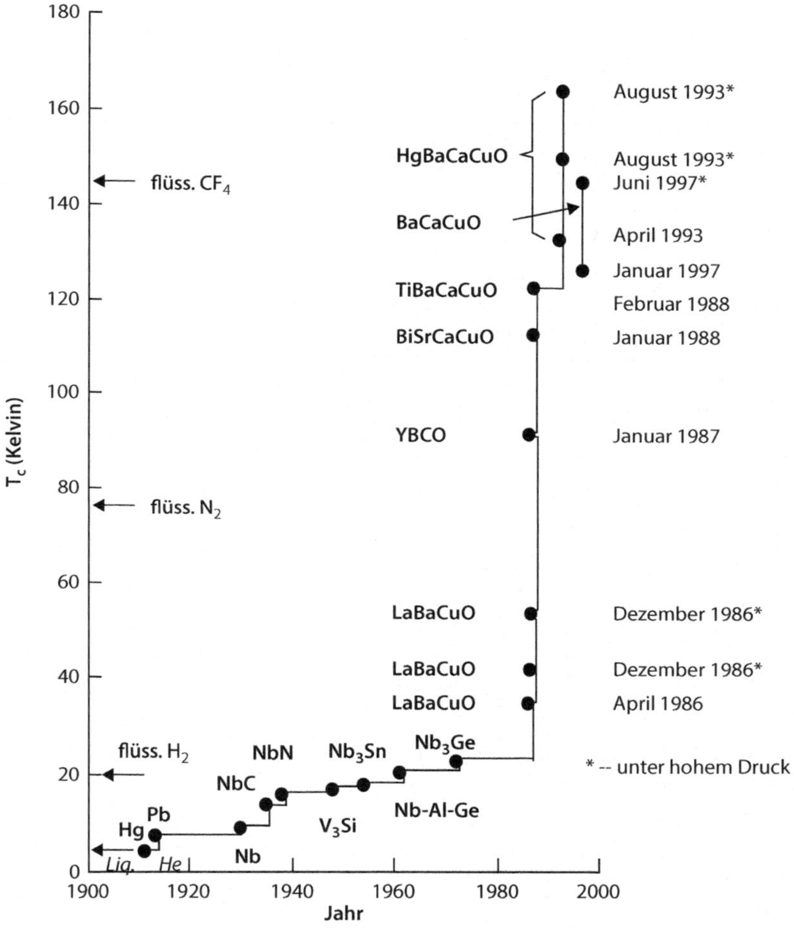

Abb. 9.1 Kritische Temperatur T_C aufgetragen über der Jahreszahl der Entdeckung der einzelnen Supraleiter. Der steile Kurvenast *rechts* zeigt die verschiedenen Hochtemperatur-Supraleiter. Bei den mit dem Stern markierten Eintragungen konnte die kritische Temperatur unter hohem Druck noch weiter erhöht werden. (© C. W. Chu)

1985 hatte das Projekt diese kritische Phase erreicht, und es wurde sicherlich nur deshalb fortgeführt, weil sich unsere Experimentiermöglichkeiten, die zuvor etwas eingeschränkt waren, verbesserten. Die Zeit, in der wir die Apparaturen für Widerstandsmessungen mit einer anderen Gruppe teilen mussten, endete. [...] So verlagerte sich die Messzeit vom späten Abend in die normale Arbeitszeit.

Nach einer kurzen Zusammenfassung der weiteren Versuche fährt Bednorz fort:

[...] Aber wiederum beobachteten wir keine Anzeichen von Supraleitung. Es war jetzt an der Zeit, die Literatur zu studieren und über die bisherigen Erkenntnisse nachzudenken.

> Ende 1985 war der Wendepunkt erreicht. Ich entdeckte einen Artikel der französischen Wissenschaftler C. Michel, L. Er-Rakko und B. Raveau, die ein Ba-La-Cu-Oxid mit Perowskit-Struktur untersucht und dabei metallische Leitfähigkeit im Temperaturbereich von + 300 °C bis –100 °C beobachtet hatten. [...] Im Ba-La-Cu-Oxid mit einer perowskitischen Struktur und Cu in zwei verschiedenen Valenzen schienen alle Eigenschaften, die unser Konzept forderte, vorzuliegen. Ich ging sofort in mein Labor im Erdgeschoss und begann mit der Präparation einer Reihe von festen Lösungen.

Es ereigneten sich dann mehrere Unterbrechungen, und Bednorz berichtet weiter:

> [...] erinnerte ich mich Mitte Januar 1986 wieder, wie sehr das Ba-La-Cu-Oxid damals beim Lesen des Artikels intuitiv meine Aufmerksamkeit erregt hatte. Ich beschloss, die Experimente mit der neuen Verbindung wieder aufzunehmen. Nach der Widerstandsmessung mit der Vierpol-Methode zu urteilen, schien sich die Temperaturabhängigkeit nicht wesentlich von der dutzender vorausgegangener Proben zu unterscheiden. Beim Abkühlen jedoch war zunächst ein metallähnlicher Abfall zu beobachten, dem bei tiefen Temperaturen ein Anstieg folgte. [...] Meine innere Anspannung, die jedes Mal wuchs, wenn sich die Temperatur dem 30-Kelvin-Bereich näherte, war schon dabei sich zu lösen, als bei 11 K der Widerstand schlagartig um 50 % abfiel. War dies das erste Anzeichen von Supraleitung?
>
> Alex [Müller] und ich waren begeistert, als sich die Messungen perfekt reproduzieren ließen und ein Fehler ausgeschlossen werden konnte. Sowohl die Zusammensetzung als auch die thermische Behandlung wurden jetzt variiert, und innerhalb von zwei Wochen waren wir in der Lage, den Beginn des Widerstandsabfalls auf 35 K anzuheben. Dies war ein unglaublich hoher Wert im Vergleich zum bislang höchsten T_C im Nb_3Ge-Supraleiter.

Die Substanzen der gefundenen neuen Klasse der „Kuprat-Supraleiter" (Abb. 9.2) sind Oxide, die kristallografisch Perowskit-Struktur besitzen. Das prominenteste Strukturelement sind Kupferoxid(CuO_2)-Ebenen, in denen Kupfer- und Sauerstoffatome miteinander abwechselnd angeordnet sind und so ein zweidimensionales Gitter bilden. Die elementaren Bausteine, aus denen die Kuprat-Supraleiter in allen drei Raumrichtungen periodisch aufgebaut sind (die kristallografischen Einheitszellen), enthalten abhängig von der jeweiligen Verbindung eine unterschiedliche Anzahl von Kupferoxid-Ebenen. Aufgrund der verschiedenen möglichen chemischen Zusammensetzung unterscheidet man fünf Hauptfamilien bei den Kuprat-Supraleitern, von denen die „Stammväter" und die kritischen Temperaturen T_c in der anschließenden (Tab. 9.1) zusammengestellt sind.

Die elektrischen und insbesondere die supraleitenden Eigenschaften dieser Kuprate werden von den Kupferoxid-Ebenen bestimmt und hängen empfindlich von deren Dotierung mit elektrischen Ladungsträgern ab. Im undotierten Zustand sind die Kuprate allerdings elektrische Isolatoren, bei denen die Elementarmagnete der Kupferatome in den CuO_2-Ebenen abwechselnd entgegengesetzt orientiert sind. Supraleitung wird erst beobachtet, wenn durch Löcherdotierung die Elektronenkonzentration in den CuO_2-Ebenen reduziert wird. Diese Löcherdotierung kann beispielsweise durch den Entzug von Sauerstoff bewirkt werden. Da andererseits Supraleitung nur in einem relativ schmalen Konzentrationsbereich der Dotierung auftritt, muss bei der Materialpräparation die Sauerstoffkonzentration sorgfältig kontrolliert werden. Die in Tab. 9.1 angegebenen Werte der kritischen Temperatur beziehen sich auf den Fall der optimalen Dotierung mit Löchern. Die Verbindung $HgBa_2Ca_2Cu_3O_{8+x}$ weist mit $T_C = 133$ K die höchste bisher bei Nor-

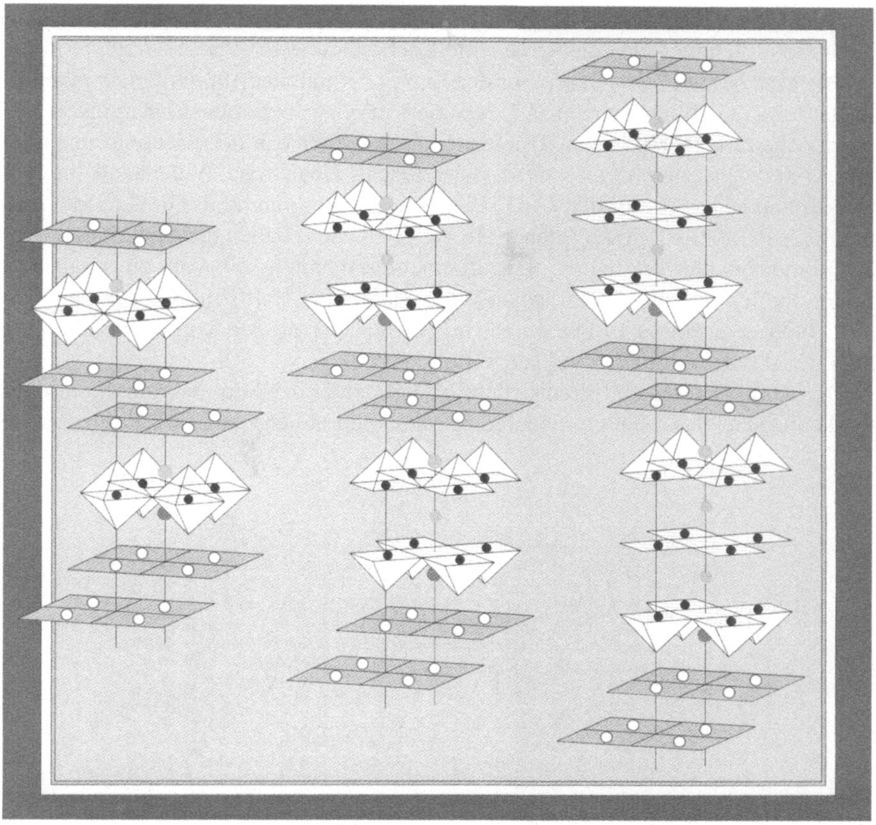

Abb. 9.2 Kristallstruktur verschiedener Kuprat-Supraleiter. An den sechs Ecken der hellen Oktaeder bzw. an den fünf Ecken der hellen Pyramiden befinden sich Sauerstoffatome. Die Zentren der Oktaeder bzw. der Grundflächen der Pyramiden sind durch Kupferatome besetzt. (© IBM)

Tab. 9.1 Kritische Temperaturen verschiedener Hochtemperatur-Supraleiter

Verbindung	T_c (Kelvin)
$La_{2-x}Sr_xCuO_4$	38
$YBa_2Cu_3O_{7-x}$	92
$Bi_2Sr_2CaCu_2O_{8+x}$	110
$Tl_2Ba_2Ca_2Cu_3O_{10+x}$	125
$HgBa_2Ca_2Cu_3O_{8+x}$	133

maldruck beobachtete kritische Temperatur auf. Unter hohem Druck hat diese Verbindung sogar die kritische Temperatur von 164 K gezeigt.

Neben den Kupraten, die bei Löcherdotierung supraleitend werden, wurden auch einige Verbindungen gefunden, die bei Dotierung mit Elektronen, also mit negativen Ladungen, Supraleitung zeigen. Allerdings ist der für die Supraleitung erforderliche Konzentrationsbereich der Dotierung geringer und die kritische Temperatur deutlich niedriger als bei den mit Löchern dotierten Verbindungen.

Die geschichtete Kristallstruktur der Kuprat-Supraleiter mit der herausragenden Rolle der CuO_2-Ebenen (Abb. 9.3) resultiert in einer extremen Abhängigkeit aller elektrischen und thermischen Transporteigenschaften von der Richtung innerhalb des Kristalls. Beispielsweise ist der spezifische elektrische Widerstand im Normalzustand senkrecht zu den CuO_2-Ebenen um bis zu mehrere Größenordnungen höher als parallel zu diesen Ebenen. In vieler Hinsicht haben die Materialien quasi zweidimensionales Verhalten. Die Temperaturabhängigkeit von physikalischen Eigenschaften wie dem elektrischen Widerstand, dem Hall-Effekt sowie dem Seebeck- und dem Peltier-Effekt weicht im Normalzustand der Kuprate deutlich von dem bei Metallen üblichen Verhalten ab.

Die Kohärenzlänge ξ, die die räumliche Starrheit der Supraleitungseigenschaften kennzeichnet, ist bei den Hochtemperatur-Supraleitern deutlich kleiner als bei

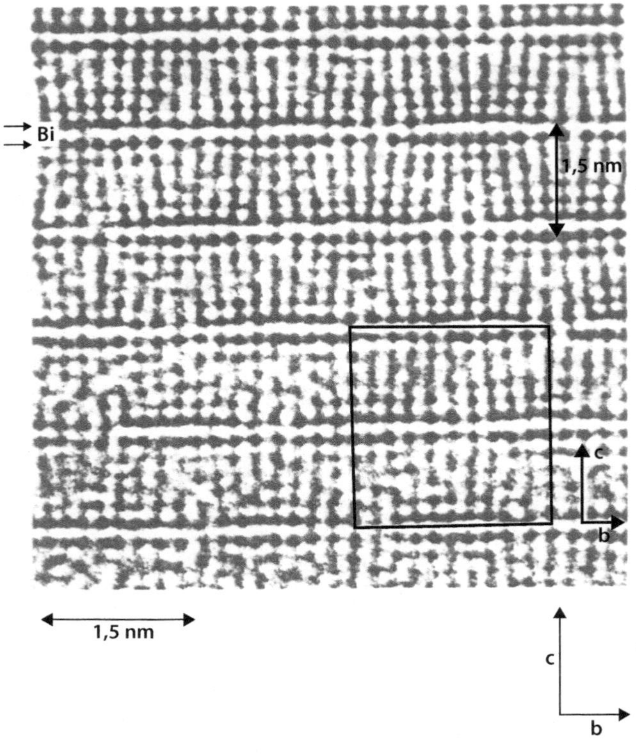

Abb. 9.3 Hochauflösende elektronenmikroskopische Aufnahme des Kuprat-Supraleiters $Bi_2Sr_2CaCu_2O_{8+\delta}$. Die beiden Pfeilspitzen links oben zeigen zwei Reihen von Bismutatomen. Die Richtung der kritallografischen b- und c-Achse ist unten angegeben. Die c-Achse steht senkrecht auf den CuO_2-Ebenen des Kuprats. (© O. Eibl)

den klassischen Supraleitern und hat eine ähnliche Größe wie die Abmessungen der kristallografischen Einheitszelle. Wir haben es mit extremer Typ-II-Supraleitung zu tun. Als Folge hiervon sind diese Materialien gegenüber atomaren Fehlstellen und Korngrenzen, die beide als Haftstellen für magnetische Flussquanten wirken, besonders empfindlich (Abb. 9.4). Das obere kritische Magnetfeld H_{C2} ist bis zu mehr als 100- bis 200-mal größer als die höchsten Werte bei den klassischen Supraleitern. Eine der ersten Fragen, die es für die neu entdeckten Materialien zu beantworten galt, betraf die Aufklärung darüber, ob die Bildung von Cooper-Paaren wiederum wie bei den klassischen Supraleitern die Grundlage der Supraleitung ist. Diese Frage der Paarbildung wurde für die Kuprat-Supraleiter schon früh positiv beantwortet, wobei die Größe des magnetischen Flussquants und die quantitative Beziehung zwischen elektrischer Spannung und Frequenz beim Josephson-Effekt eindeutige Hinweise für das Auftreten der doppelten Elementarladung der Cooper-Paare gaben.

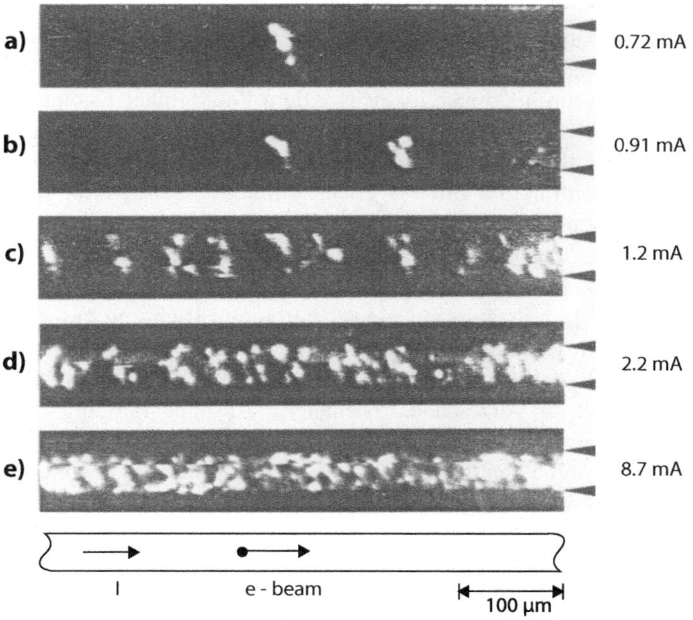

Abb. 9.4 Granulare Struktur einer der ersten präparierten dünnen Schichten des Kuprat-Supraleiters $Y_1Ba_2Cu_3O_7$. Die im Bild horizontal verlaufende Schicht hat eine Breite von 30 µm. Die Pfeilspitzen rechts markieren den oberen und den unteren Rand der Schicht. Helle Stellen geben die Orte an, an denen in der Schicht elektrischer Widerstand bei elektrischer Strombelastung auftritt. Die dunklen Stellen sind supraleitend. Bei der Bilderserie (a) bis (e) wurde der elektrische Strom von 0,7 mA bei (a) auf 8,7 mA bei (e) sukzessive erhöht. Die Bilder zeigen die starke räumliche Inhomogenität der Schicht mit großen Schwankungen in der lokalen kritischen elektrischen Stromdichte. Die Bilder wurden mit der Methode der Tieftemperatur-Rasterelektronenmikroskopie aufgenommen. Die Temperatur betrug 53 K

9.2 Symmetrie der Wellenfunktion

Eine weitere zentrale Fragestellung bei den Hochtemperatur-Supraleitern betrifft die räumliche Symmetrie der Wellenfunktion, die den supraleitenden Grundzustand der Cooper-Paare kennzeichnet. In Kap. 5 hatten wir besprochen, dass die Zustände der Elektronen als Wellen im Kristall durch den Wellenvektor **k** bestimmt sind und wie durch diese Wellenvektoren der dreidimensionale **k**-Raum oder Impulsraum aufgebaut wird. Da in den Kupraten die Supraleitung innerhalb der CuO_2-Ebenen stattfindet, können wir uns jetzt praktisch auf den zweidimensionalen Impulsraum in diesen Ebenen beschränken. Die übrig bleibende Frage lautet: Ist die Wellenfunktion von der Richtung in diesem Impulsraum abhängig oder nicht? Bei den klassischen Supraleitern besteht im Allgemeinen keine solche Richtungsabhängigkeit, und man spricht von s-Wellen-Symmetrie. Bei den Kuprat-Supraleitern ist es jedoch anders. Für die mit Löchern dotierten Hochtemperatur-Supraleiter wurde eine starke Richtungsabhängigkeit der Wellenfunktion nachgewiesen, die durch die atomaren d-Orbitale dominiert ist.

Um dies darzustellen, wird die Wellenfunktion im zweidimensionalen **k**-Raum der CuO_2-Ebenen aufgetragen. Abb. 9.5 zeigt eine solche polare Auftragung mit den vier Keulen der d-Orbitale, die abwechselnd positives und negatives Vorzeichen besitzen und die in Abhängigkeit von dem Polarwinkel Knoten und Bäuche aufweisen. Im Fall der $d_{x^2-y^2}$ -Symmetrie sind die Knoten und Bäuche in den angegebenen kristallografischen Richtungen angeordnet. Zum Vergleich ist auch die isotrope Wellenfunktion mit s-Wellen-Symmetrie gezeigt, die üblicherweise bei den klassischen Supraleitern vorliegt. Um die Richtungen der Knoten und Bäuche im Schema der CuO_2-Ebenen zu identifizieren, ist der Fall des quadratischen CuO_2-Gitters in Abb. 9.6 dargestellt.

Startet man im Impulsraum mit einer bestimmten Richtung des Wellenvektors und durchläuft mit der Richtung einmal eine komplette Drehung um den Mittelpunkt des Koordinatensystems, dann ändert die Wellenfunktion bei d-Wellen-Symmetrie viermal ihr Vorzeichen, bis man zur Ausgangsrichtung zurückgekehrt ist. Hierbei durchläuft die Wellenfunktion auch viermal den Wert null. Diese Nullstellen werden „Knoten" genannt, so wie es auch bei Schwingungen üblich ist. An den Knoten verschwindet die Energielücke im Supraleiter, und auf beiden Seiten

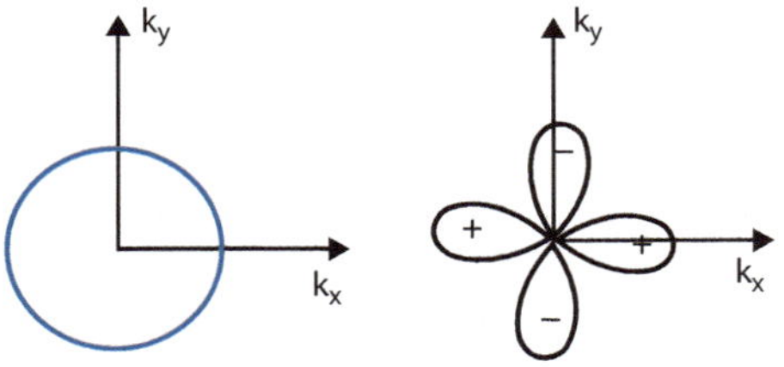

Abb. 9.5 Darstellung der Wellenfunktion mit s-Wellen-Symmetrie *(links)* und mit $d_{x^2-y^2}$ -Symmetrie *(rechts)* im **k**-Raum (k_x-k_y-Ebene). Die letztgenannte Symmetrie dominiert in den CuO_2-Ebenen der Kuprat-Supraleiter

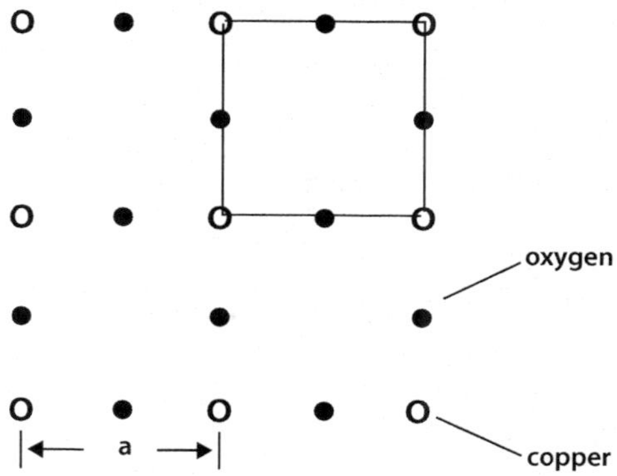

Abb. 9.6 Schema des quadratischen CuO_2-Gitters. Die Einheitszelle ist mit der durchgezogenen Linie markiert. Die Gitterkonstante a ist angedeutet

der Knoten steigt sie wieder an. Die d-Wellen-Symmetrie der Wellenfunktion für die Cooper-Paare mit ihren Vorzeichenwechseln und ihren Knoten bei den mit Löchern dotierten Hochtemperatur-Supraleitern hat wichtige Konsequenzen für viele physikalische Eigenschaften im supraleitenden Zustand dieser Materialien. In diesem Zusammenhang werden wir ein schönes Experiment zum Nachweis von halbzahligen magnetischen Flussquanten weiter unten besprechen. Bei den mit Elektronen dotierten Hochtemperatur-Supraleitern ist die Klärung der Frage nach der räumlichen Symmetrie der Wellenfunktion für die Cooper-Paare zurzeit noch nicht abgeschlossen, da die vorliegenden experimentellen Befunde noch keine eindeutige Schlussfolgerung zulassen.

Während die Bildung von Cooper-Paaren als Grundlage auch für die Hochtemperatur-Supraleiter eindeutig festgestellt werden kann, ist der mikroskopische Paarungsmechanismus bei den Kupraten immer noch nicht aufgeklärt und bleibt daher eine theoretische und experimentelle Herausforderung.

Die geschichtete Struktur der Kuprat-Supraleiter mit den übereinanderliegenden CuO_2-Ebenen wirkt sich auch auf die magnetischen Flusslinien aus, die Abrikosov bei den Typ-II-Supraleitern zum ersten Mal vorausgesagt hatte und die im Mischzustand den Supraleiter in der Richtung des Magnetfelds fadenartig durchlaufen. Wir betrachten nur den Fall, bei dem das Magnetfeld senkrecht zu den CuO_2-Ebenen orientiert ist. Da die Supraleitungseigenschaft überwiegend auf diese Ebenen konzentriert ist, werden die Flusslinien auch nur innerhalb der Ebenen auf einem kurzen Stück ausgebildet und zwischen den Ebenen unterbrochen. Die kontinuierliche magnetische Flusslinie nach der Theorie von Abrikosov ist jetzt in einzelne kleine Scheibchen zerlegt, die jeweils in den CuO_2-Ebenen liegen und genau aufeinander gestapelt sind. Die Scheibchen werden oft als „Pfannkuchen" (engl.: *pancakes*) bezeichnet. Diese Zerlegung der magnetischen Flusslinien in viele einzelne Scheibchen hat auch zur Folge, dass das magnetische Flussliniengitter jetzt eine Vielzahl von neuen Eigenschaften aufweist, die das ursprüngliche Abrikosov-Gitter nicht besessen hat. Beispielsweise können einzelne Scheibchen die genau aufeinander gestapelte Anordnung verlassen, sodass man von Schmelzen und von Verdampfen der Scheibchenanordnung spricht.

In Kap. 8 hatten wir schon besprochen, dass durch die Bewegung der magnetischen Flusslinien eine elektrische Spannung im Supraleiter erzeugt wird und dass dies zu elektrischen Verlusten führt, wenn die Flusslinienbewegung durch einen elektrischen Strom aufgrund der Lorentz-Kraft verursacht ist. Durch die Zerlegung der Flusslinien in einzelne Scheibchen ist dieser Verlustmechanismus in den Hochtemperatur-Supraleitern besonders wirkungsvoll, da die Bewegungsmöglichkeiten der einzelnen kleinen Scheibchen deutlich größer sind als die der mehr oder weniger starren und kompletten Abrikosov'schen Flusslinien. Die Verhinderung der Scheibchenbewegung durch den Einbau von Haftzentren in den Supraleiter wird daher besonders dringlich. In diesem Zusammenhang erinnern wir uns daran, dass der Radius des normalen Kerns im Zentrum jeder Flusslinie durch die Kohärenzlänge ξ gegeben ist und damit bei den Kupraten viel kleiner ist als bei den klassischen Supraleitern. Es stellt sich so heraus, dass die Mindestgröße der Haftzentren nur noch Abmessungen von etwa atomarer Längenskala haben muss, um sich bereits auszuwirken. Daher sind schon lokale Abweichungen von der Stöchiometrie, wie beispielsweise fehlende Sauerstoffatome in den CuO_2-Ebenen und Korngrenzen auf atomarer Skala, in den Hochtemperatur-Supraleitern wirkungsvolle Haftzentren.

9.3 Korngrenzen

Schon bald nachdem die oxidischen Kuprat-Supraleiter entdeckt waren, wurde ein schwerwiegendes Problem dieser Materialien offensichtlich. Als Keramik wurden sie zunächst mit granularer Struktur hergestellt, wobei die individuellen Körner durch ein dichtes Netz von Korngrenzen voneinander getrennt waren. Da innerhalb dieser Korngrenzen die Supraleitung im Allgemeinen unterbrochen war, wurde bei elektrischer Strombelastung ein restlicher elektrischer Widerstand und damit keine reine Supraleitung mehr beobachtet. Ein frühes Experiment zum Nachweis der granularen Struktur des Kuprat-Supraleiters $Y_1Ba_2Cu_3O_7$ zeigt Abb. 9.4. Auf dieser Fragestellung gründeten sich zwei naheliegende Zielsetzungen für die weitere Forschung. Einerseits musste versucht werden, die Menge an Korngrenzen möglichst stark zu reduzieren. Andererseits sollten die physikalischen Eigenschaften der Korngrenzen selbst möglichst genau untersucht werden.

Bezüglich des ersten Ziels konnten sich die Fortschritte gut sehen lassen. Hier war es vor allem die Dünnschichttechnologie, mit der dünne, einkristalline Schichten der Hochtemperatur-Supraleiter auf geeigneten Substraten hergestellt werden konnten. Diese epitaktischen Schichten besitzen kaum noch Korngrenzen und bleiben streng supraleitend bis zu kritischen elektrischen Stromdichten von mehr als einer Million A/cm^2 bei der Temperatur von 77 K, der Siedetemperatur des flüssigen Stickstoffs.

Mit der zweiten Zielsetzung, nämlich der Aufklärung der physikalischen Korngrenzeneigenschaften, war dann eine unerwartete, aber umso interessantere Entwicklung verbunden. Hier waren es vor allem Mitarbeiter des Thomas J.

Watson Forschungszentrums von IBM in Yorktown Heights im amerikanischen Bundesstaat New York, die diese Entwicklung geprägt haben. Um das Verhalten einer einzelnen Korngrenze zu studieren, suchte sich Chang C. Tsuei in seinem IBM-Labor eine dünne Schicht des Hochtemperatur-Supraleiters $YBa_2Cu_3O_7$ aus, die relativ große einkristalline Bereiche und dazwischen einzelne besonders lange Korngrenzen enthielt. Jetzt musste nur noch ein schmaler Steg so aus der YBCO-Schicht herauspräpariert werden, dass er quer über die Korngrenze hinweg lief. Damit waren elektrische Messungen an der einzelnen Korngrenze möglich. Während Tsuei seine Experimente noch an einer spontan und zufällig gebildeten Korngrenze beabsichtigte, kam von seinem Labornachbarn Praveen Chaudhari der Vorschlag, die Korngrenze gezielt durch ein speziell präpariertes Substrat für die Deposition der Kuprat-Supraleiterschicht zu erzeugen. Bei den weiteren Entwicklungen war der Postdoktorand Jochen Mannhart wesentlich beteiligt. Bei der von Tsuei verwendeten Methode zum epitaktischen Wachstum der Hochtemperatur-Supraleiterschicht wird die Kristallorientierung des einkristallinen Substrats exakt auf die darüberliegende Supraleiterschicht übertragen. Wird als Substrat ein künstlich hergestellter Bikristall benutzt, bei dem zwei verschieden orientierte Einkristall-Bereiche durch eine atomar scharfe Korngrenze voneinander getrennt sind, dann überträgt sich die Korngrenze des Substrats exakt auch auf die darüber präparierte Supraleiterschicht (Abb. 9.7). Diese Bikristall-Technik war schnell von Erfolg gekrönt und ermöglichte zahlreiche Experimente an wohldefinierten Korngrenzen in Supraleiterschichten. Insbesondere wurde auch der Josephson-Effekt an der Korngrenze gefunden. Seitdem hat sich diese Technik zu einem wichtigen Verfahren für die Herstellung von Josephson-Kontakten in Hochtemperatur-Supraleiterschichten entwickelt. Zur Fabrikation von SQUIDs auf der Basis von Hochtemperatur-Supraleitern hat sich das Prinzip ebenfalls ausgezeichnet bewährt.

Die beiden Vorzeichen der $d_{x^2-y^2}$ -Wellenfunktion, die jeweils bei verschiedenen Polarwinkeln auftreten, können zu wichtigen Konsequenzen führen, falls zwei Kristalle mit unterschiedlicher Orientierung miteinander durch eine wohldefinierte Korngrenze verbunden sind (Bikristall-Technik, Abb. 9.7). Der Fall, bei dem eine positive Keule der Wellenfunktion auf der anderen Seite des Kontakts auf eine negative Keule stößt, wird als „π-Kontakt" bezeichnet. Ein geschlossener Ring, der einen solchen π-Kontakt enthält, zerstört die Eindeutigkeit der Wellenfunktion (Frustration), da bei einem vollständigen Umlauf ein Vorzeichenwechsel der Wellenfunktion übrig bleibt. In diesem Fall wird die Frustration durch die spontane Erzeugung eines halbzahligen magnetischen Flussquants im Ring beseitigt.

Chang Tsuei hat diese Technik schließlich auch dazu benutzt, die d-Wellen-Symmetrie der Cooper-Paar-Wellenfunktion für die mit Löchern dotierten Hochtemperatur-Supraleiter nachzuweisen (Abb. 9.8). Wir hatten schon oben diskutiert, dass bei d-Wellen-Symmetrie die Wellenfunktion bei einer vollen Umdrehung der Richtung des Wellenvektors viermal ihr Vorzeichen ändert, sodass nach jeweils einer halben Umdrehung das gleiche Vorzeichen wiederkehrt. Durch entsprechendes Aneinanderlegen, wie bei den Stücken einer runden Torte, von drei Winkelbereichen, in denen die Kristallorientierung der Supraleiterschicht jeweils verschieden ist, kann erreicht werden, dass an einer der drei Korngrenzen zwi-

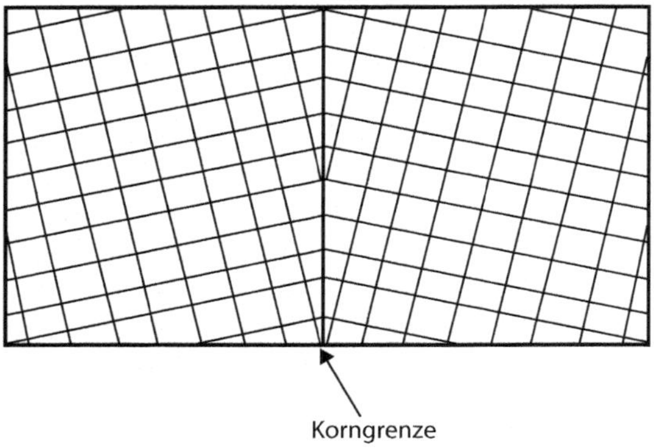

Abb. 9.7 Bikristall-Technik zur kontrollierten Präparation einer einzelnen Korngrenze in einer Kuprat-Supraleiterschicht. Als Substrat wird ein künstlich hergestellter Bikristall benutzt, bei dem zwei verschieden orientierte einkristalline Kristallteile durch eine atomar scharfe Korngrenze voneinander getrennt sind. Die Korngrenze im Substrat überträgt sich dann exakt auf die darüber präparierte Supraleiterschicht. Auf beiden Seiten der Korngrenze befinden sich einkristalline Supraleiterschichten mit verschiedener Kristallorientierung

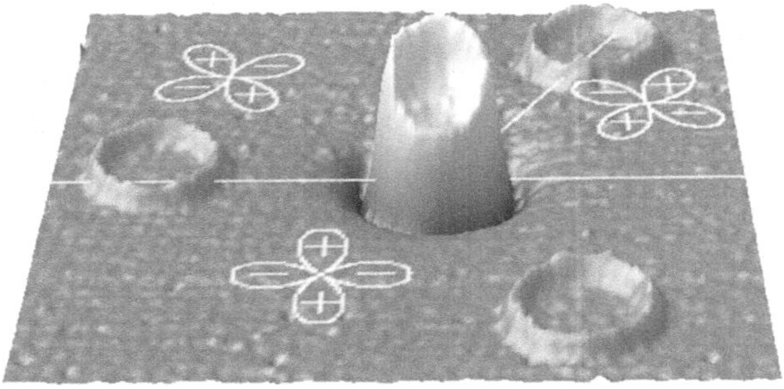

Abb. 9.8 Trikristall-Experiment von Tsuei zum Nachweis der d-Wellen-Symmetrie der quantenmechanischen Cooper-Paar-Wellenfunktion im Kuprat-Supraleiter $Y_1Ba_2Cu_3O_7$. Das Substrat ist ein künstlich hergestellter Trikristall, bei dem drei verschieden orientierte einkristalline Kristallteile durch atomar scharfe Korngrenzen voneinander getrennt sind. Diese Kristallstruktur mit ihren Korngrenzen überträgt sich exakt auf die darüber präparierte Supraleiterschicht. Die Korngrenzen sind durch die geraden weißen Linien markiert. In den drei durch die Korngrenzen voneinander getrennten Kristallteilen ist die verschieden orientierte d-Wellen-Symmetrie der Cooper-Paar-Wellenfunktion durch die weißen vierblättrigen Figuren angedeutet. An verschiedenen Stellen sind aus der YBaCuO-Schicht insgesamt vier supraleitende Ringe fabriziert, während der restliche Teil der Schicht entfernt wurde. Die Orientierungen der drei Kristallteile sind so gewählt, dass bei vorhandener d-Wellen-Symmetrie der Wellenfunktion in dem Ring um den gemeinsamen Treffpunkt der drei Kristallteile spontan ein exakt halbzahliges magnetisches Flussquant erzeugt wird, während sich bei den übrigen drei Ringen nichts ereignet. Das Bild wurde mithilfe eines SQUID-Rastermikroskops gewonnen und zeigt im mittleren Ring um den gemeinsamen Treffpunkt der drei Kristallteile das halbzahlige magnetische Flussquant. Die übrigen Ringe bleiben nur schwach angedeutet. (© C. C. Tsuei)

schen beiden Seiten ein Vorzeichenwechsel der Wellenfunktion stattfindet. Diese Randbedingung bewirkt, dass sich die Wellenfunktion bei einem Umlauf der Richtung um den gemeinsamen Treffpunkt der drei Winkelbereiche nicht reproduziert, sondern dass ein Wechsel im Vorzeichen übrig bleibt, da ein π-Kontakt vorliegt. Als notwendige Folge wird am gemeinsamen Treffpunkt der drei Korngrenzen spontan ein exakt halbzahliges magnetisches Flussquant gebildet. Der Nachweis dieses halbzahligen Flussquants gelang Tsuei und Mitarbeitern mithilfe eines SQUID-Rastermikroskops. Die Herstellung der drei durch scharfe Korngrenzen voneinander getrennten Bereiche der Supraleiterschicht mit jeweils verschiedener Kristallorientierung erfolgte durch die Verwendung eines Trikristalls als Substrat, wobei dieser Kristall aus drei entsprechend orientierten Winkelbereichen zusammengesetzt war. Dieses Trikristall-Experiment und der Nachweis des spontan erzeugten halbzahligen magnetischen Flussquants am gemeinsamen Treffpunkt der drei Korngrenzen ist als einer der eindrucksvollsten Beweise für die d-Wellen-Symmetrie in den löcherdotierten Hochtemperatur-Supraleitern anzusehen.

9.4 Intrinsischer Josephson-Kontakt

Die Kristallstruktur der Kuprat-Supraleiter erinnert an einen Josephson-Kontakt, bei dem die supraleitenden Kupferoxid-Ebenen durch eine nur schwach elektrisch leitende Zwischenschicht voneinander getrennt sind. In einem Kristall dieser Materialien sind dann bis zu vielen Tausend dieser Josephson-Kontakte aufeinandergestapelt. Tatsächlich haben Reinhold Kleiner und Paul Müller im Jahr 1992, damals noch am Walther-Meissner-Institut für Tieftemperaturforschung der Bayerischen Akademie der Wissenschaften in Garching bei München, den „intrinsischen Josephson-Effekt" in kleinen Einkristallen des Kuprat-Supraleiters $Bi_2Sr_2CaCu_2O_8$ (BSCCO) entdeckt.

In den ersten Experimenten wurde ein kleiner supraleitender BSCCO-Kristall so zwischen zwei Kontaktstifte geklemmt, dass ein elektrischer Strom senkrecht zu den Kupferoxid-Ebenen hindurch geleitet werden konnte. Oberhalb einer kritischen Stromstärke trat am Kristall eine elektrische Spannung auf, die entsprechend der zweiten Josephson-Gleichung (Gl. 8.24) von einem hochfrequenten Josephson-Wechselstrom begleitet war. Insbesondere konnten dabei die emittierten Mikrowellen nachgewiesen werden. Da die gestapelten Josephson-Kontakte alle synchron oszillieren, wächst die emittierte Leistung der elektromagnetischen Strahlung quadratisch mit der Zahl der Kontakte im Stapel an. Heute werden für die Untersuchung und Anwendung des intrinsischen Josephson-Effekts kleine BSCCO-Türme („Mesas") auf einem geeigneten Substrat präpariert und mit Metallschichten zur elektrischen Kontaktierung versehen (Abb. 9.9). Als Strahlungsquelle für Mikrowellen im Bereich von etwa 0,5–2 Terahertz ($\mathrm{THz} = 10^{12}\,\mathrm{s}^{-1}$) besteht gegenwärtig für diese Entwicklungen hohes Interesse, da dieser Frequenzbereich bisher kaum zugänglich ist (Terahertz-Gap).

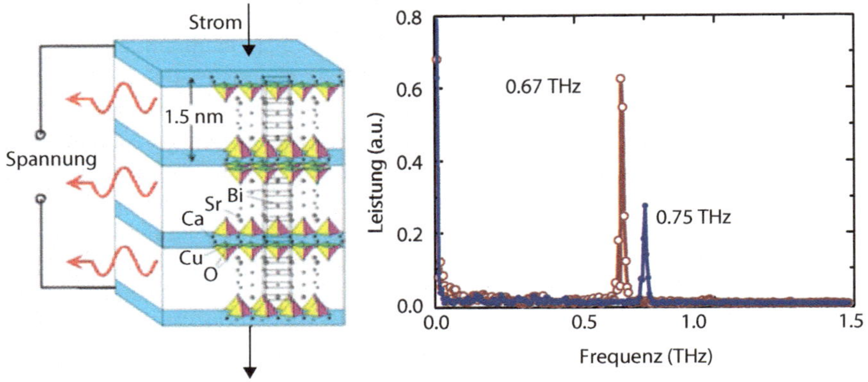

Abb. 9.9 Intrinsischer Josephson-Kontakt als Mikrowellen-Quelle. *Links:* Schema eines Stapels von drei Josephson-Kontakten eines supraleitenden $Bi_2Sr_2CaCu_2O_8$(BSCCO)-Kristalls. Die (dunkel gezeichneten) Kupferoxid-Ebenen verlaufen durch die Basis der CuO-Pyramiden. *Rechts:* Emittiertes Mikrowellen-Spektrum eines BSCCO-Kristalls. (© R. Kleiner)

9.5 Weitere neue Supraleiter, MgB_2, Eisen-Pniktide

Die Überraschung durch die Entdeckung neuer supraleitender Materialien mit relativ hohen Werten der kritischen Temperatur war aber mit den gefundenen Kuprat-Supraleitern noch nicht beendet. Im März 2001 berichtete die Arbeitsgruppe von Jun Akimitsu an der Aoyama-Gakuin Universität in Tokyo in der Zeitschrift *Nature,* dass die nur aus zwei Elementen bestehende Verbindung MgB_2 supraleitend ist, mit der kritischen Temperatur $T_C = 39\,K$. Schon im Januar hatte Akimitsu seine Entdeckung auf einer Konferenz in Japan mitgeteilt, und sogleich setzten wieder in vielen Gruppen Forschungsaktivitäten ein, um die physikalischen Eigenschaften dieses neuen Supraleiters herauszufinden. Die Kristallstruktur des Magnesiumdiborids ist, ähnlich wie bei den Kupraten, durch einen geschichteten Aufbau gekennzeichnet. Ebenen von hexagonal angeordneten Magnesiumatomen und solche von in Bienenwabenform grafitähnlich angeordneten Boratomen liegen abwechselnd übereinander. Erwartungsgemäß wurde wieder gefunden, dass die Supraleitung auf der Bildung von Cooper-Paaren beruht. Die Wellenfunktion der Paare zeigt keine ausgeprägte Richtungsabhängigkeit und besitzt offenbar s-Wellen-Symmetrie, wie bei den klassischen Supraleitern.

Anfang des Jahres 2008 berichtete die Gruppe von Hideo Hosono in Japan von einer neuen Überraschung: sie hatten Supraleitung in der Verbindung LaOFeAs aus Lanthan (La), Sauerstoff (O), Eisen (Fe) und Arsen (As) entdeckt, nachdem sie mit Fluor (F) dotiert wurde. Für die Zusammensetzung $LaO_{1-x}F_xFeAs$ wurde für $x = 0,07$ die kritische Temperatur $T_C = 26\,K$ gefunden. Diese neue Klasse von eisen- und arsenhaltigen Supraleitern gehört zur Gruppe der Eisen-Pniktide.

Schon rasch wurden in der Familie $ReO_{1-x}F_xFeAs$ weitere Supraleiter gefunden, nachdem das Lanthan durch andere Elemente der leichten Seltenen Erden (Rare Earths, Re) wie Praseodym (Pr), Neodym (Nd) oder Samarium (Sm) ersetzt wurde. So konnten Werte der kritischen Temperatur bis zu dem Rekordwert $T_C = 56\,K$ von $Sr_{0.5}Sm_{0.5}FeAsF$ erzielt werden. Trotz ihrer ausgeprägten Schichtstruktur zeigen die Eisen-Pniktide keine nennenswerte Anisotropie (wie die Kuprate) in ihren elektronischen Transporteigenschaften. Die wichtigen Strukturelemente sind ebene Lagen von Eisenatomen, die von tetraedrisch angeordneten As- oder Se-Anionen umgeben sind und die die Rolle der CuO-Ebenen in den Kupraten spielen (Abb. 9.10). Die Lagen sind aufeinander gestapelt und dabei durch blockierende Lagen aus Alkaliatomen, Elemente der alkalischen Erden oder

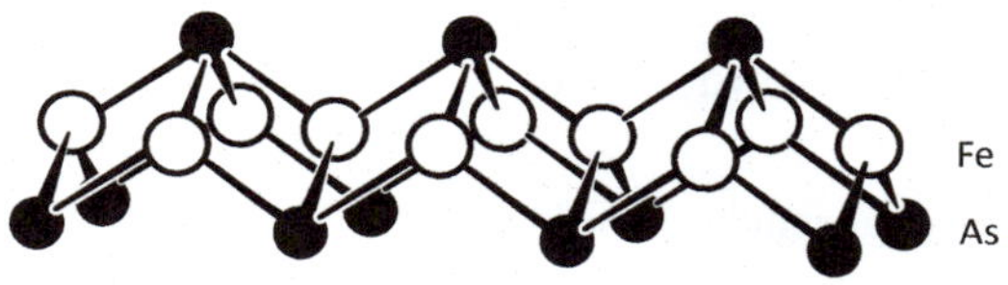

Abb. 9.10 Lagen von FeAs (oder ähnlich von FeSe), die zwischen Lagen von Lanthan-Oxid angeordnet und eventuell mit Fluor dotiert sind

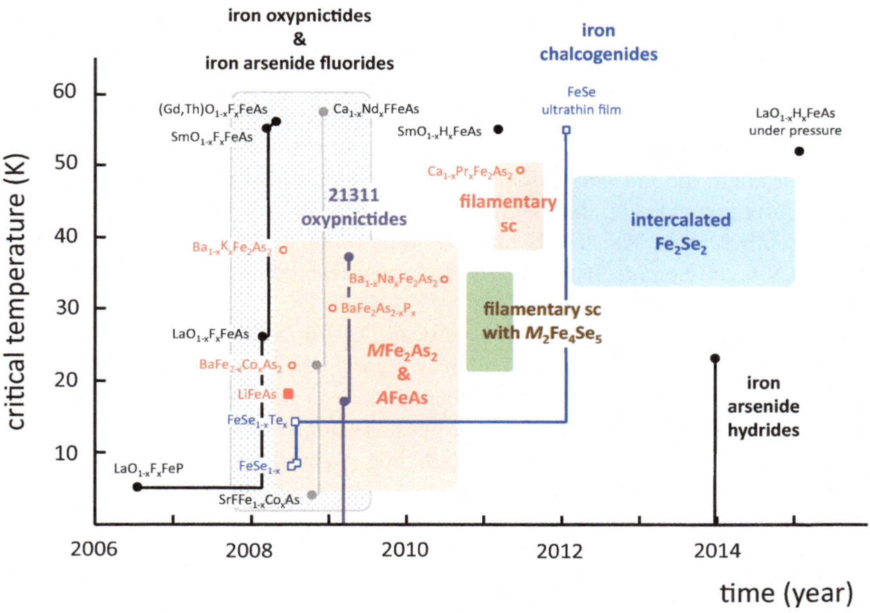

Abb. 9.11 Kritische Temperatur T_C der verschiedenen Eisen-Pniktid-Supraleiter aufgetragen gegen die Zeit der Entdeckung. (© Silvia Haindl)

der seltenen Erden und Sauerstoffatomen voneinander getrennt. Zur Dotierung ist Sauerstoff teilweise durch Fluor ersetzt.

Ähnlich wie im Fall der Kuprate 22 Jahre zuvor, nahmen die Forschungen an den Eisen-Pniktiden weltweit explosionsartig zu. Ähnlich wie bei den Kupraten sind die Eisen-Pniktide im undotierten Zustand magnetisch geordnet. Anders als bei den Kupraten sind sie aber elektrisch leitend. Sie sind ein anti-ferromagnetisches Halbmetall. Es scheint, dass in diesem Fall Supraleitung und Magnetismus zusammenhängen. In Abb. 9.11 zeigen wir eine Übersicht über die verschiedenen Eisen-Pniktide, die bis 2015 entdeckt wurden. Die verschiedenen Familien sind jeweils durch die Bezeichnung 11, 111, 122, 1111, usw. gekennzeichnet. Bis 2010 wurden mehr als 50 Eisen-Pniktide gefunden. Der Paarungsmechanismus ist noch unklar. Viele Hinweise deuten allerdings auf magnetische Spin-Fluktuationen hin.

9.6 Technische Anwendungen

Es sind besonders die gegenüber den klassischen Supraleitern relativ hohen Werte der kritischen Temperatur mit der sich bietenden Möglichkeit, schon bei Abkühlung auf 77 K mit flüssigem Stickstoff die Supraleitung nutzen zu können, die der Suche nach den technischen Anwendungen der Hochtemperatur-Supraleiter großen Auftrieb verleihen. Dies betrifft sowohl die Anwendungen in der Elektronik und Mikroelektronik als auch die Hochstromanwendungen. Zur Erläuterung sollen die folgenden Beispiele genügen. Das Prinzip der Bikristall-Substrate zur Herstellung von Josephson-Kontakten und SQUIDs auf der Basis dünner Schichten von Hochtemperatur-Supraleitern wird bereits vielseitig für messtechnische Anwendungen genutzt. Für Hochfrequenzfilter, die aus Hochtemperatur-Supraleiterschichten angefertigt sind, deuten sich vielversprechende Anwendungen an. Hier ist es vor allem die mit den Supraleiterschichten erzielte größere Frequenzschärfe der Hochfrequenzkanäle, die es ermöglicht, innerhalb des verfügbaren Frequenzbands deutlich mehr Kanäle als bisher unterzubringen. Beispielsweise werden in den USA bereits einige Hundert Basisstationen für den mobilen Telefonverkehr mit dieser Technologie betrieben.

Bei den Hochstromanwendungen wird an der Entwicklung von Magnetspulen aus Hochtemperatur-Supraleitern intensiv gearbeitet. Schließlich sind supraleitende Systeme zur elektrischen Strombegrenzung in der Energietechnik in einem aussichtsreichen Entwicklungsstadium. Diese Systeme sollen eine schnelle Unterbrechung des elektrischen Stroms ermöglichen, wenn durch Überlastung Schäden an den elektrischen Leitungen drohen.

Eine besonders interessante neue Entwicklung deutet sich gegenwärtig (2015) bei Generatoren aus Hochtemperatur-Supraleitern für die elektrische Stromerzeugung durch Windenergie an. Ihr geplanter Einsatz würde das Gewicht des am oberen Ende des Masts befindlichen Generators gegenüber der bisherigen Einrichtung halbieren oder bei gleichem Gewicht die Leistung verdoppeln.

Kapitel 10
Magnetismus: Ordnung bei den Elementarmagneten

Zusammenfassung Aufgrund des magnetischen Moments ihres Spins repräsentieren Elektronen Elementarmagnete, die Paramagnetismus verursachen. Das magnetische Bahnmoment der Elektronen verursacht Diamagnetismus. Die Magnetisierung eines Paramagneten in einem äußeren Magnetfeld wird klassisch durch die Langevin-Funktion beschrieben, die im Fall der Quantisierung durch die Brillouin-Funktion zu ersetzen ist. In einem Ferromagnet ordnen sich die Elementarmagnete spontan entlang einer bestimmten Richtung. Die erste quantenmechanische Theorie des Ferromagnetismus stammt von Heisenberg und basiert auf der Austauschwechselwirkung der Elektronen von zwei Atomen. Die perfekte Ordnung der Elementarmagnete kann durch die thermische Anregung von Spinwellen gestört werden. Spinwellen tragen auch zur spezifischen Wärme bei und beeinflussen die elektronischen Transporteigenschaften. Neben der ferromagnetischen Ordnung sind auch andere Formen der magnetischen Spinordnung möglich wie zum Beispiel der Antiferromagnetismus. Die Fortschritte in der Herstellung von hochgenauen Vielschicht-Strukturen in der letzten Zeit haben zu wichtigen technischen Anwendungen des Riesenmagnetwiderstands und zur Geburt des neuen Gebiets der Spintronik geführt.

Die Rolle der Elektronen als Elementarmagnete hat in den Kristallen wichtige Konsequenzen, die wir in diesem Kapitel kennenlernen wollen. Diese Eigenschaft von Elementarmagneten hat bei den Elektronen zwei Ursachen: den Eigendrehimpuls oder Spin, den jedes Elektron besitzt, und den Bahndrehimpuls, der aus der Bahnbewegung des Elektrons stammt. Bei der ersten Ursache spricht man von dem magnetischen Spinmoment und bei der zweiten Ursache von dem magnetischen Bahnmoment. Den halbzahligen Spin und das damit verbundene magnetische Moment als fundamentale Eigenschaften des Elektrons hatte der Engländer Paul Adrien Maurice Dirac im Jahr 1928 theoretisch gefunden als er die Physik der Speziellen Relativitätstheorie auf die quantenmechanische Wellengleichung für das Elektron anwandte. Da der Elektronenspin der Richtungsquantisierung unterliegt, sind in einer vorgegebenen Richtung immer nur die parallele oder die antiparallele Spinorientierung erlaubt. Mit seinem Konzept des Spins hatte Dirac die Erklärung für viele bis dahin unerklärte experimentelle Beobachtungen gefun-

R. Huebener, *Leiter, Halbleiter, Supraleiter*,
DOI 10.1007/978-3-662-53281-2_10

den, die in den damaligen Worten von Wolfgang Pauli *„eine eigentümliche, klassisch nicht beschreibbare Zweideutigkeit der quantentheoretischen Eigenschaften des Leuchtelektrons“* in den Energiespektren angedeutet hatten.

10.1 Diamagnetismus

Der Diamagnetismus beruht auf dem magnetischen Bahnmoment und ist eine Eigenschaft aller Stoffe. Er kann aber durch andere magnetische Erscheinungen überdeckt werden. In reiner Form tritt er auf, wenn sich die magnetischen Spinmomente aller Atomelektronen gegenseitig aufheben, sodass nur noch das magnetische Bahnmoment übrig bleibt. Diese vollständige Aufhebung ist bei den Atomen mit abgeschlossenen inneren Elektronenschalen bzw. mit einer geraden Anzahl von Elektronen der Fall. In einem äußeren Magnetfeld werden in den diamagnetischen Stoffen inneratomare Ringströme angeworfen, deren Magnetfeld dem äußeren Magnetfeld entgegengesetzt gerichtet ist. Hierbei findet die Lenz'sche Regel Beachtung. Diese Regel besagt, dass durch die induzierten elektrischen Ströme das verursachende Magnetfeld immer geschwächt wird. Die diamagnetische Suszeptibilität ist daher negativ. Der Bahnanteil des Magnetismus der Elektronen im Leitungsband von Metallen liefert einen diamagnetischen Beitrag, den Landau im Jahr 1930 als erster mithilfe der exakten quantenmechanischen Theorie berechnet hatte. In Kap. 7 haben wir diese Theorie von Landau schon besprochen. Perfekten Diamagnetismus hatten wir bereits bei der Supraleitung im Zusammenhang mit dem Meissner-Effekt kennengelernt.

Der Diamagnetismus resultiert somit aus der Veränderung der orbitalen Bewegung der Elektronen durch ein äußeres Magnetfeld und betrifft nur die durch die magnetische Flussdichte **B** verursachten magnetischen Momente.

Die magnetischen Eigenschaften eines Materials werden durch seine Magnetisierung **M** quantifiziert, die als das magnetische Moment pro Volumen definiert ist. Für **M** gilt die Beziehung

$$\mathbf{M} = \chi\,\mathbf{B}, \tag{10.1}$$

wobei χ die magnetische Suszeptibilität ist. Im Fall des Diamagnetismus gilt $\chi < 0$. In einem Magnetfeld erfahren die Elektronenbahnen eine Präzessionsbewegung mit der Larmor-Frequenz

$$\omega_\mathrm{L} = \mathrm{e\,B/2m}, \tag{10.2}$$

m ist die Elektronenmasse. Die Larmor-Präzession äußert sich als ein Ringstrom proportional zu $(-e)\,\omega_L$. Hieraus resultiert das magnetische Moment μ als das Produkt $\mu =$ (Ringstrom $\times$ Ringfläche). Wie Paul Langevin gezeigt hat, ergibt sich so für die (negative) Suszeptibilität

$$-\chi \sim \langle r^2 \rangle, \tag{10.3}$$

wobei $< r^2 >$ die mittlere quadratische radiale Ausdehnung der Elektronenbahnen im Atom ist. Der diamagnetische Beitrag der Ionen zur Suszeptibilität in dielektrischen Festkörpern stimmt gut mit dem Ergebnis (Gl. 10.3) überein.

10.2 Paramagnetismus

Wenn die Elektronenschalen nicht abgeschlossen sind bzw. wenn die Anzahl der Elektronen pro Atom ungerade ist, existieren im Kristall nicht vollständig kompensierte magnetische Spinmomente. Wir haben es dann mit dem Paramagnetismus zu tun. In dem paramagnetischen Material sind die magnetischen Spinmomente zunächst völlig ungeordnet. Sie drehen sich jedoch in die Richtung des äußeren Magnetfelds, falls ein solches vorhanden ist. Die Elektronen verhalten sich hierbei ähnlich wie eine Kompassnadel, die sich in Richtung des Erdmagnetfelds dreht. Die vollständige Ausrichtung der magnetischen Spinmomente wird aber durch die Wärmebewegung der Elementarmagnete behindert. Mit wachsender Temperatur nimmt die thermische Bewegung der Elementarmagnete zu. Entsprechend nimmt der Grad der Ausrichtung der magnetischen Spinmomente ab. Dies führt zu dem berühmten Curie-Gesetz, nach dem die in diesem Fall positive magnetische Suszeptibilität umgekehrt proportional zur Temperatur ist. Der Franzose Pierre Curie war mit Marie Curie, der Entdeckerin des Radiums, verheiratet. Er hatte sein Gesetz im Jahr 1895 publiziert. Es war dies zum ersten Mal, dass ein Gesetz auf dem Gebiet des Magnetismus der Stoffe formuliert worden war. Curies Publikation mit mehr als 100 Seiten fasste die Ergebnisse eines umfangreichen Forschungsprogramms zusammen, in dem zahlreiche Substanzen in großen Bereichen von Magnetfeld und Temperatur untersucht worden waren. Sein Name steht am Anfang einer Reihe von französischen Wissenschaftlern, die Frankreich schon früh zu einem wichtigen Zentrum der Forschung auf dem Gebiet des Magnetismus gemacht haben. Zu dieser Reihe von französischen Forschern zählen unter anderen Paul Langevin, Pierre Weiss, Léon Brillouin und Louis Eugene Felix Néel.

Paul Langevin, ein Schüler von Pierre Curie, hat das paramagnetische Verhalten theoretisch analysiert. Wir wollen seinen Gedankengang kurz skizzieren. Ausgehend von der potenziellen Energie

$$U = -\mu \cdot \mathbf{B} = -\mu \, B \cos \theta \tag{10.4}$$

eines magnetischen Moments μ in dem Magnetfeld **B**, berechnete Langevin den Mittelwert $<\cos \theta>$ folgendermaßen aus der klassischen Boltzmann-Verteilung. (θ ist der Winkel zwischen den Vektoren μ und **B**). Nach Boltzmann ist die Wahrscheinlichkeit für die Richtung des magnetischen Moments μ mit der zugehörigen Energie U proportional zu $\exp(-U/k_B T)$. Deshalb ergibt sich (mit dem Raumwinkel Element $d\Omega$)

$$< \cos \theta > = \frac{\int \exp\left(-\frac{U}{k_B T}\right) \cos \theta \, d\Omega}{\int \exp\left(-\frac{U}{k_B T}\right) d\Omega} \tag{10.5}$$

$$= \frac{\int_0^\pi \exp(\mu B \cos\theta/k_B T) 2\pi \sin\theta \cos\theta \, d\theta}{\int_0^\pi \exp(\mu B \cos\theta/k_B T) 2\pi \sin\theta \, d\theta} \tag{10.6}$$

und nach wenigen Schritten

$$<\cos\theta> = \coth x - \frac{1}{x} \equiv L(x); \quad x = \mu B/k_B T \tag{10.7}$$

L(x) wird als „Langevin-Funktion“ bezeichnet. Für die mittlere Magnetisierung <M> ergibt sich

$$<M> = N\mu <\cos\theta> = N\mu L(x), \tag{10.8}$$

wobei N die Anzahl der elementaren magnetischen Momente μ pro Volumen ist. In Abb. 10.1 ist die Funktion L(x) dargestellt.

Im Fall x << 1 (hohe Temperaturen) gilt $L(x) \approx x/3$, und wir erhalten

$$<M> = N\mu^2 B/3 k_B T = \frac{C}{T} B. \tag{10.9}$$

Dies ist das Curie-Gesetz. $C = N\mu^2/3\,k_B$ ist die Curie-Konstante. Andererseits ergibt sich im Fall x >> 1 (tiefe Temperaturen) Sättigung der Magnetisierung.

Wir sehen aus (Gl. 10.7) bis (Gl. 10.9), dass für die Abhängigkeit der Magnetisierung von der Temperatur und von der Stärke des Magnetfelds nur das Verhältnis von Magnetfeld zur Temperatur entscheidend ist. Für den Grenzfall niedriger Magnetfelder und hoher Temperaturen erhielt Langevin wieder das Curie-Gesetz, während er für den umgekehrten Grenzfall fand, dass die Magnetisierung einem konstanten Wert zustrebt.

Langevin hatte sein Ergebnis (Gl. 10.8) noch im Rahmen der klassischen Physik erhalten. Wird die von der Quantenmechanik geforderte Richtungsquantisierung der Elektronenspins berücksichtigt, ergeben sich jedoch qualitativ ähnliche Ergebnisse wie im klassischen Fall. Dies wollen wir kurz andeuten. Die Quantentheorie zeigt, dass das magnetische Moment eines isolierten Atoms

$$\boldsymbol{\mu} = -g \mu_B \mathbf{J}/\hbar \tag{10.10}$$

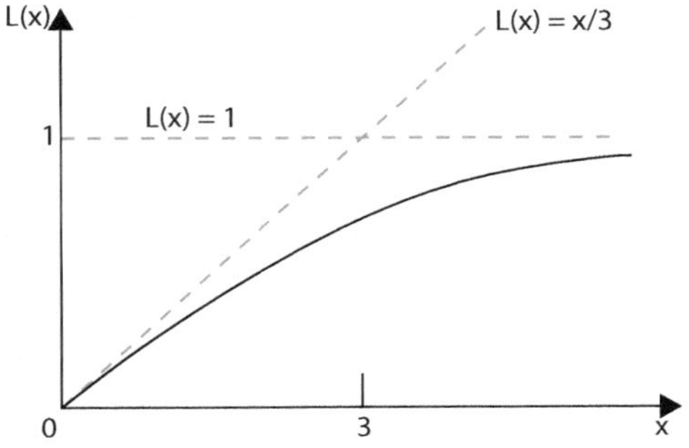

Abb. 10.1 Langevin-Funktion L(x) nach der Definition in (Gl. 10.7)

beträgt. Hier ist

$$\mu_B = e\hbar/2\,m \tag{10.11}$$

das Bohr'sche Magneton. **J** ist der gesamte Drehimpuls, die Vektorsumme des Drehimpulses der Elektronenbahnen (**L**) und der Spins (**S**):

$$\mathbf{J} = \mathbf{L} + \mathbf{S}. \tag{10.12}$$

In (Gl. 10.10) ist g der „Landé-g-Faktor".

$$g = 1 + \frac{J(J+1) + S(S+1) - L(L+1)}{2\,J\,(J+1)} \tag{10.13}$$

In einem Magnetfeld betragen die quantisierten Energieniveaus eines elementaren magnetischen Moments

$$U = m_J\, g\, \mu_B\, B;\ \ m_J = J, J{-}1, J{-}2, \cdots, -J. \tag{10.14}$$

Im Fall eines einzelnen Spins und $L = 0$ erhalten wir $m_J = \pm 1/2$ und $g = 2$:

$$U = \pm\mu_B B. \tag{10.15}$$

Im thermischen Gleichgewicht beträgt die Magnetisierung dieses Zwei-Niveau-Systems

$$<M> = N\,\mu_B \tanh x; \quad x = \mu_B B/k_B T. \tag{10.16}$$

Im Grenzfall $x << 1$ (hohe Temperaturen) erhalten wir

$$<M> = N\,\mu_B^2 B/k_B T, \tag{10.17}$$

ähnlich dem Curie-Gesetz.

Im allgemeinen Fall mit $2\,J + 1$ Energieniveaus gemäß (Gl. 10.14) beträgt die Magnetisierung im thermischen Gleichgewicht

$$<M> = N\,\mu_B\, B_J(x); \quad x = \mu_B\, B/k_B T. \tag{10.18}$$

Die Funktion $B_J(x)$ ist die Brillouin-Funktion (die wir hier nicht genauer diskutieren wollen). Im Grenzfall $x << 1$ (hohe Temperaturen) ergibt sich wieder die Form des Curie-Gesetzes $<M> \sim B/T$.

Im Jahr 1905 hatte Langevin auch schon den magnetokalorischen Effekt bei paramagnetischen Substanzen vorhergesagt. Dieser Effekt ist die Grundlage des Verfahrens der „adiabatischen Entmagnetisierung", das wir in Kap. 1 schon als eine Methode zur Abkühlung auf tiefe Temperaturen kennengelernt haben. Die bei der Ausrichtung der magnetischen Spinmomente der Elektronen parallel zum äußeren Magnetfeld umgesetzte Wärmeenergie spielt hier die zentrale Rolle.

Bei den Elektronen im Leitungsband eines Metalls erzeugt ihr magnetisches Spinmoment ebenfalls einen Beitrag zum Paramagnetismus. Klassisch würden wir auch wieder ein Verhalten gemäß dem Curie-Gesetz erwarten mit dem Ergebnis, dass die paramagnetische Suszeptibilität umgekehrt proportional zur Temperatur ist. Wegen des Ausschließungsprinzips von Pauli müssen die Elektronen im Leitungsband aber den Verboten der Quantenstatistik gehorchen und zeigen die Fermi-Verteilung. Wie wir in Kap. 5 schon diskutiert haben, kann deshalb nur der durch den Reduktionsfaktor $k_B T/\varepsilon_F$ angegebene Bruchteil der Elektronen im Leitungsband zum Paramagnetismus beitragen. Indem wir das Curie-Gesetz (Gl. 10.17) mit dem Faktor $k_B T/\varepsilon_F$ multiplizieren, erhalten wir

$$<M> = N \mu_B^2 B/\varepsilon_F. \tag{10.19}$$

Wir sehen, dass sich die Temperatur jetzt aus dem Ausdruck für die paramagnetische Suszeptibilität herauskürzt und dass die letztgenannte Größe unabhängig von der Temperatur wird, in guter Übereinstimmung mit dem Experiment. Dieses Ergebnis ist ähnlich dem Fall der spezifischen Wärme der Leitungselektronen, den wir in Kap. 5 besprochen haben. Als Erster hat Wolfgang Pauli diese Theorie des Spinparamagnetismus der Metallelektronen vorgeschlagen.

Bei einer genauen Betrachtung finden wir für die Elektronen im Leitungsband eines Metalls, dass der negative Beitrag vom Diamagnetismus nach Landau zur magnetischen Suszeptibilität dreimal kleiner ist als der positive Beitrag vom Paramagnetismus nach Pauli. Im Endergebnis überwiegt somit bei den Metallelektronen des Leitungsbands der Paramagnetismus.

10.3 Ferromagnetismus

Neben den Erscheinungen des Diamagnetismus und des Paramagnetismus, die beide durch die Reaktion auf ein äußeres Magnetfeld hervorgerufen werden, gibt es noch eine weitere Form des Magnetismus, bei der sich die Elementarmagnete im Kristall spontan in einer bestimmten Richtung anordnen. Das Kommando durch ein äußeres Magnetfeld zur Ordnung ist in diesem Fall nicht mehr notwendig. Es handelt sich hierbei um den Ferromagnetismus und seine verschiedenen abgewandelten Formen. Eine dieser abgewandelten Formen ist beispielsweise der Antiferromagnetismus. Beim Ferromagnetismus sind wir mit der folgenden zentralen Frage konfrontiert: Was bewirkt, dass sich die magnetischen Momente der Elektronen von benachbarten Atomen im Kristall spontan, also ohne ein äußeres Magnetfeld, gegenseitig in genau gleicher Richtung ausrichten und so von allein einen perfekt geordneten Zustand annehmen?

Die komplette Theorie des Ferromagnetismus musste auf die Entwicklung der Quantenmechanik warten. Die entscheidende Antwort, die dann auch richtungweisend für die weitere Entwicklung wurde, hat Werner Heisenberg im Jahr 1928 gegeben. Seiner Antwort war eine fast zweijährige intensive Korrespondenz mit Wolfgang Pauli vorausgegangen. Heisenbergs Grundgedanke beruhte wieder auf der Ununterscheidbarkeit der Elektronen als Elementarteilchen und der daraus resultierenden Symmetrieforderung an die Wellenfunktion gegenüber einer Vertauschung der Elektronen. Indem er den Kristall als Erweiterung eines Moleküls auffasste, konnte Heisenberg damals auf dem gerade erst entstandenen Konzept der Austauschenergie etwa bei den zwei Elektronen des Heliumatoms oder des Wasserstoffmoleküls (H_2) aufbauen. Er führte das Konzept der Austauschwechselwirkung zwischen zwei Atomen 1 und 2 mit den Spins $\mathbf{S}_1$ und $\mathbf{S}_2$ ein und erhielt die Austauschenergie (Heisenberg Modell)

$$U = -2\,J\,\mathbf{S}_1 \cdot \mathbf{S}_2 \tag{10.20}$$

mit dem Austauschintegral

$$J = \int\int d\,\mathbf{r}_1\, d\,\mathbf{r}_2\, \Psi_a^*(\mathbf{r}_1)\Psi_b^*(\mathbf{r}_2)V(\mathbf{r}_1 - \mathbf{r}_2)\Psi_\mathbf{a}(\mathbf{r}_2)\Psi_b(\mathbf{r}_1). \tag{10.21}$$

Im Fall des Ferromagnetismus haben wir $J > 0$, und die parallele Spinausrichtung ist energetisch begünstigt. Die exakte theoretische Berechnung des Austauschintegrals (Gl. 10.21) erfordert eine detaillierte Betrachtung (die wir hier nicht durchführen).

Zum ersten Mal hat Heisenberg in diesem Zusammenhang die Wechselwirkung zwischen den Elektronen im Kristall mithilfe der Quantenmechanik behandelt. Es wurde deutlich, dass die für den Ferromagnetismus erforderliche parallele Einstellung der magnetischen Spinmomente der Elektronen benachbarter Atome im Kristall von der Form der Wellenfunktion der Elektronen und der Anzahl der nächsten Nachbarn im Kristallgitter abhängt. Der zur Beantwortung der vielen Fragen notwendige mathematische Formalismus befand sich damals noch in den Anfängen und musste parallel mit der Quantentheorie des Ferromagnetismus erst entwickelt werden. Hierzu hatte Heisenberg den richtigen Anstoß gegeben.

Ein phänomenologisches Verständnis des Ferromagnetismus war aber schon vorher vorhanden gewesen. Der Franzose Pierre Weiss hatte im Jahr 1907 die Hypothese des Molekularfelds oder Austauschfelds entwickelt, die rasch besonderen Erfolg hatte. Ohne den mikroskopischen Ursprung zu erklären, hatte er ein mittleres effektives Magnetfeld im Kristall postuliert, das die exakte Ordnung der Elementarmagnete verursacht. Die erst etwa 20 Jahre später aufkommende Idee der quantenmechanischen Austauschenergie wurde so durch den Begriff des effektiven „Weiss'schen Felds“ substituiert. Genau dieses effektive Magnetfeld verursacht die räumliche Ordnung der magnetischen Momente der individuellen Atome oder Moleküle. Aus den experimentellen Materialdaten lassen sich bei einigen Substanzen Werte für das Weiss'sche Feld von deutlich mehr als 10^3 T (dem Zehnmillionenfachen des Erdmagnetfelds) ableiten. Auch hierdurch kommt der hohe Betrag der später konzipierten quantenmechanischen Austauschenergie beim Magnetismus zum Vorschein.

Schon während seiner Doktorarbeit hatte sich Weiss mit dem Magnetismus beschäftigt und dieses Thema anschließend nicht mehr aus den Augen verloren. Als Kind hatte er mit seiner Familie seine Heimat im Elsass verlassen müssen, nachdem diese Provinz 1870 von Preußen eingenommen wurde. Im Jahr 1902 hatte er einen Ruf an die ETH in Zürich angenommen. Erst 1919, nach dem Ende des Ersten Weltkriegs, konnte er in seine Heimat nach Straßburg zurückkehren, um dort die Leitung des Physikalischen Instituts der Universität zu übernehmen.

Für das Weiss'sche Feld B_W nehmen wir an $B_W = \lambda$ M, wobei λ eine von der Temperatur unabhängige Konstante ist. Auf kooperative Art spürt jedes individuelle magnetische Moment die mittlere Magnetisierung von allen anderen (Molekularfeld-Näherung). Die spontane Ausrichtung der Elementarmagnete in einem Ferromagnet kann nicht bis zu beliebig hohen Temperaturen aufrechterhalten werden und verschwindet abrupt bei der „Curie-Temperatur" T_{CU}. Oberhalb der Temperatur T_{CU} haben wir nur noch Paramagnetismus.

Im paramagnetischen Zustand (oberhalb T_{CU}) gilt jetzt in Anwesenheit eines äußeren Magnetfelds B_a

$$M = \chi_p(B_a + B_W) = \chi_p(B_a + \lambda M) \tag{10.22}$$

mit der paramagnetischen Suszeptibilität aus Gl. 10.9 $\chi_p = C/T$. Aus Gl. 10.22 erhalten wir

$$M(1 - \frac{C}{T}\lambda) = \frac{C}{T}B_a \tag{10.23}$$

und

$$\chi = M/B_a = C/(T-T_{CU});\ T_{CU} \equiv C\lambda;\ (T \to T_{CU} \text{ von oben}). \tag{10.24}$$

Eine genauere Behandlung liefert

$$\chi = C/(T-T_{CU})^{1,33};\ (T \to T_{CU} \text{ von oben}) \tag{10.25}$$

mit dem „kritischen Exponenten" 1,33 – in Übereinstimmung mit dem Experiment. Anstelle des Curie-Gesetzes gilt hier das Curie-Weiss-Gesetz für die Temperaturabhängigkeit der magnetischen Suszeptibilität: Die magnetische Suszeptibilität ist umgekehrt proportional zum Temperaturabstand $T - T_{CU}$ von der Curie-Temperatur.

Unterhalb der Curie-Temperatur finden wir die Magnetisierung ebenso mithilfe der Molekularfeld-Näherung $B_W = \lambda$ M. Für ein Zwei-Niveau-System ($S = ½$) ergibt sich durch Einsetzen in Gl. 10.16

$$M = N\mu_B \tanh(\mu_B\lambda M/k_BT). \tag{10.26}$$

Nach Einführung der Größen $m \equiv M/(N\mu_B)$ und $t \equiv T/T_{CU} = k_BT/(N\mu_B^2\lambda)$ erhalten wir

$$m = \tanh(m/t). \tag{10.27}$$

(Hier haben wir noch die Bezeichnung $T_{CU} = C\lambda$, mit $C = N\mu_B^2/k_B$ aus Gl. 10.17 verwendet). Die transzendente Gleichung (Gl. 10.27) kann grafisch gelöst werden, wie es in Abb. 10.2 schematisch angedeutet ist.

Die grafische Lösung ergibt die in Abb. 10.3 gezeigte Temperaturabhängigkeit der Magnetisierung. Dies ist das Verhalten bei einem Phasenübergang zweiter

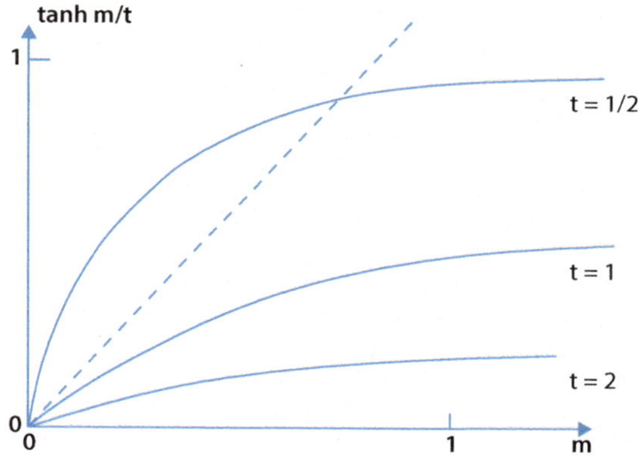

Abb. 10.2 Schematische Darstellung der grafischen Lösung der transzendenten Gl. 10.27. Am kritischen Punkt $t = 1$ befindet sich der Schnittpunkt bei $m = 0$. Für $t \to 0$ nähert sich der Schnittpunkt $m = 1$

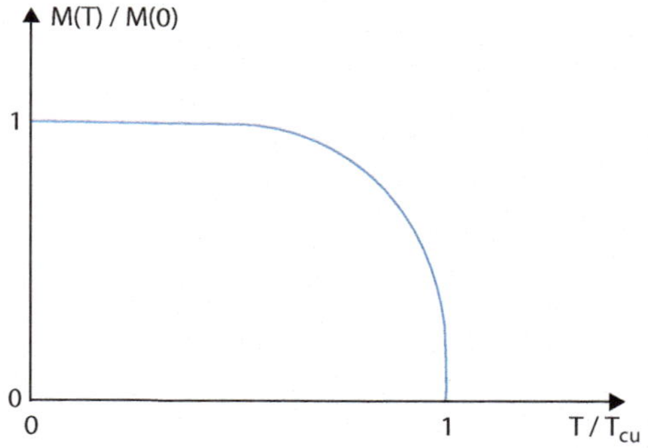

Abb. 10.3 Durch den Sättigungswert normalisierte Magnetisierung eines Ferromagneten in Abhängigkeit von der reduzierten Temperatur T/T_{CU}. Die Magnetisierung verschwindet abrupt bei der Curie-Temperatur T_{CU}

Ordnung, bei dem die Magnetisierung die Rolle des Ordnungsparameters hat. Aus Abb. 10.3 sehen wir, dass die spontane Magnetisierung mit abnehmender Temperatur unterhalb T_{CU} steil ansteigt und bei tiefen Temperaturen auf einen konstanten Sättigungswert zuläuft. Eisen (Fe), Kobalt (Co) und Nickel (Ni) sind bekannte ferromagnetische Elemente. Die Curie-Temperatur beträgt bei Eisen 1043 K, bei Kobalt 1390 K und bei Nickel 630 K.

Im Laufe der Zeit trat beim Verständnis der ferromagnetischen Ordnung der Elementarmagnete eine Schwierigkeit immer deutlicher zutage: Bei tiefen Temperaturen war die Magnetisierung immer noch viel kleiner als man erwarten würde, wenn sämtliche Elementarmagnete im ganzen Kristall überall in genau der gleichen Richtung ausgerichtet wären. Die Auflösung dieses Problems kam wieder hauptsächlich von Pierre Weiss. Aus energetischen Gründen ist der Kristall in viele einzelne Bezirke unterteilt, wobei in jedem Bezirk alle Elementarmagnete noch exakt einheitlich geordnet sind. Die Bezirke untereinander haben aber unterschiedliche Richtungen ihrer jeweiligen Magnetisierung, sodass sie sich in ihrer Summe gegenseitig weitgehend auslöschen. Für die einzelnen Bezirke hat Weiss die Bezeichnung „magnetische Domänen“ eingeführt (Abb. 10.4). In schönen

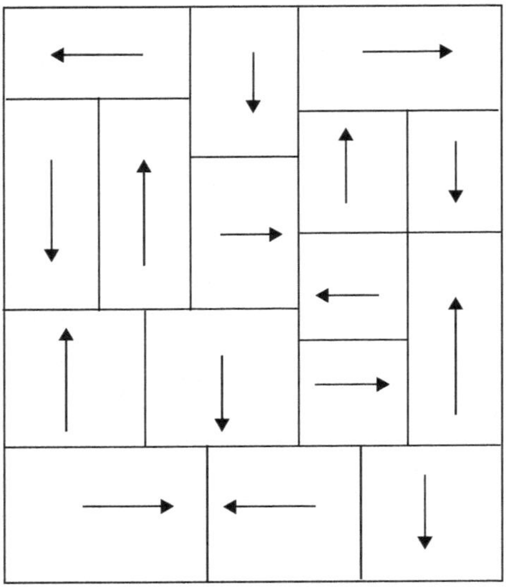

Abb. 10.4 Weiss'sche Bezirke im nichtmagnetisierten Eisen (schematisch)

Experimenten hat der Amerikaner Francis Bitter im Jahr 1931 die Grenzbereiche zwischen den Domänen dadurch sichtbar gemacht, indem er ein feines magnetisches Pulver auf die Oberfläche der magnetisierten Probe gestreut hat. Da das magnetische Pulver eine Anziehungskraft auf diese Grenzbereiche hin erfährt, wird die Domänenstruktur auf diese Weise markiert. Die Methode ist heute als das „Bitter-Dekorationsverfahren" bekannt. Auf andere Weise hatte Heinrich Barkhausen schon etwa zehn Jahre vorher eindrucksvolle Hinweise auf die Existenz der magnetischen Domänen bei ferromagnetischen Substanzen erhalten. Bei ansteigendem Magnetfeld beobachtete er, wie die Magnetisierung in deutlichen kleinen Sprüngen diskontinuierlich zunahm, da eine Domäne nach der anderen ihre Magnetisierung in die Richtung des äußeren Magnetfelds gedreht hat. Diese „Barkhausen-Sprünge" konnte er mithilfe des induzierten und verstärkten elektrischen Stroms in einer Spule erkennen, die um die Probe gewickelt war.

Mit der physikalischen Eigenschaft der Zwischenwand, die zwei magnetische Domänen mit verschiedener Richtung ihrer jeweiligen Magnetisierung voneinander trennt, hatte sich Felix Bloch schon gleich nach seiner Doktorarbeit auseinandergesetzt. Hierbei musste er die Drehung der Magnetisierungsrichtung von der einen Domäne in die andere innerhalb der Zwischenwand modellmäßig behandeln. Auf der Grundlage von Heisenbergs Konzept der Austauschenergie von zwei benachbarten magnetischen Spinmomenten berechnete Bloch den Energiebetrag, der notwendig ist, um die beiden Spinmomente etwas von der exakten Parallelausrichtung voneinander weg zu drehen. Diese Drehung setzt sich dann von einem magnetischen Spinpaar zum nächsten schrittweise fort, sodass nach einer bestimmten Anzahl von Schritten eine komplette Drehung der Magnetisierung von der ursprünglichen Richtung in die Richtung der benachbarten Domäne erfolgt. Der Kristallbereich, in dem diese komplette Drehung stattfindet, wird als

„Bloch-Wand“ bezeichnet. Mit der Bloch-Wand ist eine bestimmte Wandenergie verbunden. Bei Eisen beträgt die Dicke der Bloch-Wand beispielsweise etwa 300 Atomabstände im Kristallgitter.

10.4 Spinwellen

Im niedrigsten Energiezustand eines Ferromagneten, dem Grundzustand, sind alle Spins exakt parallel zueinander ausgerichtet. Dieser Grundzustand wird allerdings nur im Grenzfall verschwindender Temperatur angenommen. Bei endlichen Temperaturen treten Abweichungen von der exakt parallelen Spinausrichtung auf in Form von thermisch angeregten „Spinwellen“ (Abb. 10.5). Spinwellen sind Oszillationen der Spinorientierung, die eine quantisierte Anregungsenergie $\hbar\omega$ besitzen. Die Rolle der Spinwellen ist ähnlich wie die der Phononen, die als quantisierte Gitterschwingungen die Abweichungen von der perfekt periodischen räumlichen Anordnung der atomaren oder molekularen Bausteine im Kristall verursachen und die in Kap. 3 im Mittelpunkt stehen. Spinwellen sind energetische Anregungen im magnetischen Einkristall. Die Energiequanten der Spinwellen werden als „Magnonen“ bezeichnet. Als energetische Anregungen sind Magnonen ununterscheidbare Elementarteilchen, die ähnlich wie die Phononen der Bose-Einstein-Statistik unterliegen. Anschaulich handelt es sich bei den Magnonen um wellenförmig durch den Kristall laufende mehr oder weniger stark ausgeprägte Abweichungen des magnetischen Spinmoments von einer festen Vorzugsrichtung. Das Konzept der Spinwellen in der Theorie des Ferromagnetismus stammt ebenfalls von Felix Bloch und findet sich in seiner Habilitationsschrift, die er 1932 publiziert hat. Im Anschluss an seine Dissertation über die Quantenmechanik der beweglichen Elektronen im Kristallgitter hatte er sich der Theorie des Ferromagnetismus

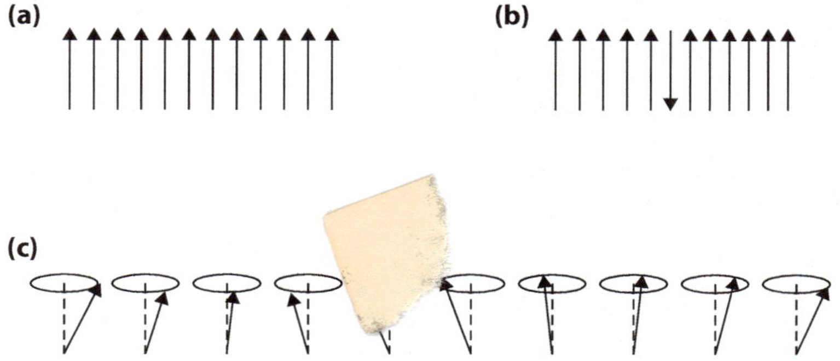

Abb. 10.5 Elementarmagnete in einem einfachen Ferromagnet. **a** Im Grundzustand sind alle Elementarmagnete in der gleichen Richtung ausgerichtet. **b** Eine mögliche Anregung aus dem Grundzustand: Ein Spin wird umgeklappt. **c** Spinwelle in einer Kette von Spins in perspektivischer Darstellung

zugewandt, nachdem sein Lehrer Heisenberg die entscheidenden Grundlagen für diese Theorie gelegt hatte. Die thermische Anregung von Spinwellen oder Magnonen wollen wir kurz diskutieren.

Wir betrachten eine lineare Kette von N Spins, die alle parallel zueinander orientiert sind. Nach Gl. 10.20 beträgt die Gesamtenergie

$$U = -2\,J \sum_{p=1}^{N} \mathbf{S}_p \mathbf{S}_{p+1}. \tag{10.28}$$

Hieraus ergibt sich die Energie des Grundzustands

$$U_O = -2\,N J\, S^2. \tag{10.29}$$

Als eine mögliche Anregung betrachten wir den Fall, bei dem ein einzelner Spin antiparallel zu seinen Nachbarn orientiert ist (Abb. 10.5b). Der Energiezuwachs ΔU beträgt

$$\Delta U = 2\,J\left(2S^2 + 2S^2\right) = 8\,J\,S^2, \tag{10.30}$$

wobei wir in der Klammer die Wechselwirkung mit dem linken und dem rechten Nachbarn getrennt aufgeführt haben. Eine viel geringere Anregungsenergie wird jedoch benötigt, wenn die Änderung der Spinorientierung nur allmählich verläuft. Genau dies wird durch die Anregung der Spinwellen erreicht (Abb. 10.5c). Im Fall der ferromagnetischen Magnonen erhält man die Dispersionsrelation aus der Gleichung für die zeitliche Änderung der Drehimpulse der Spins. Im Grenzfall kleiner Anregungsamplituden ergibt sich die Dispersionsrelation

$$\hbar\,\omega = 4J\,S(1-\cos ka), \tag{10.31}$$

wobei a die Gitterkonstante der Kette und k die Wellenzahl bezeichnen. Im Grenzfall von großen Wellenlängen ($ka << 1$) resultiert aus Gl. 10.31

$$\hbar\omega = 2J\,S\,a^2\,k^2. \tag{10.32}$$

Wir sehen, dass die Abhängigkeit $\omega \sim k^2$ sich von dem Fall der Phononen mit $\omega \sim K$ (siehe Gl. 3.5 und 3.6) unterscheidet. Diese Ergebnisse können leicht auf das dreidimensionale Kristallgitter erweitert werden.

Für die thermisch angeregten Magnonen gilt die Bose-Einstein-Verteilung (Gl. 3.2). Die Energie der Magnonen beträgt

$$U = \int d\omega\, D(\omega) < n_\omega > \hbar\,\omega \tag{10.33}$$

analog zu (Gl. 3.3), wobei sich das Integral über die erste Brillouin-Zone erstreckt. Im Grenzfall von tiefen Temperaturen ($ka << 1$) findet man für die Zustandsdichte $D(\omega) \sim \omega^{1/2}$ und $U \sim T^{5/2}$. Für die spezifische Wärme der Magnonen resultiert

$$C_V = \left(\frac{\partial U}{\partial T}\right)_V \sim T^{3/2}. \tag{10.34}$$

Aufgrund der thermischen Anregung der Magnonen reduziert sich die Magnetisierung um den Betrag $\Delta M = M(0) - M(T)$. Das Endergebnis lautet

$$\Delta M / M(0) \sim T^{3/2}. \tag{10.35}$$

Wir sehen, dass die thermische Anregung von Spinwellen oder Magnonen die spezifische Wärme und die Sättigungsmagnetisierung eines Ferromagneten beeinflusst. In beiden Fällen führt der Beitrag der Magnonen zu dem berühmten von Felix Bloch 1931 abgeleiteten $T^{3/2}$-Gesetz für die Temperaturabhängigkeit der Größen.

Magnonen tragen auch zur Wärmeleitfähigkeit der Kristalle bei und wirken sich bei den elektrischen Transporteigenschaften wie der elektrischen Leitfähigkeit und den thermoelektrischen Erscheinungen aus. Ähnlich wie bei den Phononen kann das Energiespektrum der Magnonen experimentell durch unelastische Streuung von Neutronen bestimmt werden.

10.5 Antiferromagnetismus

Neben der parallelen Ausrichtung der magnetischen Spinmomente beim Ferromagnetismus gibt es auch den Fall der genau antiparallelen Ausrichtung der Spins benachbarter Atome im Kristall. Man spricht dann vom „Antiferromagnetismus“. Das quantenmechanische Austauschintegral (Gl. 10.21) ist beim Antiferromagnetismus negativ, während es beim Ferromagnetismus positiv ist. Den Gedanken, dass es auch eine magnetische Ordnung im Kristall geben müsste, bei der die magnetischen Spinmomente benachbarter Atome genau entgegengesetzt gerichtet sind, hat der Franzose Louis Eugene Felix Néel schon Ende der 1920er-Jahre ausgesprochen. Nachdem er sein Studium in Paris beendet hatte, war Néel seit dem Jahr 1928 Assistent bei Pierre Weiss in Straßburg. Seine ganze Karriere hat Néel dem Magnetismus gewidmet – bis 1940 in Straßburg und anschließend in Grenoble. Später hat er wie kein Zweiter dafür gewirkt, dass Grenoble zu dem bedeutenden Zentrum der Materialwissenschaft und Festkörperphysik in Frankreich wurde, für das Grenoble heute überall bekannt ist. Bei seiner frühen Idee der antiparallelen Spinausrichtung benachbarter Atome im Kristall hatte Néel die Vorstellung von zwei ineinander gestellten Gittern, sogenannte Untergitter, die jeweils für sich ferromagnetische Ordnung besitzen, aber untereinander in genau entgegengesetzter Richtung magnetisiert sind. Insgesamt ist der Kristall somit magnetisch neutral. Die experimentellen Hinweise für diese neuartige Möglichkeit der magnetischen Ordnung, über die sich Néel viele Gedanken gemacht hat, waren deshalb aber auch nicht einfach zu erhalten. Erste positive Ergebnisse lieferten 1938 Messungen an Manganoxid (MnO). Die endgültige Bestätigung der Hypothese von zwei ineinander gestellten Untergittern, die jeweils entgegengesetzt magnetisiert sind, erfolgte im Jahr 1949 durch elastische Beugungsexperimente mit Neutronen. Die antiferromagnetische Ordnung verschwindet oberhalb der „Néel-Temperatur“. Die Bezeichnung „Antiferromagnetismus“ hatte der Amerikaner Francis Bitter 1938 in einer theoretischen Arbeit vorgeschlagen. Ein in den letzten Jahren besonders bekannt gewordenes Beispiel ist die antiferromagnetische Ordnung der magnetischen Spinmomente der Kupferatome in den Kupferoxid-Ebenen der Materialien für die Hochtemperatur-Supraleitung im undotierten Zustand.

Auch beim Antiferromagnetismus werden bei endlicher Temperatur antiferromagnetische Spinwellen thermisch angeregt. Man spricht von „antiferromagnetischen Magnonen". Antiferromagnetische Spinwellen haben die Dispersionsrelation

$$\hbar\,\omega = 4\,|J|\,S\,|\,\sin ka\,|, \tag{10.36}$$

ähnlich wie im Fall der Phononen (siehe Gl. 3.5). Im Grenzfall $ka << 1$ ergibt sich

$$\hbar\,\omega = 4\,|J|\,S\,|ka\,|. \tag{10.37}$$

Antiferromagnetische Spinwellen tragen zur spezifischen Wärme und zur Wärmeleitfähigkeit der Kristalle bei, mit einer Temperaturabhängigkeit proportional zu T^3 bei tiefen Temperaturen, ähnlich wie bei den Phononen. Ihr Energiespektrum lässt sich durch unelastische Streuung von Neutronen bestimmen.

Neben den beiden diskutierten magnetischen Ordnungsprinzipien des Ferromagnetismus und des Antiferromagnetismus gibt es noch andere geordnete magnetische Strukturformen. Auf diese weiteren Details wollen wir hier nicht mehr eingehen.

Unsere gesamte Diskussion des Magnetismus in diesem Kapitel hat sich bisher auf die Elektronen als Elementarmagnete beschränkt. Es gibt jedoch auch noch den Kernmagnetismus, der mit den Atomkernen als Elementarmagnete verbunden ist. Da die Elementarmagnete der Atomkerne aber etwa 2000-mal schwächer sind als die der Elektronen, wirkt sich der Kernmagnetismus nur bei sehr tiefen Temperaturen aus. Das Verhältnis von Magnetfeld zur Temperatur muss beispielsweise beim Paramagnetismus der Atomkerne gegenüber dem Paramagnetismus der Elektronen 2000-mal größer sein, um das gleiche Ausmaß an Ausrichtung der Kernspins zu erzielen. Wir werden deshalb den Kernmagnetismus nicht weiter besprechen.

10.6 Technische Anwendungen, Riesenmagnetwiderstand, Spintronik

Für technische Anwendungen sind ferromagnetische Materialien schon seit Langem interessant. In vielen Büros und Haushalten finden sich die kleinen Haftmagnete. Anspruchsvollere Anwendungen der Dauermagnete gibt es in der Elektrotechnik und auch in der Verkehrstechnik. Magnetische Kupplungen bringen häufig besondere Vorteile. Für die Anwendungen spielt die magnetische „Härte" eine wichtige Rolle. Man unterscheidet zwischen magnetisch weichen und harten Materialien. Quantifiziert wird die magnetische Härte durch die „Koerzitivfeldstärke". Sie repräsentiert die Größe H_C des Magnetfelds, bei dem der unmagnetisierte Zustand des

Materials wieder etabliert ist, wenn dieses Magnetfeld ein zweites Mal in entgegengesetzter Richtung wie die ursprüngliche Magnetisierung angelegt wird. Dies wird in Abb. 10.6 schematisch gezeigt, in der die magnetische Flussdichte B gegen das angelegte Magnetfeld H im Fall eines magnetisch weichen und eines harten Materials aufgetragen ist. Ein weiches Material zeigt einen kleinen Wert von H_C und geringe Hysterese im Gegensatz zu einem harten Material mit einem großen Wert von H_C und starker Hysterese.

An dieser Stelle erinnern wir daran, dass die Magnetisierung in allen oben diskutierten Weiss'schen Bezirken zuerst einmal durch ein entsprechendes Magnetfeld in die gleiche Richtung gedreht werden muss, um einen starken Dauermagneten zu erhalten. Zu den ältesten und bewährtesten Dauermagnet-Werkstoffen gehören Legierungen aus Aluminium, Nickel und Kobalt (AlNiCo). Rekordwerte der Koerzitivfeldstärke werden in Legierungen aus Samarium und Kobalt ($SmCo_5$) erzielt. Ökonomische Vorteile bieten Sintermaterialien wie beispielsweise Barium- oder Strontium-Ferrit, die aus magnetischem Pulver von kleinen Eindomänen-Teilchen hergestellt sind. Für das großtechnische Projekt der Magnet-Schwebebahn Transrapid sind die letztgenannten Sintermaterialien für die Tragmagnete besonders geeignet.

In den letzten Jahren ist der Magnetismus auch immer weiter in die Mikroelektronik vorgedrungen und hat hier höchst interessante Entwicklungen verursacht. Zusätzlich zu der elektrischen Ladung spielen in diesem Fall der Spin und das damit verbundene magnetische Moment des Elektrons bei den magnetoelektronischen Bauelementen eine entscheidende Rolle. Eine wichtige Voraussetzung waren bei dieser Entwicklung die großen Fortschritte in der Technologie für die Präparation von dünnen Schichten und von Schichtpaketen aus verschiedenen Einzellagen, wobei der Schichtaufbau bis zu nahezu atomarer Genauigkeit erfolgt. Das Gebiet wird inzwischen als Magnetoelektronik, Spinelektronik oder auch Spintronik bezeichnet. Während in den sonst üblichen elektronischen Schaltkreisen die Spins

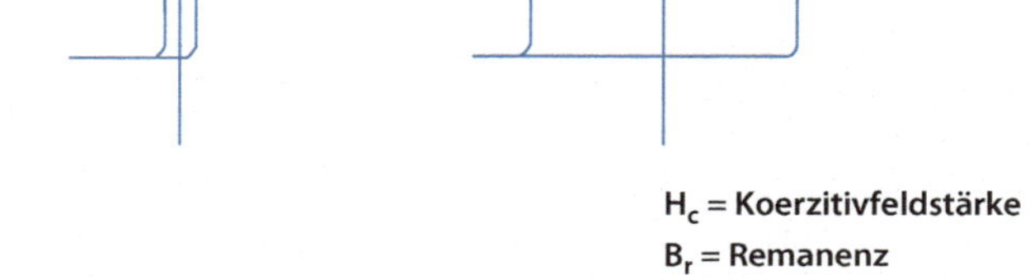

Abb. 10.6 Magnetische Flussdichte B aufgetragen gegen das angelegte Magnetfeld H im Fall eines magnetisch weichen *(linke Seite)* und eines magnetisch harten *(rechte Seite)* Materials

der Elektronen beliebig orientiert sind und keinen Einfluss auf den elektrischen Stromfluss haben, werden in der Spintronik spinpolarisierte Ströme benutzt, bei denen der Spin der beweglichen Elektronen in einer bestimmten Richtung orientiert ist. Der Spin dient in diesem Fall dazu, den elektrischen Stromfluss zu kontrollieren. Wichtige Anwendungsfelder der Magnetoelektronik ergeben sich in der magnetischen Technologie zur Datenverarbeitung im Computer, beispielsweise bei den Leseköpfen für Festplatten und bei den magnetischen Speicherelementen. Zu nennen ist ferner die Magnetosensorik für die Fahrzeugtechnik, den Maschinenbau und die Medizintechnik. Ein vielversprechendes Ziel ist gegenwärtig für die nicht allzu ferne Zukunft die enge Verknüpfung der Magnetoelektronik mit der Halbleitertechnologie.

Schon in der vorigen Generation von magnetischen Sensoren, beispielsweise in den Leseköpfen zum Auslesen der gespeicherten Daten von Festplatten, wird die durch ein äußeres Magnetfeld verursachte elektrische Widerstandsänderung einer ferromagnetischen Schicht ausgenutzt. Die magnetische Datenspeicherung beruht auf kleinen magnetischen Domänen, die durch ihre unterschiedliche Magnetisierung die „0" oder „1" der digitalen Information repräsentieren. Durch die elektrische Widerstandsänderung im Lesekopf wird das lokale Magnetfeld an der Oberfläche der Festplatte und damit die digitale Information ermittelt. Im Jahr 1988 hat diese Technologie einen bedeutenden sprunghaften Fortschritt erlebt, als Peter Grünberg am deutschen Forschungszentrum Jülich und etwa gleichzeitig Albert Fert an der Université Paris Sud den sogenannten Riesenmagnetwiderstand entdeckten. Dieser Entdeckung war zwei Jahre vorher die Beobachtung eines ungewöhnlichen magnetischen Verhaltens in mehrlagigen Eisen-Chrom-Schichten durch Peter Grünberg vorausgegangen. Zwischen zwei ferromagnetischen Eisenschichten, die durch eine dünne nicht-magnetische metallische Chromschicht voneinander getrennt sind, besteht offenbar eine Kopplung, sodass sich die Magnetisierung benachbarter Eisenschichten entweder parallel oder antiparallel ausrichtet. Welche von beiden Kopplungsarten eintritt, hängt von der Dicke der nicht-magnetischen Zwischenschicht ab und wechselt mit zunehmender Dicke dieser Schicht zwischen antiparallel und parallel. Der elektrische Widerstand beim Stromfluss entlang des Schichtpakets hängt jetzt empfindlich davon ab, ob zwei benachbarte Eisenschichten in der gleichen oder in der entgegengesetzten Richtung magnetisiert sind. (Eine einfache Energie-Überlegung würde zunächst erwarten lassen, dass zwei benachbarte Eisenschichten in entgegengesetzter Richtung magnetisiert sind, da sich so die Felder des magnetischen Rückflusses zwischen beiden Schichten gegenseitig aufheben und die magnetische Feldenergie entsprechend reduziert wird).

Wir nehmen einmal ein Schichtpaket an, das aus mehreren ferromagnetischen Eisenschichten besteht, wobei jeweils zwei benachbarte Eisenschichten durch eine dünne nicht-magnetische Chromschicht voneinander getrennt sind. In Abwesenheit eines Magnetfelds sollen jeweils zwei benachbarte Eisenschichten in entgegengesetzter Richtung magnetisiert sein. In diesem Fall von antiferromagnetischer Zwischenschicht-Kopplung wird der elektrische Stromfluss entlang des Schichtpakets durch einen relativ hohen Widerstand behindert. Durch ein äußeres Magnetfeld parallel zum Schichtpaket stellt sich die Magnetisierung in allen Eisenschichten in der Richtung des Magnetfelds ein, und der elektrische Widerstand zeigt eine deutliche Abnahme mit steigendem Magnetfeld. Dies ist das Grundprinzip des Riesenmagnetwiderstands (Abb. 10.7). Eine derartige Schichtanordnung lässt sich noch verallgemeinern, indem die antiferromagnetische Zwischenschicht-Kopplung fallen gelassen wird. Beispielsweise sind magnetische Mehrlagensysteme denkbar, bei denen die Magnetisierung in einer ferromagnetischen Schicht fixiert ist, während sie in der anderen Schicht hin und her gedreht werden kann. Dies kann durch einen deutlichen Unterschied in der Koerzitivfeldstärke der beiden ferromagnetischen Schichten erreicht werden. In diesem Fall ist auch eine relativ dicke nicht-magnetische Zwischenschicht erlaubt. Schichtanordnungen, die den Riesenmagnetwiderstand auch ohne antiferromagnetische Zwischenschicht-Kopplung zeigen, werden als *„Spinventile"* bezeichnet.

Der Riesenmagnetwiderstand des Spinventils wird bereits in Leseköpfen für die in Festplatten-Laufwerken gespeicherten Daten ausgenutzt. Innerhalb von zehn Jahren seit der Entdeckung hat sich diese technische Anwendung zu einem Milliarden-Dollar-Geschäftszweig entwickelt. Während die Richtung der Magnetisierung in einer der beiden ferromagnetischen Schichten fixiert ist, ist sie in der anderen Schicht frei einstellbar. Beim Lauf des Lesekopfes über die Festplatte wird die Magnetisierung in dieser anderen ferromagnetischen Schicht durch die

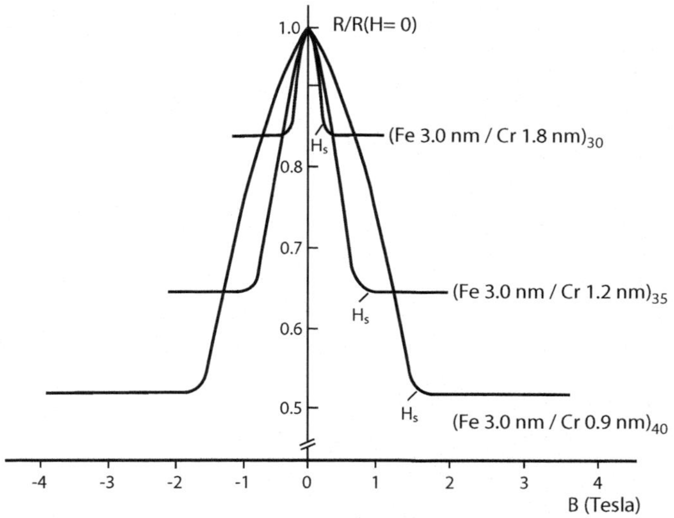

Abb. 10.7 Riesenmagnetwiderstand: elektrischer Widerstand (bezogen auf den Widerstand bei Magnetfeld null) aufgetragen in Abhängigkeit von dem äußeren Magnetfeld B für verschiedene mehrlagige Eisen-Chrom-Schichten bei der Temperatur von 4,2 K. H_S bezeichnet das Magnetfeld, bei dem die Magnetisierungen der Eisenschichten parallel ausgerichtet werden. Kennzeichnung der Schichtstrukturen: Beispielsweise bedeutet (Fe 3,0 nm/Cr 1,2 nm)$_{35}$ ein Schichtpaket aus 35 Doppelschichten aus einer 3.0 nm dicken Lage Eisen und einer 1,2 nm dicken Lage Chrom. (© M. N. Baibich)

niedrigen Magnetfelder, welche die dort gespeicherte digitale Information in der Form von „0“ oder „1“ repräsentieren, hin und her gedreht. Gleichzeitig ändert sich entsprechend hierbei der elektrische Stromfluss, der auf diese Weise das Auslesesignal liefert. Da diese Leseköpfe noch schwächere Magnetfelder detektieren können als ihre Vorläufer, kann die Dichte der gespeicherten Daten auf der Festplatte etwa auf das Dreifache erhöht werden.

Ein weiteres magnetoelektronisches Bauelement ist der aus drei Schichten bestehende *magnetische Tunnelkontakt*. In diesem Fall sind zwei ferromagnetische Metallschichten durch eine elektrisch isolierende und nur 1 nm dicke Metalloxidschicht voneinander getrennt. Elektrischer Stromfluss über den Kontakt ist nur durch den quantenmechanischen Tunnelprozess möglich. Ähnlich wie bei dem oben besprochenen Spinventil, kann der elektrische Tunnelstrom aber nur ohne zusätzliche Behinderung fließen, wenn beide ferromagnetischen Schichten in der gleichen Richtung magnetisiert sind. Andernfalls begegnet der Tunnelstrom einem hohen Widerstand. Wieder ist die Richtung der Magnetisierung in einer der beiden ferromagnetischen Schichten fixiert, während sie in der anderen Schicht in paralleler („0“) oder antiparalleler („1“) Richtung magnetisiert werden kann und sich dadurch zur Speicherung einer Informationseinheit nutzen lässt. Ein Programm zur Massenproduktion von sogenannten MRAMS *(magnetic random-access memories)* für die Datenspeicherung auf der Grundlage von magnetischen Tunnelkontakten wurde gemeinsam von den Firmen IBM und Infineon begonnen. 256-kilobyte-MRAM-Chips wurden industriell bereits gefertigt.

Als letztes Beispiel der magnetoelektronischen Bauelemente diskutieren wir den interessanten Vorschlag für einen mit spinpolarisierten elektrischen Strömen arbeitenden *Feldeffekt-Transistor* (Abb. 10.8). Der elektrische Strom wird in diesem Fall von einem zweidimensionalen Elektronengas an der Grenzfläche einer Halbleiter-Heterostruktur aus Indium-Galliumarsenid (InGaAs) und Indium-Aluminiumarsenid (InAlAs) getragen. Das zweidimensionale Elektronengas an einer

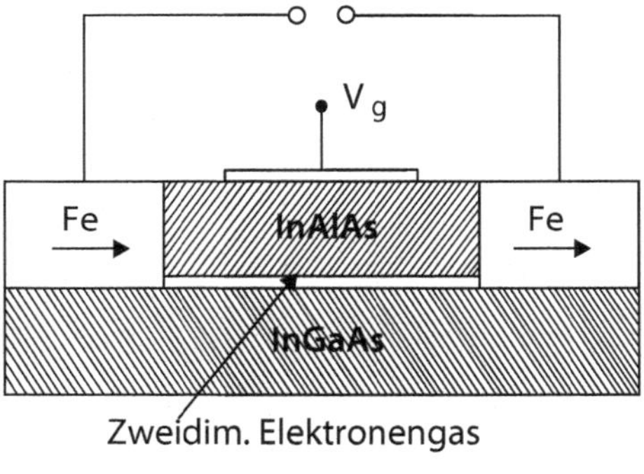

Abb. 10.8 Schematisierter Aufbau eines spinpolarisierten Feldeffekt-Transistors. Der elektrische Strom fließt durch das zweidimensionale Elektronengas an der Grenzfläche der Halbleiter-Heterostruktur aus InGaAs und InAlAs. Der Stromfluss wird durch die Spannung V_g an der Gate-Elektrode gesteuert

Halbleitergrenzfläche ist uns bereits in Kap. 7 bei der Besprechung des ganzzahligen und des fraktionierten Quanten-Hall-Effekts begegnet. Im vorliegenden Fall stellt das zweidimensionale Elektronengas einen Stromkanal mit sehr hoher Beweglichkeit für die Elektronen dar. Der Kanal ist außerdem für die Elektronen praktisch frei von Stoßprozessen, die den Spin der bewegten Elektronen umklappen würden. Ferromagnetische Metallkontakte an beiden Enden des Kanals dienen dazu, spinpolarisierte Elektronen in den Kanal zu injizieren bzw. wieder aufzunehmen. An der Oberseite der Halbleiter-Heterostruktur befindet sich eine Metallelektrode, mit der eine elektrische Gate-Spannung senkrecht zum Stromkanal angelegt werden kann. Der Stromfluss in den als Kollektor wirkenden magnetisierten Metallkontakt hängt empfindlich von der Richtung der Spinpolarisation der eintreffenden Elektronen ab. Nur wenn die Spins der Elektronen in der gleichen Richtung orientiert sind wie die Magnetisierung im Kollektor, kann der elektrische Strom nahezu unbehindert fließen. Andernfalls wird der Strom durch einen relativ hohen Widerstand behindert. Im elektrischen Feld, das mithilfe der Gate-Spannung senkrecht zum Stromkanal erzeugt wird, werden die Spins der schnell durchlaufenden Elektronen jedoch gedreht. Der elektrische Widerstand des Transistors kann daher durch die Gate-Spannung gesteuert und moduliert werden. Für die Drehung der Spinausrichtung im senkrecht zum Stromkanal existierenden elektrischen Feld ist übrigens ein nur durch die Relativitätstheorie erklärter Effekt verantwortlich, den wir hier nicht weiter verfolgen wollen.

Die diskutierten Beispiele zeigen deutlich das große Entwicklungspotenzial der Magnetoelektronik, das noch keineswegs ausgeschöpft ist. Die wichtigsten Massenspeicher für die Datenverarbeitung basieren heute auf magnetischen Systemen. Es ist interessant, sich die eindrucksvolle Entwicklung der Speicherdichte von Festplatten-Laufwerken noch einmal zu vergegenwärtigen. In etwas mehr als 40 Jahren von 1956 bis zum Jahr 2000 hat sich die Speicherdichte auf das etwa Zehnmillionenfache erhöht. Im Jahr 2000 betrug sie ungefähr 2,6 Gigabits pro cm^2, und im Jahr 2011 ist sie weiter auf etwa 65 Gigabits pro cm^2 angestiegen (Gigabits $= 10^9$ Bits). Grundsätzlich ist für die Spintronik von besonderem Vorteil, dass der Umklapp-Prozess der Elektronenspins nur sehr wenig Energie verbraucht und extrem schnell ist.

Kapitel 11
Nanostrukturen: Übergitter, Quantendrähte und Quantenpunkte

Zusammenfassung Mithilfe der fortgeschrittenen Technik der Mikrofabrikation können Objekte von so kleinen Abmessungen hergestellt werden, dass neue Quanteneffekte auftreten. Nach einer Diskussion der Übergitter und der Bloch-Oszillationen behandeln wir die Transmissionskanäle nach Landauer und die quantisierte elektrische Leitfähigkeit von Quantendrähten. Fullerene sind Kohlenstoffmoleküle, die aus einer unterschiedlichen Anzahl von Kohlenstoffatomen bestehen. Ihr Ableger in Form von Kohlenstoff-Nanoröhrchen verspricht wichtige Anwendungen in molekularer Elektronik. Elektrisch leitende Schichten aus Graphen mit einer Dicke von nur einem einzigen Kohlenstoffatom besitzen eine faszinierende elektronische Bandstruktur mit masselosen Fermionen, wobei die Konzentration der Ladungsträger mithilfe einer angebrachten Gate-Elektrode deutlich variiert werden kann. Topologische Isolatoren zeigen überraschende Strom tragende Rand- oder Oberflächenzustände.

Im Dezember des Jahres 1959 hielt Richard P. Feynman, einer der brillantesten amerikanischen Physiker des vorigen Jahrhunderts, einen visionären und viel beachteten Vortrag mit dem hier in der deutschen Übersetzung wiedergegebenen Titel „Es ist noch viel Platz am untersten Ende“. Feynman hatte damals schon vorausgeahnt, was sich in den folgenden Jahrzehnten bei der fortschreitenden Miniaturisierung in der Mikroelektronik eindrucksvoll bestätigen sollte. Als einen seiner Leitgedanken benutzte er die damalige Erkenntnis der Molekularbiologie, dass nur etwa 50 Atome innerhalb der DNA-Doppelkette schon für ein Bit an biologischer Information ausreichen. Der Winter 1952/1953, als Rosalind Franklin vom Kings College in London mit ihren Röntgenaufnahmen die Grundlage für die Doppelhelix-Struktur der DNA geliefert hatte, lag damals noch nicht lange zurück. Wenn wir vergleichsweise einmal eine Strukturgröße für die geometrischen Abmessungen eines elektronischen Bauelements von etwa 45 nm, der 2012 erreichbaren Grenze, annehmen, dann finden wir für die gesamte Anzahl der in einem Würfel mit dieser Kantenlänge von 45 nm enthaltenen Kristallatome die beträchtliche Menge von einer Million. Hierbei haben wir für den Atomabstand im Kristall einen mittleren Wert von 0,5 nm angenommen. Aus diesem Vergleich erkennen

R. Huebener, *Leiter, Halbleiter, Supraleiter*,
DOI 10.1007/978-3-662-53281-2_11

wir deutlich, wie viel Platz wirklich auch heute noch am untersten Ende gegenüber der molekularen Ebene der Biologie vorhanden ist.

Es war der Drang zur ständig fortschreitenden Miniaturisierung in der Mikroelektronik, der veranlasste, die Methoden für die Herstellung von mikrostrukturierten festen Stoffen ununterbrochen zu verfeinern. In diesem Zusammenhang wurde die Technologie zur Präparation von dünnen Schichten und von Schichtpaketen gewaltig vorangetrieben. Spezielle Tricks beim Abscheiden auf das Substrat und beim anschließenden Ätzprozess ermöglichen es, immer kleinere Gebilde aus dünnen Schichten herzustellen. Die Lithografie-Methoden sind mittlerweile auf ultraviolettes Licht und auf Röntgenstrahlen ausgedehnt, um mit den kleineren Wellenlängen größere räumliche Auflösung zu erzielen. Elektronenstrahlen hoher Energie werden in Lithografie-Verfahren eingesetzt, und hochenergetische Ionenstrahlen unter Verwendung von Helium- und Wasserstoffionen werden seit Kurzem bezüglich ihrer Einsatzmöglichkeiten für weiter verkleinerte Strukturabmessungen geprüft. In vielen Fällen müssen diese Herstellungsprozesse im Ultrahochvakuum ablaufen, und es dürfen nur ultrareine Substanzen benutzt werden. Das Wort „ultra" taucht auf diesem Feld schon seit einiger Zeit immer häufiger auf. Im Rahmen der Dünnschichttechnologie wurden auch die Methoden zur Kontrolle und Analyse des Schichtaufbaus immer weiter verbessert und erreichen heute nahezu atomare Genauigkeit, falls erforderlich. Schichten und Schichtpakete aus übereinandergestapelten Lagen verschiedener Materialien können in mikroskopisch einkristallinem Aufbau hergestellt werden. Transmissions-Elektronenmikroskopie und Sonden-Rastermikroskopie ermöglichen die Analyse der Materialien und besonders ihrer Oberflächen mit atomarer Ortsauflösung. Inzwischen wird die Sonden-Rastermikrokopie auch erfolgreich im Bereich tiefer Temperaturen eingesetzt. Schließlich wurden auch die Techniken der Mikromanipulation immer weiter fortentwickelt, sodass es möglich wurde, elektrische und mechanische Messungen sogar an einzelnen Atomen und Molekülen durchzuführen.

Bei der ständig fortgesetzten Verkleinerung der hergestellten Gebilde werden schließlich Abmessungen erreicht, bei denen neue Quanteneffekte auftreten. Diese Effekte resultieren immer aus der quantenmechanischen Materiewelleneigenschaft der Elektronen. Die zugrunde liegenden physikalischen Zusammenhänge wollen wir an einigen Beispielen diskutieren.

11.1 Übergitter, Bloch-Oszillationen

Wie wir in Kap. 2 besprochen haben, wiederholt sich die Elementarzelle in einem Kristall in allen drei Raumrichtungen und bildet so die dreidimensionale periodische Struktur. Dieses Prinzip findet sich auch im Fall der Übergitter, bei denen die Zusammensetzung eines Materials in einer Raumrichtung periodisch moduliert ist (Abb. 11.1). Solche vielschichtigen Strukturen werden mit moderner Dünnschichttechnologie hergestellt.

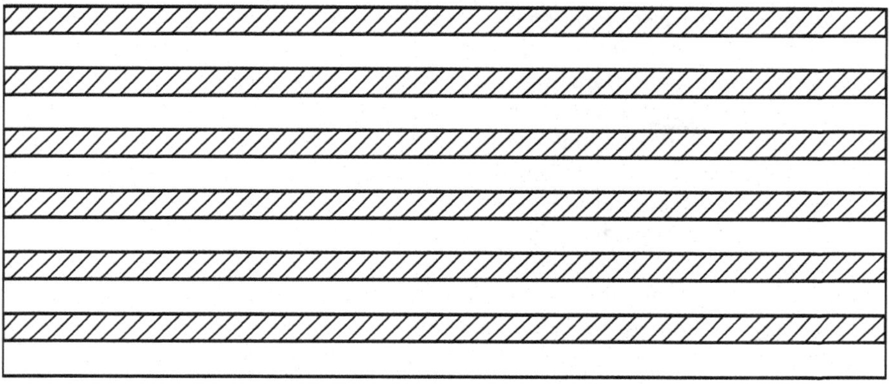

Abb. 11.1 Bei einem Übergitter sind abwechselnd dünne Schichten aus zwei verschiedenen Metallen oder Halbleitern mit strenger Regelmäßigkeit aufeinandergestapelt

Im Jahr 1970 hatten Leo Esaki und Ray Tsu damit begonnen, Übergitter aus Halbleitern zu konzipieren und herzustellen. Beide arbeiteten damals am amerikanischen IBM-Thomas-J.-Watson-Forschungszentrum in Yorktown Heights im Bundesstaat New York. Esaki hatte schon Ende der 1950er-Jahre durch seine Forschungen zum elektrischen Verhalten der „Esaki-Diode" viel Aufsehen erregt. Er hatte seinerzeit das ungewöhnliche Verhalten des elektrischen Widerstands von p-n-Übergängen in Halbleitern untersucht und dabei den quantenmechanischen Tunnelprozess als den zugrunde liegenden Mechanismus identifiziert. Der quantenmechanische Tunnelprozess ist in der Lage, eine Energiebarriere zu durchqueren und sollte auch bei der Esaki-Übergitterstruktur in Halbleitern eine zentrale Rolle spielen. Ein solches Übergitter wird hergestellt, indem abwechselnd dünne Schichten aus zwei verschiedenen Metallen oder Halbleitern beim Depositionsprozess übereinander angeordnet werden. Hierbei wird auf atomare Genauigkeit bei jeder einzelnen Schicht und auf strenge Periodizität bei der räumlichen Abfolge der Schichten geachtet. Für seine Experimente hat Esaki Übergitter aus den beiden Halbleitern Galliumarsenid und Aluminium-Galliumarsenid (GaAs/AlGaAs) benutzt, da sich diese Kombination von Materialien mit der höchsten Qualität herstellen ließ. Wie wir in Kap. 7 schon beschrieben haben, wurde das gleiche Halbleiter-System GaAs/AlGaAs später auch dazu verwendet, das zweidimensionale Elektronengas zu präparieren, in dem der fraktionierte Quanten-Hall-Effekt entdeckt wurde. In seinen Übergittern hat Esaki bis zu 100 Doppelschichten aus GaAs und AlGaAs aufeinandergestapelt. Die Länge einer räumlichen Periode eines solchen Übergitters beträgt etwa 10 nm und ist somit 20- bis 40-mal größer als der Atomabstand in einem typischen Kristallgitter. Die Übergitterstruktur existiert hierbei nur in einer Richtung, nämlich senkrecht zu den Ebenen der Einzelschichten.

Während die quantenmechanische Wellenfunktion der Elektronen für die Richtungen parallel zu den Ebenen der Schichten im Übergitter keine stark veränderten

Eigenschaften aufweist, wirkt sich das periodische Übergitter in der senkrechten Richtung deutlich aus. Genauso wie die Elektronen als Materiewellen am Kristallgitter Bragg-Reflexion erfahren und dadurch die Lücken im Energiespektrum der Elektronen verursacht werden, findet an der periodischen Struktur des Übergitters ebenfalls Bragg-Reflexion statt, und es treten neue Energielücken auf. In Kap. 4 haben wir das Auftreten der Bragg-Reflexion (Abb. 4.4) behandelt, wenn der Wellenvektor **k** der Elektronen die Grenze einer Brillouin-Zone mit den verbotenen Lücken im Energiespektrum erreicht (Abb. 4.3, 4.4 und 4.5).

In dem Beispiel von Abb. 2.9 tritt Bragg-Reflexion bei den Werten $k_x = \pi/a$ und $k_y = \pi/b$ des Wellenvektors **k** auf, wobei a und b jeweils die Gitterkonstanten in x- und y-Richtung sind. In einem Übergitter ist die (Über-)Gitterkonstante in Richtung der Modulation (senkrecht zu den Schichtebenen) viel größer als die Gitterkonstante des zugrunde liegenden Kristalls. Die Wellenzahl, bei der die Bragg-Reflexion erfolgt, ist umgekehrt proportional zum Abstand zwischen zwei benachbarten Gitterpunkten in der zugrunde liegenden räumlichen periodischen Struktur. Deshalb ist Bragg-Reflexion jetzt schon bei entsprechend viel kleineren Werten des Wellenvektors als im Fall des Kristallgitters zu erwarten. Hieraus ergeben sich relativ schmale Energiebänder („Minibänder"). Die Existenz dieser Minibänder und die erwarteten neuartigen elektronischen Eigenschaften der Übergitter waren der Grund für die Forschungen auf diesem Gebiet. So bestand etwa die Hoffnung, dass dabei neuartige besonders schnelle elektrische Oszillatoren herauskommen könnten.

Wird eine elektrische Spannung parallel zur Modulationsrichtung an das Übergitter gelegt, dann werden die Elektronen im relevanten Miniband in dieser Stromrichtung beschleunigt und erfahren eine Zunahme ihrer Energie. Da sich

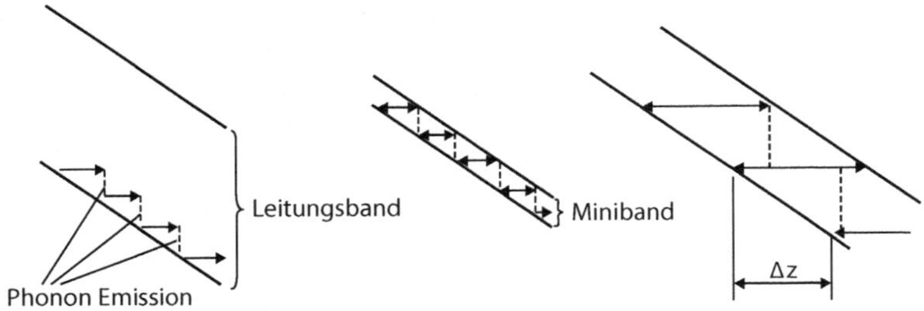

Abb. 11.2 Im elektrischen Feld sind die Energiebänder wegen des Potenzialgefälles in Feldrichtung geneigt, und die Elektronen werden bei ihrer Bewegung näher an den oberen Rand des Leitungsbands gebracht. In einem üblichen Halbleiter *(linke Seite)* erfahren die Elektronen aber schon einen Stoßprozess, bei dem ihre Energie durch die Emission eines Phonons wieder abgesenkt wird, lange bevor sie den oberen Bandrand erreichen. In dem schmalen Miniband eines Halbleiter-Übergitters *(Mitte)* erreichen die Elektronen jedoch den oberen Bandrand, bevor sich ein Stoßprozess ereignet. Am oberen Bandrand erfahren sie eine Bragg-Reflexion, und dieser Prozess wiederholt sich als Bloch-Oszillation solange, bis er durch einen Stoßprozess unterbrochen wird. Der vergrößerte Ausschnitt eines Minibands *(rechte Seite)* zeigt, wie sich die Elektronen bei jedem Stoßprozess, bei dem ihre Energie durch die Emission eines Phonons abgesenkt wird, um die Strecke Δz in Feldrichtung fortbewegen

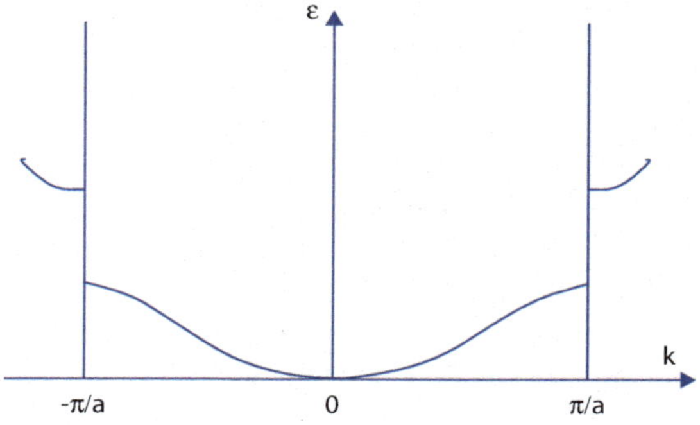

Abb. 11.3 Energiespektrum ε(k) in der ersten Brillouin-Zone zwischen $k = \pi/a$ und $k = -\pi/a$

das Miniband aber nur über einen sehr schmalen Energiebereich erstreckt, besteht die Möglichkeit, dass die Elektronen hierbei bis an den oberen Rand des Minibands gelangen, ohne vorher durch einen Stoßprozess Energie verloren zu haben (Abb. 11.2). Am oberen Rand des Minibands werden die Elektronen reflektiert, da sie die anschließende Energielücke nicht durchqueren können, um in das nächsthöhere Miniband zu gelangen. Dies ist genau der Prozess der Bragg-Reflexion, den die Elektronen als quantenmechanische Materiewellen erfahren.

Wir erläutern dies am Beispiel einer eindimensionalen periodischen Atomkette mit der Gitterkonstanten a. Das Energiespektrum zwischen den Grenzen der ersten Brillouin-Zone, π/a und −π/a, ist in Abb. 11.3 gezeigt. Ausgehend von Gl. 5.1 für die Kräfte, haben wir

$$\left|\frac{\Delta k}{\Delta t}\right| = e\,E/\hbar. \tag{11.1}$$

In Abwesenheit irgendwelcher Streuprozesse erfährt ein Elektron (oder ein Loch) im elektrischen Feld einen Zuwachs an Impuls und Energie bis der Wert $k = \pi/a$ erreicht ist. Durch Bragg-Reflexion wird das Elektron dann von $k = \pi/a$ auf $k = -\pi/a$ reflektiert und erfährt anschließend wieder einen Anstieg seiner Wellenzahl aufgrund von Gl. 11.1. Dieser Prozess wiederholt sich und resultiert in einer periodischen Oszillation des Elektrons, der „Bloch-Oszillation“. Die Zeitdauer für den Anstieg der Wellenzahl um den Betrag $\Delta k = 2\pi/a$, der einem Zyklus entspricht, bezeichnen wir mit τ_B. Von Gl. 11.1 erhalten wir

$$2\pi/a = e\,E\,\tau_B/\hbar \tag{11.2}$$

und

$$\omega_B \equiv 2\pi/\tau_B = e\,E\,a/\hbar. \tag{11.3}$$

Die Kreisfrequenz ω_B ist die Bloch-Frequenz. Damit die Bloch-Oszillation auftreten kann, muss die mittlere Streuzeit τ der Elektronen genügend lang sein und die Bedingung erfüllen

$$\omega_B \tau >> 1. \tag{11.4}$$

Außerdem sind für das Auftreten der Oszillation sehr reine Materialien und tiefe Temperaturen notwendig. Die weitere wichtige Voraussetzung ist eine große Gitterkonstante a, sodass sich eine kleine Energiebreite des Minibands und ein entsprechend hoher Wert von ω_B gemäß Gl. 11.3 ergibt.

Es ist vor allem die relativ kleine Energiebreite der Minibänder, die bei dem diskutierten Verhalten eine entscheidende Rolle spielt. Verglichen mit einem Halbleiter-Übergitter ist im üblichen Halbleiterkristall die Breite der Energiebänder viel größer. Bei ihrer Energiezunahme im elektrischen Feld erfahren die Elektronen in diesem Fall daher schon einen Streuprozess durch die Gitterschwingungen, lange bevor sie den oberen Bandrand erreichen. Bei diesem Streuprozess wird von den Elektronen immer Energie an das Kristallgitter abgegeben, und der obere Rand des Energiebands bleibt deshalb stets in weiter Ferne, sodass die Bloch-Oszillation nicht auftritt. Bei den Minibändern im Übergitter ist dies jedoch völlig anders (Abb. 11.2).

Wird die elektrische Spannung senkrecht zu den Schichtebenen des Übergitters immer weiter erhöht, dann wird der elektrische Potenzialunterschied zwischen zwei benachbarten Zellen des Übergitters schließlich so groß, dass die Zellen voneinander entkoppelt werden. Während sich bei relativ kleinen elektrischen Feldern die quantenmechanische Wellenfunktion der Elektronen räumlich kohärent über viele Zellen des Übergitters erstreckt und die elektronische Struktur der Minibänder noch beibehalten bleibt, wird bei hohen elektrischen Feldern die Wellenfunktion mehr und mehr auf jede einzelne Zelle räumlich lokalisiert und zwischen den Zellen entkoppelt. Anstelle eines Minibands im gesamten Übergitter existieren jetzt in jeder Zelle einzelne diskrete Energieniveaus, die dem elektrischen Potenzialgefälle entlang des Übergitters folgen. Diese Aufspaltung des energetischen Kontinuums des Minibands in die diskreten Energieniveaus wird als „Wannier-Stark-Leiter" bezeichnet. Der Name Wannier-Stark-Leiter rührt von zwei herausragenden Physikern her: Der Deutsche Johannes Stark hatte Anfang des vorigen Jahrhunderts die Aufspaltung der Spektrallinien in einem elektrischen Feld entdeckt, den Stark-Effekt. Der aus der Schweiz stammende Amerikaner Gregory Hugh Wannier hat die theoretischen Grundlagen der Festkörperphysik wesentlich mit geprägt.

Sowohl bei der Bloch-Oszillation als auch bei der Aufspaltung eines Minibands in die einzelnen Energieniveaus der Wannier-Stark-Leiter werden die beweglichen Elektronen durch das elektrische Feld innerhalb nur weniger oder schließlich innerhalb nur einer einzigen Zelle des Übergitters lokalisiert. Dieser Effekt nimmt mit wachsender elektrischer Feldstärke zu, sodass oberhalb einer bestimmten Feldstärke der elektrische Stromfluss mit steigender Spannung kleiner wird. Man spricht in diesem Fall von „negativem differenziellem Widerstand". Anstatt Energie zu verbrauchen, kann das Übergitter jetzt Energie in eine oszillierende elektrische Schaltung zurückleiten und so als aktives Bauelement hochfrequente elektromagnetische Wellen erzeugen.

Bei den Halbleiter-Übergittern von Esaki handelt es sich um Heterostruktur-Übergitter, die aus zwei verschiedenen Halbleitern Schicht für Schicht hergestellt sind. Esaki hatte auch schon die Idee, dass sich Halbleiter-Übergitter mit nur einem einzigen Halbleiter einfach und mit großer Flexibilität herstellen lassen sollten, indem dieser räumlich periodisch abwechselnd eine n-Dotierung und eine p-Dotierung erhält. Anfang der 1970er-Jahre hatte der Deutsche Gottfried H. Döhler, zunächst als Postdoktorand in der Gruppe von Esaki, diese Idee des Dotierungsübergitters aufgegriffen. Da die n- und p-dotierten Schichten jeweils durch eine dünne, elektrisch isolierende Halbleiterschicht voneinander getrennt sind, werden diese Übergitter auch „n-i-p-i-Kristalle" genannt. Die ersten n-i-p-i-Strukturen wurden 1980 von Klaus Ploog am Max-Planck-Institut für Festkörperforschung in Stuttgart fabriziert. Der verwendete Halbleiter war Galliumarsenid (GaAs). Für die n-Dotierung wurden Siliziumatome und für die p-Dotierung Berylliumatome benutzt. Elektrische und optische Messungen an diesen Dotierungsübergittern haben dann die erwarteten physikalischen Eigenschaften gut bestätigt.

Die Möglichkeit, Übergitter aus Halbleitern herzustellen, hat einen interessanten zusätzlichen Freiheitsgrad für die Entwicklung neuer Materialien für die Elektronik und die Optoelektronik geliefert. Die elektrischen und die optischen Eigenschaften können in Übergittern künstlich eingestellt werden. Eine große Anzahl von Experimenten ist inzwischen mit Übergittern durchgeführt worden. Die technische Nutzung befindet sich jedoch gegenwärtig nur in den ersten Anfängen. Vielversprechende Entwicklungen konzentrieren sich auf Quanten-Kaskaden-Laser für den infraroten Spektralbereich. Hierbei werden Übergänge zwischen den diskreten Energieniveaus ausgenutzt, wobei durch die Variation der Materialzusammensetzung und der Dicke der Schichten die emittierte Frequenz durchgestimmt werden kann. Interessante Fortschritte hat es kürzlich bei der Erzeugung von Mikrowellen mithilfe der Bloch-Oszillation von Elektronen in Halbleiter-Übergittern gegeben.

11.2 Mesoskopischer Bereich, ballistischer Elektronentransport, quantisierter Leitwert

Die Verwendung von ultrareinen Materialien und die Fähigkeit zur Herstellung von Gebilden mit immer kleineren Abmessungen machte es schließlich möglich, dass die Elektronen innerhalb der untersuchten Abschnitte in den elektrischen Leitermaterialien praktisch keine oder nur noch selten Streuprozesse erfahren. Die Wahrscheinlichkeit, dass bei diesen Untersuchungen mit sehr kleinen räumlichen Abmessungen viele Strukturfehler oder chemische Verunreinigungen im Kristall das Messergebnis beeinflussen, wird extrem gering. Bei genügend tiefen Temperaturen können auch die Gitterschwingungen größtenteils ausgefroren werden. Die Größenskala gehört unter diesen Bedingungen in den „mesoskopischen" Bereich,

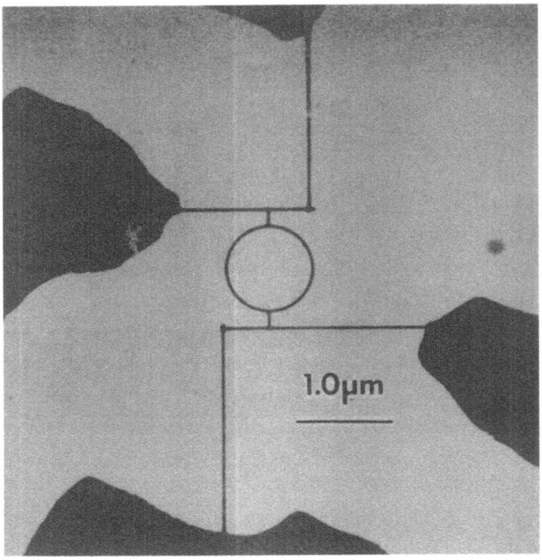

Abb. 11.4 Mit einem Elektronen-Transmissionsmikroskop hergestellte Fotografie eines Rings, der aus einer 38 nm dicken Goldschicht besteht. Der Innendurchmesser des Rings ist 780 nm. Die Breite der Leiterbahnen beträgt 40 nm. (© R. A. Webb)

der sich zwischen den einzelnen Atomen oder Molekülen einerseits und der makroskopischen Welt der Erscheinungen andererseits befindet. Auf dieser mesoskopischen Längenskala kommen alle Aspekte der Elektronen als Materiewelle noch voll zur Geltung, sodass sich das beobachtete physikalische Verhalten der Elektronen am besten als Wellenausbreitung verstehen lässt (Abb. 11.4). In Abschn. 5.2 haben wir schon erläutert, dass die Ununterscheidbarkeit der Elektronen als Elementarteilchen zur Fermi-Verteilung ihrer Energie führt und dass nur die Elektronen in der unmittelbaren Nähe der Fermi-Energie für die meisten elektronischen Materialeigenschaften verantwortlich sind. Somit erfolgt auch die ungestörte, ballistische Bewegung der Elektronen innerhalb der mesoskopischen Abmessungen mit der Fermi-Geschwindigkeit, die wir im Folgenden mit v_F ausdrücken. Ebenso wie die Fermi-Wellenzahl k_F ist auch die Fermi-Geschwindigkeit v_F durch die Fermi-Energie ε_F festgelegt.

Die ungestörte, ballistische Ausbreitung von Teilchen oder Energiequanten steht im Gegensatz zu dem anderen Grenzfall, bei dem die Ausbreitung durch Stöße und Umlenkungen ständig unterbrochen wird (Abb. 11.5). Ein bekanntes Beispiel für den letztgenannten Fall ist die Lichtausbreitung bei starkem Nebel, in dem alle Konturen verschwinden und die Orientierung daher unmöglich wird. Man spricht in diesem Fall von diffusiver Ausbreitung, durch den Prozess der Diffusion. Andererseits haben wir bei Nebelfreiheit ballistische und geradlinige Lichtstrahlen, die sich mit Lichtgeschwindigkeit ausbreiten und die räumliche Umgebung klar markieren.

Der Elektronentransport als ballistische Wellenausbreitung im mesoskopischen Bereich ist dadurch gekennzeichnet, dass nicht mehr die inneren Materialeigenschaften des Objekts ausschlaggebend sind, sondern dass die Form der äußeren

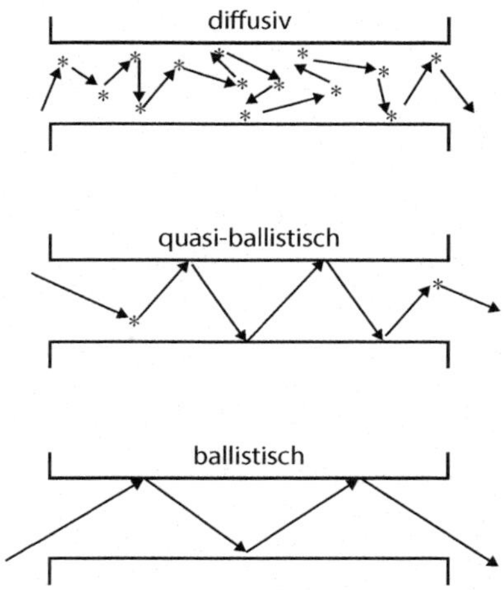

Abb. 11.5 Werden die Abmessungen der elektrischen Leitermaterialien immer kleiner (in der Abbildung von oben nach unten), verlieren die Stoßprozesse im Innern der Leiter immer mehr an Bedeutung, und die Form der äußeren Umrandung wird ausschlaggebend. In diesem Fall bewegen sich die Elektronen ballistisch als Materiewelle

Umrandung viel größeren Einfluss ausübt. Stöße und Umlenkungen erfahren die Elektronen jetzt vor allem nur noch an den Begrenzungen des Objekts, beispielsweise am Ein- oder Ausgang einer Verengung. Die Abläufe gleichen viel eher denen in einem Wellenleiter. Im Vordergrund steht jetzt die Eigenschaft der Elektronen als quantenmechanische Materiewelle. Man spricht deshalb auch von „Quantendrähten". Als Erster hat der aus Deutschland stammende Amerikaner Rolf Landauer, ein Mitarbeiter im amerikanischen Thomas-J.-Watson-Forschungszentrum von IBM, schon im Jahr 1957 diese Fragen aufgegriffen. Er entwickelte damals sein berühmtes Konzept der Transmissionskanäle in mesoskopischen elektrischen Leitern, das sich anschließend als besonders fruchtbar und erfolgreich erweisen sollte. Seinen zentralen Gedanken wollen wir kurz erläutern. Der Quantendraht wird in x-Richtung angeordnet angenommen. An beiden Enden ist er mit Elektroden der jeweiligen Energie $\varepsilon + \frac{1}{2}\,\mathrm{eV}$ und $\varepsilon - \frac{1}{2}\,\mathrm{eV}$ verbunden. Hier ist V die elektrische Potenzialdifferenz zwischen beiden Elektroden. Wenn wir beide Elektronenspins getrennt behandeln, ergibt sich für den Strom

$$\mathrm{I} = -2\mathrm{e} \int \frac{dk_x}{2\pi} \mathrm{v_x} \left[\mathrm{f}\left(\varepsilon + \frac{1}{2}\mathrm{eV}, \varepsilon_\mathrm{F} \right) - \mathrm{f}(\varepsilon - \frac{1}{2}\mathrm{eV}, \varepsilon_\mathrm{F}) \right] \mathrm{T_{trm}}. \tag{11.5}$$

Hierbei haben wir für die Fermi-Verteilungsfunktion (Gl. 5.10) die Abkürzung.

$$\mathrm{f}(\varepsilon, \varepsilon_\mathrm{F}) \equiv \frac{1}{\mathrm{e}^{(\varepsilon - \varepsilon_\mathrm{F})/\mathrm{k_B T}} + 1} \tag{11.6}$$

verwendet und den Stromfluss in beiden Richtungen (+x und –x) betrachtet. Die Größe $\mathrm{T_{trm}}$ ist ein Transmissionskoeffizient, der die Streuprozesse der Elektronen beschreibt, die das Gleichgewicht mit dem lokalen elektrochemischen Potenzial der Elektroden etablieren. In dem Quantendraht selbst sollen keine Streuprozesse stattfinden. Für kleine Spannung V und geringe Temperaturen gilt

$$\left[f\left(\varepsilon + \frac{1}{2}eV, \varepsilon_F\right) - f(\varepsilon - \frac{1}{2}eV, \varepsilon_F)\right] = \left(\frac{\partial f}{\partial \varepsilon}\right)_{V=0} eV \qquad (11.7a)$$

$$= -\delta(\varepsilon - \varepsilon_F)eV. \qquad (11.7b)$$

$\delta(x)$ ist die Dirac-Delta-Funktion. Mit $v_X\, dk_X = (1/\hbar)d\varepsilon$ erhalten wir schließlich für den Leitwert G

$$G = \frac{I}{V} = \frac{2e^2}{h} T_{trm} = 2\, G_O T_{trm}. \qquad (11.8)$$

Die Größe $G_O = e^2/h$ ist die quantisierte Einheit des Leitwerts.

Landauer hatte gefunden, dass der elektrische Leitwert eines eindimensionalen Kanals, der zwei Ladungsreservoire miteinander verbindet, in quantisierten Einheiten von $2e^2/h$ zu messen ist. (Der Leitwert ist als das Inverse des elektrischen Widerstands definiert.) In diesem Zusammenhang erinnern wir uns an die Einheit h/e^2 des quantisierten Hall-Widerstands, den wir in Kap. 7 besprochen haben. Der Faktor 2 beim quantisierten Leitwert nach Landauer rührt daher, dass hier der Fall ohne Magnetfeld diskutiert wird und deshalb beide Spinrichtungen in gleicher Weise zum Ergebnis beitragen. Auf der anderen Seite tritt der quantisierte Hall-Widerstand nur in hohen Magnetfeldern auf, wo beide Spinrichtungen deutlich getrennt zu behandeln sind.

Die ersten Experimente zum ballistischen Elektronentransport durch eine räumliche Verengung im mesoskopischen Bereich gab es 1965 von dem Russen Yurii Vasil'evich Sharvin aus dem berühmten Institut für Physikalische Probleme in Moskau, das nach seinem Gründer auch „Kapitza-Institut“ genannt wird. Sharvin benutzte „Punktkontakte“, indem er die scharfe Spitze einer Metallnadel auf die Oberfläche eines metallischen Einkristalls drückte und beim elektrischen Stromfluss durch diese Anordnung bei tiefen Temperaturen ihren Widerstand maß. Allerdings ist bei diesen Experimenten an Metallen die Rolle der Elektronen als quantenmechanische Materiewelle noch nicht besonders ausgeprägt, da die Wellenlänge bei der typischen relativ großen Fermi-Energie der Elektronen in Metallen nur etwa 0,5 nm beträgt und daher viel kleiner ist als die Öffnung des Punktkontakts. Einen wichtigen Fortschritt gab es dann 1988, als nahezu gleichzeitig von zwei Gruppen die Quantisierung des elektrischen Leitwerts an speziell strukturierten Halbleiter-Heterostrukturen aus Galliumarsenid (GaAs) und Aluminium-Galliumarsenid ($Al_xGa_{1-x}As$) entdeckt wurde. Während die eine Gruppe der Universität Delft sowie den Philips-Forschungslaboratorien in Eindhoven und in Redhill angehörte, arbeitete die andere Gruppe am Cavendish-Laboratorium der Universität Cambridge. Die von beiden Gruppen benutzte Halbleiter-Heterostruktur war sehr ähnlich wie die, mit der Daniel Tsui und Horst Störmer wenige Jahre zuvor den fraktionierten Quanten-Hall-Effekt gefunden hatten. Das zweidimensionale Elektronengas in der Halbleiter-Heterostruktur hat eine deutlich kleinere Fermi-Energie als Metalle, und entsprechend ist die Fermi-Wellenlänge für die Elektronen etwa 100-mal größer als bei Metallen. Dies eröffnet eine ausgezeichnete Möglichkeit, neuartige Quanteneffekte beim Durchgang der Elektronen durch eine schmale Öffnung zu beobachten.

Den engen eindimensionalen Kanal zwischen zwei breiten Ladungsreservoiren im zweidimensionalen Elektronengas der Halbleiter-Heterostruktur haben die beiden Gruppen dadurch hergestellt, dass sie zwei entsprechend strukturierte Metallelektroden als Gate-Elektroden an der Oberseite der Heterostruktur aufgebracht haben. An der engsten Stelle war die Öffnung zwischen beiden Gate-Elektroden nur 250 nm bzw. 500 nm breit. Durch Anlegen einer geeignet gewählten Gate-Spannung können die Bereiche der Probe unterhalb der Gates vollständig von Ladungsträgern entleert werden, sodass nur noch ein leitfähiger Kanal von der Öffnungsbreite von 250 nm bzw. 500 nm zwischen beiden Gates übrig bleibt. Durch weitere Erhöhung der Gate-Spannung lässt sich der Kanal noch weiter einengen, bis schließlich völlige Abschnürung der beiden breiten Ladungsreservoire voneinander erreicht ist. Bei ihren Experimenten haben beide Gruppen gefunden, dass der Leitwert ihres eindimensionalen Kanals in Abhängigkeit von der Gate-Spannung eine regelmäßige Stufenstruktur aufweist, wobei die einzelnen Plateaus der Stufen bei ganzen Vielfachen der quantisierten Einheit $2e^2/h$ des Leitwerts auftraten (Abb. 11.6). Diese Messungen waren bei tiefen Temperaturen unterhalb 1 K erfolgt. Offenbar wird durch die Variation der Gate-Spannung die Kanalbreite kontinuierlich verändert, sodass mit wachsender Kanalbreite die Anzahl der diskreten und quantisierten Leitwertkanäle ansteigt.

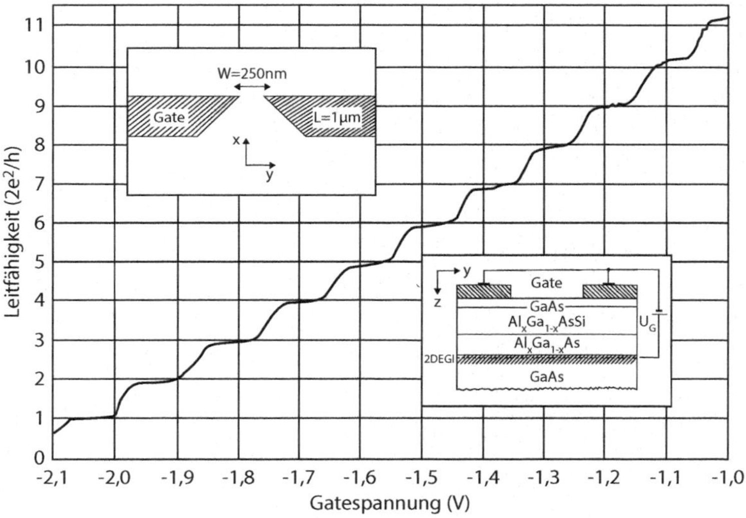

Abb. 11.6 Elektrische Leitfähigkeit eines engen eindimensionalen Kanals auf einer GaAs/$Al_XGa_{1-X}As$-Heterostruktur in der quantisierten Einheit $(2e^2/h)$ in Abhängigkeit von der Gate-Spannung bei der Temperatur von etwa 1 K. Einschub links oben: Anordnung der Gate-Elektroden auf der Oberfläche der Heterostruktur. Einschub rechts unten: Schnitt durch die Heterostruktur. 2 DEG: zweidimensionales Elektronengas; U_G: Gate-Spannung. (© B. J. van Wees)

Die experimentelle Beobachtung des quantisierten Leitwerts eines engen mesoskopischen Kanals kann als spezieller Fall des Konzepts der Transmissionskanäle von Landauer angesehen werden. Über Einzelheiten dieses neuartigen Quantisierungsphänomens sind mittlerweile zahlreiche Arbeiten erschienen, die wir hier aber nicht weiter diskutieren wollen.

Als die ultimative Verkleinerung eines elektrischen Kontakts zwischen zwei Ladungsreservoiren sind in den letzten Jahren sogar schon einzelne Atome experimentell und theoretisch genau untersucht worden. Ihren Ausgang haben die Experimente hierzu am französischen Commissariat à l'Energie Atomique in Saclay in der Arbeitsgruppe von D. Esteve und Michel H. Devoret unter Mitwirkung der deutschen Wissenschaftlerin Elke Scheer genommen. Für die Messungen an individuellen Atomen wurde die bei der Raster-Tunnelmikroskopie benutzte Technik der piezoelektrischen Verstellelemente eingesetzt, sowie die mechanisch mit höchster Empfindlichkeit kontrollierte Bruch-Kontakt-Methode. Bei der letztgenannten Methode wurde eine suspendierte Mikrobrücke von etwa 2 μm Länge, 200 nm Dicke und in der Mitte mit einer 100 nm $\times$ 100 nm Verengung gedehnt und schließlich an der Verengung gebrochen, indem die Mikrobrücke auf ein elastisches Substrat montiert war, das kontrolliert verbogen werden konnte. Untersucht wurden Atome verschiedener Metalle wie Blei, Aluminium, Niob, Gold und Natrium. Die Experimente wurden meistens bei Temperaturen deutlich unterhalb 1 K durchgeführt. Mit zunehmender Streckung der Mikrobrücken wurde gefunden, dass der elektrische Leitwert der Probe stufenweise abnimmt, bis der Kontakt unterbrochen ist. Die Höhe der einzelnen Stufen beträgt etwa $2e^2/h$. Die quantisierte Einheit des Leitwerts tritt somit wieder auf. Landauers Konzept der Transmissionskanäle scheint sich auch hier wieder zu bestätigen. Ferner legen die Experimente an den Atomen der verschiedenen Metalle den Schluss nahe, dass die Anzahl der Leitwertkanäle gleich ist oder zumindest eng gekoppelt ist mit der Zahl der Orbitale der Valenzelektronen des zentralen Atoms. Zur quantitativen Erklärung der elektrischen Leitungseigenschaften dieser Kontakte ist ein mikroskopisches Modell heranzuziehen, das neben der orbitalen Struktur des Atoms die lokale atomare Geometrie der unmittelbaren Umgebung berücksichtigt. Elektrische Ströme bis zu etwa 0,1 mA können durch einen Einzelatomkontakt geschickt werden. Dies entspricht einer lokalen elektrischen Stromdichte von riesigen 100 Mrd. A/cm^2.

11.3 Bottom-Up, Fullerene

Bei den von uns zuletzt diskutierten Nanostrukturen wird die Probenabmessung immer weiter verkleinert, bis schließlich der mesoskopische Bereich erreicht wird, in dem neuartige Quanteneffekte bei der Elektronenbewegung beobachtet werden können. Die Richtung des Vorgehens ist hier eindeutig von oben nach unten, man spricht auch von *top-down*. Bei der Entwicklung immer kleinerer Bauelemente für die Nanoelektronik oder schließlich auch die molekulare Elektronik erhält jedoch die umgekehrte Vorgehensweise von unten nach oben *(bottom-up)* eine herausragende Bedeutung. In diesem Fall sind es vor allem die Methoden der Chemie, die weiterhelfen. Aus dem sich gegenwärtig rasant entwickelnden Gebiet der molekularen Elektronik wollen wir ein Beispiel herausgreifen: die Kohlenstoff-Nanoröhren (engl.: *carbon nanotubes*). Zunächst müssen wir aber die faszinierende Vorgeschichte kurz erläutern, die zu dieser Entwicklung geführt hat.

Ihren Ausgang hat die Physik und Chemie der neuen Formen des Kohlenstoffs bei der Erforschung der interstellaren Materie gefunden. Bei ihren Versuchen, interstellare Kohlenstoffmoleküle durch Laser-Verdampfen von Grafit im Labor nachzumachen, haben Richard E. Smalley und Robert Floyd Curl an der amerikanischen Rice University in Houston, Texas, sowie Harold Walter Kroto an der Universität von Sussex in England mit ihren Mitarbeitern 1985 die beiden Kohlenstoffmoleküle C_{60} und C_{70} anhand von massenspektrometrischen Analysen entdeckt. Sie äußerten damals schon die Vermutung, dass das C_{60}-Molekül die Struktur eines Fußballs (*buckyball*) besitzt, wobei die 60 Kohlenstoffatome die Ecken der fünfeckigen und sechseckigen Kohlenstoffringe bilden, die auf der nahezu kugelförmigen Molekülоberfläche angeordnet sind. Insgesamt besteht das C_{60}-Molekül aus 12 fünfeckigen und 20 sechseckigen Kohlenstoffringen (Abb. 11.7). Die Entdecker nannten das Molekül „Buckminsterfulleren" nach dem amerikanischen Architekten Buckminster Fuller, der durch seine Kuppelkonstruktionen berühmt war. Das C_{70}-Molekül ist ebenfalls aus 12 fünfeckigen, aber aus 25 sechseckigen Kohlenstoffringen zusammengesetzt. Es ist etwas in die Länge gezogen und ähnelt einem amerikanischen Football. Für alle Kohlenstoffmoleküle mit in sich allseitig geschlossener Struktur hat sich die Bezeichnung „Fullerene" eingebürgert. Übrigens hatte schon der schweizerische Mathematiker Leonhard Euler vor mehr als 200 Jahren bewiesen, dass alle Fulleren-Strukturen genau 12 Fünferringe haben müssen, um eine in sich allseitig geschlossene Form zu haben.

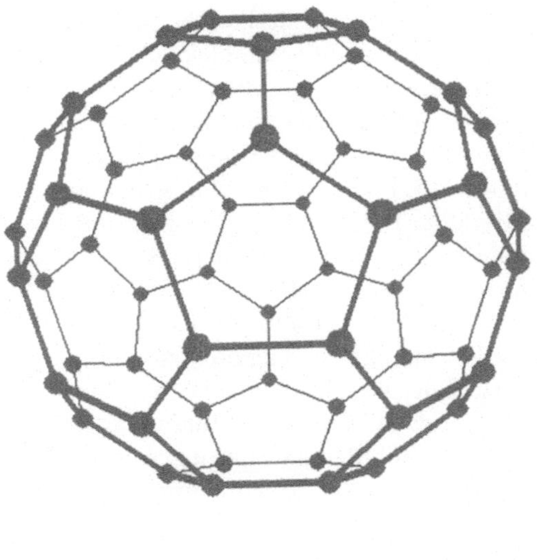

Abb. 11.7 Perspektivische Darstellung des fußballförmigen C_{60}-Moleküls

Smalley und Kroto konnten ihre Fullerenmoleküle nur in so winzigen Mengen herstellen, dass viele weiterführende Forschungen und insbesondere kristallografische Strukturanalysen nicht durchzuführen waren. Dies änderte sich schlagartig im Jahr 1990, als es Walter Krätschmer vom Max-Planck-Institut für Kernphysik in Heidelberg und Donald R. Huffman von der amerikanischen Universität von Arizona in Tucson zum ersten Mal gelang, Fullerenmoleküle in deutlich größeren Mengen herzustellen, als es bis dahin möglich gewesen war. Das wissenschaftliche Interesse an der Präparation von Rußteilchen rührte bei beiden auch wieder von Fragestellungen im Zusammenhang mit der interstellaren Materie her. Bei ihrem Präparationsverfahren haben sie zwei stabförmige Grafitelektroden benutzt, zwischen denen ein Lichtbogen mit hoher elektrischer Stromstärke gezündet ist. Hierbei verdampft das Elektrodenmaterial. Der ganze Prozess findet in einer Aufdampfanlage statt, deren Rezipient mit einem Kühlgas (üblicherweise Helium) gefüllt ist. Durch das Kühlgas kondensiert der Kohlenstoffdampf zu rauchartigen Teilchen, die aufgefangen werden. Durch chemische Verfahren werden Rußteilchen und Fullerenmoleküle voneinander getrennt. Ab Mai 1990 konnten sowohl von Krätschmer als auch von Huffman pro Tag immerhin etwa 100 mg Fullerene produziert werden. Jetzt folgte schon bald die Präparation von Einkristallen, mikrokristallinem Pulver und dünnen Schichten für die explosionsartig wachsenden Forschungsarbeiten vieler Gruppen. Insbesondere wurde die anfangs nur vermutete fußballartige Struktur der Fullerenmoleküle experimentell genau bestätigt. An vielen Stellen wurde der Herstellungsprozess verbessert bzw. für größere Mengen heraufskaliert. Die Experimente erstreckten sich jetzt auch auf Festkörper aus C_{60}-Molekülen, wobei die elektronischen Eigenschaften und der Einfluss von Dotierung mit Zusatzstoffen untersucht wurden. Nach dem Einbau von starken Donatoren, vor allem von den Alkalimetallen Kalium, Rubidium und Cäsium sowie von Erdalkalimetallen, in den C_{60}-Festkörper (n-Dotierung) wurde sogar Supraleitung gefunden mit Höchstwerten der kritischen Temperatur bis zu $T_c = 48\,K$.

Die C_{60}- und C_{70}-Moleküle zeichnen sich durch eine besonders hohe Stabilität aus und werden deshalb bei ihrer Herstellung mit hoher Ausbeute gewonnen. Die Reihe der Fullerenmoleküle geht jedoch noch viel weiter. So existieren beispielsweise die „magischen" höheren Fullerene C_{76}, C_{78}, C_{82} und C_{84}. Eine besonders für die technischen Anwendungen folgenschwere Entdeckung machte im Jahr 1991 der Japaner Sumio Iijima, als er zum ersten Mal einen neuen Fullerentyp in der Form von nadelartigen Röhren im Elektronenmikroskop beobachtete. Mit dieser Entdeckung der Kohlenstoff-Nanoröhren wurde eine neue Phase in der Fulleren-Forschung eingeleitet. Iijima arbeitete im Laboratorium für Grundlagenforschung der japanischen NEC Corporation in Tsukuba. Seit der Entdeckung der Kohlenstoff-Nanoröhren ist die Zahl der Veröffentlichungen und auch der erteilten Patente, die den Nanoröhren gewidmet sind, von Jahr zu Jahr gewachsen. Die Anzahl der Wände kann bei den Röhren variieren. Schon in seiner ersten Publikation berichtete Iijima von Röhren mit bis zu sieben Wänden. Entsprechend variiert auch der Rohrdurchmesser und liegt im Bereich von etwa 4–30 nm. Die typische Rohrlänge beträgt bis zu einigen µm. Kürzlich wurden von Wissenschaftlern am

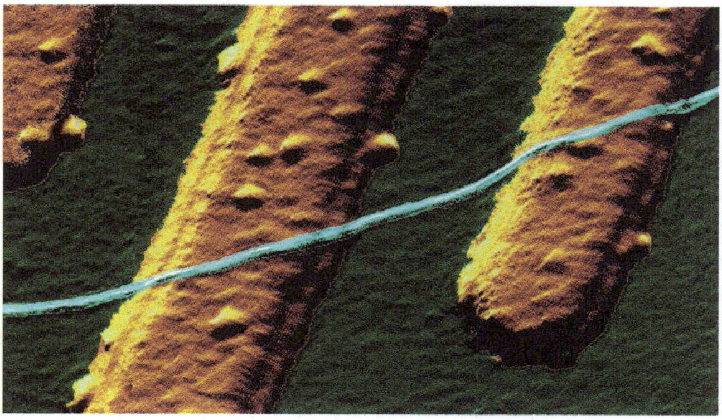

Abb. 11.8 Einwandiges Kohlenstoff-Nanoröhrchen zwischen zwei Platinelektroden. Die Breite der Elektroden beträgt 100 nm. (© C. Dekker)

amerikanischen Rensselaer Polytechnic Institute in Troy im Bundesstaat New York und an der chinesischen Tsinghua Universität in Beijing mit einem speziellen Präparationsverfahren Bündel von einwandigen Nanoröhren sogar bis zu einer Länge von 20 cm erzeugt (Abb. 11.8).

Bei den mehrwandigen Nanoröhren zeigen die elektronischen Eigenschaften relativ große Variationen, wodurch ihre Reproduzierbarkeit deutlich erschwert ist. Im Gegensatz hierzu zeigen die Einzelwand-Nanoröhren gute Reproduzierbarkeit. Abhängig von ihrem Durchmesser und dem Gradmaß des Drehwinkels bei ihrem Aufbau in axialer Richtung, der Helizität, verhalten sie sich bezüglich ihrer elektrischen Leitfähigkeit wie ein eindimensionales Metall oder wie ein Halbleiter. Als molekulare Drähte sind sie offenbar gut geeignet. Neben den physikalischen Eigenschaften der Kohlenstoff-Nanoröhren wurden ihre Anwendungsmöglichkeiten in der molekularen Elektronik schon von verschiedenen Gruppen untersucht. Hierbei wurde die Manipulation der Nanoröhren mit den Methoden der atomaren Kraftmikroskopie vorgenommen, die wir in Kap. 1 bereits erwähnt haben. Ein scharfer Knick in den Einzelwand-Nanoröhren wirkt anscheinend wie eine Gleichrichter-Diode, ähnlich wie ein Metall-Halbleiter-Kontakt. Ein solcher Knick kann durch ein topologisches Defektpaar beim atomaren Aufbau der Nanoröhre oder durch eine lokale mechanische Deformation erzeugt werden. Durch die Platzierung einer Einzelwand-Nanoröhre auf eine von ihr elektrisch isolierte Gate-Elektrode wurde bereits die Funktion eines Feldeffekt-Transistors nachgewiesen. Schließlich eignen sich die Kohlenstoff-Nanoröhren ausgezeichnet dazu, Einzelelektronen-Effekte bei den elektrischen Transporteigenschaften zu realisieren. Hierunter versteht man die Tatsache, dass aufgrund seiner extrem kleinen Abmessungen die physikalischen Eigenschaften des Objekts, beispielsweise der elektrische Widerstand, durch die Anwesenheit bzw. Abwesenheit nur eines einzelnen Elektrons schon deutlich verändert werden. Diese Entwicklungen haben dazu geführt, dass sich gegenwärtig die großen Firmen der Computerindustrie lebhaft für die Physik und Technik der Kohlenstoff-Nanoröhren interessieren. So wird schon diskutiert, dass die Kohlenstoff-Nanoröhren mittelfristig in Konkurrenz zum verhältnismäßig teuren Silizium als Substrat in der Halbleitertechnik treten könnten. Die Kohlenstoff-Nanoröhren verfügen über eine extrem hohe elektrische Stromleitfähigkeit und erlauben Stromdichten, die Kupferdrähte schon längst zum Schmelzen bringen würden. Gegenüber Leiterbahnen aus Kupfer ermöglichen die Kohlenstoff-Nanoröhren schließlich wesentlich höhere Taktraten und Leistungsdaten. Ein weiterer interessanter Aspekt der Nanoröhren rührt von der Möglichkeit her, die Röhren an beiden Enden zu öffnen, sodass dann Moleküle anderer Substanzen in das Innere gepackt werden können. Auf diese Weise lassen sich die Röhren auf vielseitige Art als Trägermaterialien nutzen.

11.4 Graphen, Honigwaben-Übergitter

Denkt man sich die Wand der dünnsten Kohlenstoff-Nanoröhre in Richtung der Achse aufgeschnitten, eben ausgebreitet und in der Ebene in beiden Richtungen vergrößert, dann gelangt man zum Graphen, also einem Material, welches die Dicke nur eines einzigen Kohlenstoffatoms besitzt. Die Kohlenstoffatome sind als Netz mit der Struktur von Honigwaben angeordnet. Andre Geim und Konstantin Novoselov war es im Jahr 2004 gelungen, mit einem Trick Graphen-Proben zu gewinnen und anschließend ihre faszinierenden Eigenschaften zu entdecken. Beide hatten es fertiggebracht, mit Tesafilm die obersten Atomlagen eines hochreinen Grafitkristalls abzuziehen und so auf ein geeignetes Substrat zu übertragen, dass schließlich einzelne Flocken einatomarer Schichten zur Verfügung standen. Im Anschluss an ihre ersten diesbezüglichen Veröffentlichungen setzte ein internationaler Forschungswettlauf ein. Innerhalb der fünf Jahre 2005 bis 2009 wurden mehr als 5000 Artikel über Graphen publiziert.

Die wohl faszinierendste Eigenschaft des Graphen ist seine elektronische Bandstruktur. Im undotierten Zustand zeigt sie einen linearen Anstieg der Energie E der Elektronen mit ihrer Wellenzahl k: $E \sim k$. Die Ladungsträger verhalten sich deshalb wie relativistische Teilchen ohne Masse (denen die Dirac-Gleichung anstelle der üblichen Schrödinger-Gleichung zugrunde liegt und bei denen die Fermi-Geschwindigkeit v_F die Rolle der Lichtgeschwindigkeit übernimmt). Dies steht im Gegensatz zu dem üblicherweise quadratischen Anstieg $E \sim k^2$ im Fall eines dreidimensionalen Kristalls (vgl. Gl. 4.13 und Abb. 4.5a). In Graphen als dem dünnstmöglichen Material lässt sich die Konzentration der Ladungsträger mithilfe einer aufgebrachten Gate-Elektrode durch den elektrischen Feldeffekt deutlich verändern. So kann die Konzentration der Elektronen von der eines normalen Metalls mit etwa 10^{21} cm^{-3} zu der eines Metalls mit einer ähnlichen Konzentration an Löchern über den (halbleitenden) Zustand mit nur wenigen Ladungsträgern verändert werden (Abb. 11.9). In einem Magnetfeld haben Geim und Novoselov auch den halbzahligen Quanten-Hall-Effekt deutlich beobachtet. Die Halbzahligkeit rührt hier daher, dass sich aufgrund des Energiespektrums bei genau $E = 0$ zwei

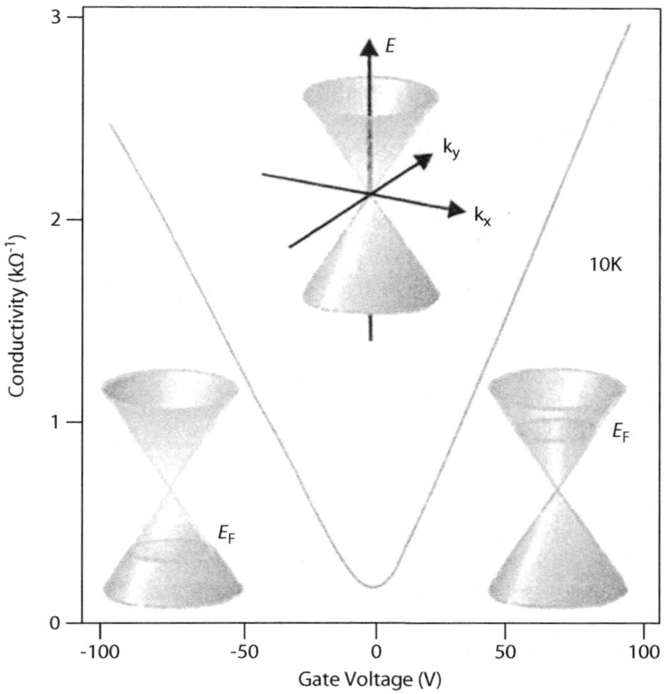

Abb. 11.9 Durch den elektrischen Feldeffekt lässt sich die Konzentration der Ladungsträger und die elektrische Leitfähigkeit im Graphen mithilfe der Gate-Spannung variieren. Das Bild zeigt die Abhängigkeit der Leitfähigkeit von der Gate-Spannung sowie die lineare Abhängigkeit der Energie E der Elektronen vom Wellenvektor **k,** E(**k**), für drei Werte der Fermi-Energie E_F bei negativer, verschwindender und positiver Gate-Spannung. (© A. Geim)

Energieniveaus befinden, eines mit Elektronen- und eines mit Loch-Charakter. Als interessante Ausnahme konnte der Quanten-Hall-Effekt in Graphen sogar auch bei Zimmertemperatur beobachtet werden.

Neben seinen spektakulären elektronischen Eigenschaften besitzt Graphen auch herausragende mechanische Eigenschaften. Es ist härter als Diamant und kann für Anwendungen als Verbundwerkstoff interessant werden.

Motiviert durch die charakteristische elektronische Bandstruktur des Graphen mit seiner Honigwaben-Gitterstruktur, wurden in jüngster Zeit Honigwaben-Übergitter experimentell und theoretisch erforscht. Experimentell wurden diese zweidimensionalen Übergitter aus HgTe-Nanokristallen von Daniel Vanmaekelbergh und Mitarbeitern an der Universität von Utrecht mit kolloidchemischen Methoden hergestellt.

Wir befinden uns hier an der vordersten Front der heutigen Forschung. Experimente zu Bloch-Oszillationen und negativem differenziellem Widerstand aufgrund der elektronischen Minibänder, wie in Abschn. 11.1 diskutiert, stehen offenbar noch aus.

11.5 Quantenpunkte

Nachdem wir mit den Kohlenstoff-Nanoröhren eine molekulare Form als kleinstmögliche Ausführung von Quantendrähten kennengelernt haben, wollen wir auch noch die letzte Dimension bei der Ausdehnung dieser quasi eindimensionalen Quantendrähte fallen lassen. Wir haben es dann mit den „Quantenpunkten" als Objekte der Dimension von quasi null zu tun. Wiederum sind es die äußere Umgrenzung und ihre Abmessungen, die das physikalische Verhalten der Elektronen in den Quantenpunkten bestimmen, während die Stoß- und Umlenkungsprozesse der Elektronen im Inneren dieser Objekte in den Hintergrund treten. Die quantenmechanische Wellenfunktion der Elektronen wird jetzt ähnlich wie bei einem Atom unter anderem durch die räumliche Ausdehnung des Quantenpunkts festgelegt. Die Quantenpunkte werden deshalb auch als „künstliche Atome" bezeichnet. Den Elektronen stehen keine Energiebänder mehr wie im ausgedehnten Kristall zur Verfügung. Anstelle der Energiebänder können die Elektronen nur noch diskrete Energiewerte annehmen, die sich mithilfe der quantenmechanischen Schrödinger-Gleichung aus den geometrischen Abmessungen der Quantenpunkte berechnen lassen. (In Abb. 7.3 ist dies unten schematisch dargestellt.) Durch Besetzung der einzelnen Energieniveaus der Quantenpunkte mit Elektronen kann das periodische System der Atome in gewisser Weise nachvollzogen werden. Hierbei ist das Pauli-Prinzip für die Elektronen als Fermi-Teilchen zu beachten, sodass jeder Zustand nur mit zwei Elektronen besetzt werden kann, deren Spin entgegengesetzt orientiert ist. Als Unterschied der Quantenpunkte gegenüber einzelnen Atomen bleibt jedoch unter anderem die Tatsache, dass erstere Mikrokristalle aus etwa 1000 bis einer Million Atome sind, in denen Gitterschwingungen (Phononen) und auch Gitterdefekte existieren. Das Energiespektrum der Elektronen in den Quantenpunkten lässt sich vor allem anhand ihrer optischen Eigenschaften, beispielsweise durch die Spektroskopie der energetischen Übergänge, ermitteln. So sind es auch besonders die optischen Eigenschaften, die für die technischen Anwendungen der Quantenpunkte, beispielsweise als Quantenpunkt-Laser, interessant sind.

Experimentell werden Quantenpunkte seit etwa 20 Jahren studiert. Für ihre Herstellung gibt es vor allem drei generelle Methoden. Als Erstes ist das relativ konservative *top-down*-Verfahren zu nennen, bei dem die Quantenpunkt-Strukturen lithografisch definiert und geätzt werden. Die hierzu benötigten Schritte sind aber keineswegs einfach. Ferner haben in der letzten Zeit Halbleiter-Nanopartikel besondere Bedeutung erlangt, die mithilfe der Kolloidchemie hergestellt waren. Für die Nanoteilchen sind vor allem die II-VI-Verbindungshalbleiter aus der II. und VI. Gruppe des Periodensystems sowie die III-V-Halbleiter aus der III. und V. Gruppe interessant. Die kolloidchemische Methode liefert quasi-kugelförmige Teilchen, deren Größen sich von wenigen Molekülen bis hin zu sehr ausgedehnten Abmessungen reproduzierbar herstellen lassen. Besonders interessant sind hierbei Teilchen mit Durchmessern zwischen etwa 1 nm und 6 nm, die mit anderen Verfahren nur sehr schwer fabriziert werden können. Diese Teilchengröße liegt im Bereich der starken Quantisierung, in dem der Abstand zwischen den diskreten Energiewerten der Elektronen die gleiche Größenordnung besitzt wie die Bandlücke im ausgedehnten Kristall. Am Ende der Synthese muss in der Regel noch eine Größenfraktionierung durchgeführt werden. Mit den kolloidchemischen Methoden können Quantenpunkte in Gramm-Mengen wie normale Feinchemikalien hergestellt werden. Es sind vor allem die optischen Eigenschaften dieser Quantenpunkte, die für ihre Anwendungen, beispielsweise als Markierungen für die Fluoreszensmikroskopie biologischer Proben, interessant sind. Das emittierte Licht kann allein durch die Größenvariation der Teilchen durch den gesamten sichtbaren und bis in den nahen infraroten Spektralbereich geschoben werden. Hierbei wird die Tatsache ausgenutzt, dass der Abstand der für die optischen Übergänge relevanten diskreten Energieniveaus mit abnehmender Teilchengröße anwächst. Das Licht mit der kürzesten Wellenlänge stammt von den kleinsten Teilchen. Ein ähnlicher Zusammenhang besteht auch zwischen der akustischen Tonhöhe und der räumlichen Größe von Musikinstrumenten: Je höher der Ton, umso kleiner muss das Instrument sein.

Der dritte Weg zur Erzeugung von Quantenpunkten eröffnet sich durch das selbstorganisierte, spontane Wachstum geordneter Inseln einheitlicher Größe im Nanometer-Bereich beim Aufwachsen weniger Mono-Atomlagen eines Halbleiters auf ein Substrat unter ganz speziellen Bedingungen. Diese selbstordnenden Quantenpunkte sind die ersten Nanostrukturen im Bereich von 10 nm, die sich reproduzierbar und auch in großen Mengen mit Standardmethoden der Halbleitertechnologie herstellen lassen. Werden die nur wenige Nanometer großen Inseln aus einem Halbleiter mit kleiner Energielücke hergestellt und in ein Material mit größerer Energielücke vollständig eingebettet, dann entstehen elektronische Quantenpunkte, die elektrisch ganz von ihrer Umgebung abgekoppelt sind. Intensiv untersucht wurden beispielsweise Quantenpunkte aus Indium-Galliumarsenid ($In_xGa_{1-x}As$), die in eine Galliumarsenid(GaAs)-Umgebung eingebettet sind. Durch Aufeinanderstapeln mehrerer solcher Schichten mit Quantenpunkten können dreidimensionale Gitter von Quantenpunkten hergestellt werden. Wiederum sind es die optischen Eigenschaften und besonders die Möglichkeiten für den Bau eines Quantenpunkt-Lasers, die das große Interesse an den selbstordnenden Quantenpunkten ausgelöst haben. Auf dieser Grundlage wurde der erste Quantenpunkt-Laser 1994 in Betrieb genommen. Seitdem wurden Quantenpunkt-Laser im Hinblick auf ihre Quantenausbeute noch deutlich verbessert.

Die elektronischen Eigenschaften der Quantenpunkte liegen zwischen denen von ausgedehnten Halbleitern und einzelnen Molekülen. Die Technologie der Quantenpunkte ist besonders attraktiv, da der aktive Bereich durch die Variation der Größe und der Zusammensetzung der Punkte bei unterschiedlichen Wellenlängen betrieben werden kann. Dies ist auch der Grund für den großen Nutzen der Quantenpunkte in der Optoelektronik. Insbesondere ermöglichen sie die Herstellung von Quantenpunkt-Lasern, die bei Wellenlängen betrieben werden können, die zuvor mit der Halbleiter-Lasertechnologie nicht zugänglich waren. Mögliche weitere Anwendungen der Quantenpunkte sind Transistoren, Solarzellen, Licht emittierende Dioden und Dioden-Laser. Ein spektakuläres Beispiel ist die Verwendung von Quantenpunkten in Flachbildschirm-Fernsehgeräten durch Sony im Jahr 2013. Hier wurden Quantenpunkte zum ersten Mal in einem Massenprodukt der Unterhaltungselektronik eingesetzt. Es wird erwartet, dass Quantenpunkt-Laser eine zunehmende Rolle in Systemen der optischen Datenübertragung spielen werden.

11.6 Topologische Isolatoren

Der ganzzahlige und der fraktionierte Quanten-Hall-Effekt, die wir in Kap. 7 diskutiert haben, können jeweils im Sinn von neuartigen Quantenzuständen der Ladungsträger im zweidimensionalen Elektronengas verstanden werden, die sich in Anwesenheit eines hohen, senkrecht orientierten Magnetfelds ausbilden. Diese Zustände entstehen am Rand des zweidimensionalen Elektronengases (Randzustände) und sind robust, also unempfindlich gegenüber geometrischen Details und Störungen durch Verunreinigungen. Dies ist der Grund für die Universalität der Zahlenwerte (des elektrischen Widerstands), die nur noch von Naturkonstanten abhängen.

In den letzten Jahren hat man erkannt, dass ähnliche Quantenzustände mit elektrischem Stromtransport durch Randkanäle auch in Abwesenheit von Magnetfeldern möglich sind. In elektrischen Isolatoren mit geeigneter elektronischer Bandstruktur sollten sich Randzustände bilden, in denen sich Ladungsträger mit entgegengesetztem Spin an einem vorgegebenen Rand in entgegengesetzter Richtung bewegen, anders als beim Quanten-Hall-Effekt. Dies Phänomen wird als „Quanten-Spin-Hall-Effekt“ bezeichnet. Sein experimenteller Nachweis ist ein hochaktuelles Forschungsthema. Wir wollen diese Entwicklung kurz skizzieren.

Auf der Suche nach elektrischen Isolatormaterialien mit der für diesen Effekt geeigneten elektronischen Bandstruktur stieß man mit Erfolg auf die Verbindung Quecksilbertellurid (HgTe), einem II-VI-Halbleiter. In diesem (oder einem ähnlichen) Isolator wird durch die Spin-Bahn-Kopplung die Symmetrie der beiden Richtungen des Spins gebrochen. Die Spin-Bahn-Kopplung ist bei den schweren Elementen besonders ausgeprägt und übernimmt die Rolle eines äußeren Magnetfelds. Der Quanten-Spin-Hall-Effekt tritt bei tiefen Temperaturen (unterhalb 10 K) in dünnen Schichten („Quantentöpfe“) auf, die genügend hohe Beweglichkeit der Ladungsträger aufweisen und die mit der Methode der „Molekularstrahl-Epitaxie“ hergestellt werden können. Die drei Pioniere auf diesem Gebiet, Charles L. Kane, Shoucheng Zhang und Laurens W. Molenkamp, erhielten 2012 in den USA für ihre Forschungen den höchsten Preis auf dem Gebiet der Physik der kondensierten Materie, *„Für die theoretische Vorhersage und die experimentelle Beobachtung des Quanten Spin Hall Effekts, womit sie das Gebiet der topologischen Isolatoren angestoßen haben“*. Kane und Zhang lehren heute als Theoretische Physiker an der University of Pennsylvania in Philadelphia, Pennsylvania, bzw. an der Stanford University in Kalifornien, während der Experimentalphysiker Molenkamp an der Universität Würzburg eine Gruppe leitet, die sich mit der Molekularstrahl-Epitaxie von II-VI-Halbleitern beschäftigt. Ein topologischer Isolator ist ein Material, das sich in seinem Inneren als elektrischer Isolator verhält und auf seiner Oberfläche (oder an seinem Rand) den Transport von elektrischen Ladungen erlaubt. Die topologischen Isolatoren sind eine Weiterentwicklung auf dem Gebiet der Spintronik, auf die wir in Kap. 10 bei den technischen Anwendungen des Magnetismus gestoßen waren.

Bisher hatten wir nur zweidimensionale topologische Isolatoren mit ihren Strom tragenden Randzuständen diskutiert. Im Jahr 2007 sagte der oben erwähnte Charles Kane zusammen mit Liang Fu voraus, dass auch dreidimensionale Formen topologischer Isolatoren möglich sind, bei denen leitende Quantenzustände an der Kristalloberfläche (Oberflächenzustände) auftreten. Ein erstes Beispiel ist Bi_{1-x} Sb_x, eine Verbindung aus Bismut (Bi) und Antimon (Sb), bei der die Spin-Bahn-Wechselwirkung besonders groß ist. Bisher haben die Experimente diese Vorhersage bestätigt. In Bi_{1-x} Sb_x sind die Oberflächenzustände den zweidimensionalen Zuständen in Graphen ähnlich. Wie wir im Abschn. 11.4 diskutiert haben, zeigen Elektronen und Löcher in Graphen in der Nähe der Fermi-Energie einen linearen Zusammenhang zwischen Energie und Wellenzahl, der durch die relativistische Dirac-Gleichung für masselose Fermionen beschrieben wird. Im zweidimensionalen **k**-Raum zeigt die Dispersionsrelation die Form von zwei aufeinander stehenden Kegeln, deren Spitzen bei der Fermi-Energie an diskreten Punkten („Dirac-Punkte“) zusammentreffen (vgl. Abb. 11.9). Während Graphen eine gerade Anzahl von Dirac-Punkten (nämlich 2) aufweist, besitzt Bi_{1-x} Sb_x eine ungerade Anzahl. Dies hat zur Folge, dass die Oberflächenzustände in Graphen nicht topologisch robust sind und dass sich die Energielücke durch Störungen (Verunreinigungen) leicht öffnet. Im Gegensatz hierzu sind die Oberflächenzustände in Bi_{1-x} Sb_x robust („topologisch geschützt“) und unempfindlich gegenüber Störungen. Kurz nach der Entdeckung von Bismut-Antimon als dreidimensionaler topologischer Isolator wurden Hinweise auf topologisch geschützte Oberflächenzustände auch in Antimon, Bismutselenid, Bismuttellurid und Antimontellurid gefunden.

Schon 1996 hatten Martin R. Zirnbauer und Mitarbeiter ein Schema zur Klassifikation von Symmetrien für Universalitätseigenschaften aufgestellt, das auch bei den topologischen Isolatoren grundlegend ist. Zirnbauer leitet heute das Institut für Theoretische Physik an der Universität zu Köln. 2012 erhielt er für seine Arbeiten die Max-Planck-Medaille der Deutschen Physikalischen Gesellschaft.

Topologische Quantenzustände der Materie sind aber sehr selten. Hierbei ist es bemerkenswert, dass nach mehr als 80 Jahren die elektronische Bändertheorie der Kristalle noch neue Überraschungen bietet.

Die besonderen Fälle der linear k-abhängigen Struktur der Leitungs- und Valenzbänder, die an diskreten Punkten im **k**-Raum zusammentreffen, finden in jüngster Zeit (2015) zunehmendes Interesse. (In Abb. 11.9 zeigen wir das Beispiel für Graphen.) Die aus der linearen Dispersionskurve resultierende Teilcheneigenschaft von masselosen Fermionen führt zu interessanten neuen physikalischen Eigenschaften.

Der deutsche Mathematiker Hermann Weyl hatte schon 1929 die Existenz von masselosen Fermi-Teilchen als Lösungen der Dirac-Gleichung vorausgesagt. Weyl hat 1908 bei David Hilbert in Göttingen promoviert und arbeitete dann in Zürich und in Göttingen. 1933 emigrierte er in die USA und arbeitete dann viele Jahre am Institute for Advanced Study in Princeton. Dort traf er wieder mit Albert Einstein zusammen, den er schon aus Zürich kannte. Die sogenannten Weyl-Halbmetalle besitzen an den Weyl-Punkten im Impulsraum einen einzigen Zustand, der zudem stabil ist. Ferner erscheint an der Oberfläche eines Weyl-Halbmetalls ein neuartiger Oberflächenzustand. Im Gegensatz zu einem Weyl-Halbmetall ist in einem Dirac-Halbmetall der Zustand an den Dirac-Punkten im **k**-Raum 2-fach entartet und nicht stabil. Nach Materialien mit diesen Besonderheiten ihrer elektronischen Eigenschaften wird gegenwärtig gesucht, und einigen Erfolg gab es schon.

11.7 Aharonov-Bohm-Effekt

Zum Abschluss dieses Kapitels über Quanteneffekte in mesoskopischen Strukturen wollen wir noch einmal zur Ringgeometrie in einem äußeren Magnetfeld zurückkehren. Dieser geometrische Fall hatte uns schon in Kap. 8 im Zusammenhang mit der magnetischen Flussquantisierung in Supraleitern beschäftigt. Allerdings mussten wir im Supraleiter die makroskopische Wellenfunktion für die Cooper-Paare mit ihrer doppelten Elementarladung 2e zugrunde legen. Jetzt interessieren wir uns jedoch für die Quanteneffekte bei der Elektronenbewegung in der Ringgeometrie eines Normalleiters mit genügend kleinen Abmessungen, sodass die Stoßprozesse der Elektronen im Innern des Objekts vernachlässigbar sind und nur die äußere Umgrenzung wesentlich ist. Das äußere Magnetfeld soll senkrecht zur Ebene des Rings orientiert sein. Wir nehmen an, dass der Ringdurchmesser viel größer ist als die Breite der ringförmigen Leiterbahn. Bei der Elektronenbewegung durch den Ring ist die Interferenz bei der Ausbreitung der Materiewelle entlang der rechten und der linken Ringhälfte zu beachten. Der Gangunterschied der Welle zwischen der rechten und der linken Ausbreitungsstrecke beträgt genau eine Wellenlänge bzw. ein ganzzahliges Vielfaches davon, wenn das die Ringfläche durchsetzende Magnetfeld einem magnetischen Flussquant (h/e) bzw. einer ganzen Zahl von Flussquanten entspricht. Hierbei wird vorausgesetzt, dass beide Ringhälften exakt symmetrisch zueinander angeordnet sind. Als Folge dieser Interferenz zwischen den beiden Bahnen erwarten wir eine periodische Oszillation des elektrischen Widerstands der Ringanordnung bei Variation des Magnetfelds mit der Periodizität (h/e) der eingeschlossenen magnetischen Flussquanten. Das magnetische Flussquant (h/e) ist uns schon bei der Diskussion des fraktionierten Quanten-Hall-Effekts begegnet. Vergleichen wir auf der anderen Seite die beiden vollständigen Ringumläufe um den ganzen Ring einmal rechts herum und einmal links herum bis zurück zum gleichen Ausgangspunkt, dann ergibt sich für den Gangunterschied der beiden Wellen nach dem Umlauf genau eine Wellenlänge, wenn sich in der Ringfläche ein halbes Flussquant (h/2e) befindet. Entsprechend resultiert hieraus eine periodische Oszillation des elektrischen Widerstands der Ringanordnung bei Variation des Magnetfelds mit der Periodizität (h/2e) der eingeschlossenen halben magnetischen Flussquanten.

Ein grundsätzlicher Unterschied zwischen den beiden diskutierten Fällen besteht darin, dass die (h/e)-Oszillationen empfindlich vom Detail der Probe abhängen, wenn beispielsweise die exakte Symmetrie zwischen den beiden Ringhälften nicht mehr gewährleistet ist. Andererseits werden die (h/2e)-Oszillationen nur durch den Vergleich zwischen den beiden genau umgekehrten Bahnverläufen bei Zeitumkehr bestimmt und sind somit vom Detail der Probe unabhängig. Das geschilderte Interferenzverhalten der mit den Elektronen verbundenen Materiewellen haben Yakir Aharonov und David Bohm im Jahr 1959 zum ersten Mal theoretisch vorhergesagt. Es wird daher als „Aharonov-Bohm-Effekt" bezeichnet. Beide arbeiteten damals an der Universität von Bristol in England. Der Effekt wurde schon Anfang der 1960er-Jahre von Gottfried Möllenstedt und Mitarbeitern an der Universität Tübingen durch Interferenzexperimente mit Elektronenstrahlen nachgewiesen (Abb. 11.10).

Zum ersten Mal wurde der Aharonov-Bohm-Effekt bei den Elektronen in einem Festkörper von Yurii Vasil'evich Sharvin und seinem Sohn D. Yu. Sharvin im Jahr 1981 in Moskau beobachtet. Sie benutzten einen dünnen Metallzylinder aus Magnesium mit einem Durchmesser von 1,5–2 μm und einer Länge von 1 cm. Der Zylinder war als dünne Schicht auf einem Quarzfaden aufgebracht. Das Magnetfeld war parallel zur Zylinderachse orientiert. Die Temperatur betrug 1 K. Der Zylinder kann als Objekt angesehen werden, das aus vielen aufeinander gestapelten Ringen besteht. Die (probenspezifischen) (h/e)-Oszillationen mitteln sich deshalb heraus, sodass damals nur die (h/2e)-Oszillationen des elektrischen Widerstands beobachtet wurden. Aber auch die (h/e)-Oszillationen wurden 1985 zum ersten Mal von dem Amerikaner Richard A. Webb und seinen Mitarbeitern

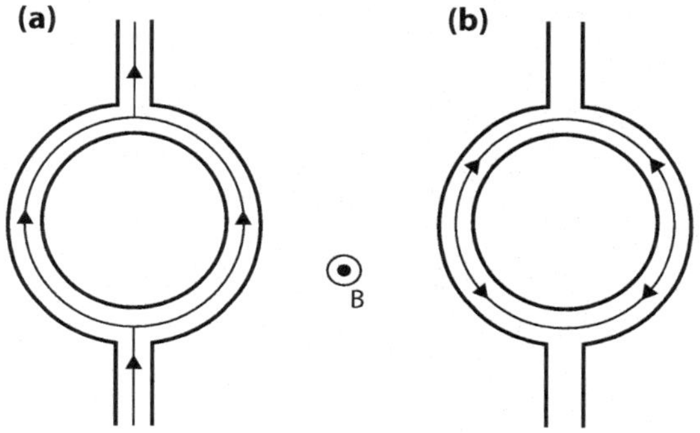

Abb. 11.10 Aharonov-Bohm-Effekt in der Ringgeometrie. Das äußere Magnetfeld ist senkrecht zur Ebene des Rings orientiert. **a** Die Interferenz der Trajektorien durch die rechte und durch die linke Ringhälfte führt zu Oszillationen im elektrischen Widerstand mit der Periodizität (h/e) des von dem Ring eingeschlossenen magnetischen Flusses. **b** Bei einem vollständigen Ringumlauf der beiden Trajektorien in jeweils umgekehrter Richtung resultieren aus ihrer Interferenz Oszillationen mit der Periodizität (h/2e)

im Thomas-J.-Watson-Forschungszentrum von IBM in den USA experimentell nachgewiesen. Sie verwendeten metallische Goldringe, die aus einer Goldschicht von 38 nm Dicke hergestellt waren (Abb. 11.4). Der entscheidende Präparationsschritt zur Fabrikation der extrem kleinen Strukturen bestand aus dem Schreiben einer entsprechenden Maske aus einer schützenden Kontaminationsschicht mithilfe eines rechnergesteuerten hochauflösenden Raster-Elektronen-Transmissionsmikroskops. Ein Goldring mit 784 nm Innendurchmesser und 41 nm Breite der Leiterbahn zeigte bei der Temperatur von 0,01 K deutliche (h/e)-Oszillationen des elektrischen Widerstands bei der Variation des Magnetfelds.

Kapitel 12
Fehler im Kristallgitter: nützlich oder schädlich?

Zusammenfassung Im thermodynamischen Gleichgewicht zeigt jeder Kristall ein bestimmtes Maß an Unordnung aufgrund der spontanen Erzeugung von Gitterdefekten. Wir erläutern dies am Beispiel der Gitter-Leerstellen. Weitere Beispiele sind Farbzentren in Ionenkristallen und die Strahlenschäden in den Bauteilen von Kernreaktoren. Die Erkenntnis der zentralen Rolle von Versetzungen bei den mechanischen Materialeigenschaften bedeutete einen großen Fortschritt. Die zerstörungsfreie Werkstoffprüfung hat sich heute zu einem wichtigen Gebiet entwickelt. Magnetische Verunreinigungen und der Kondo-Effekt werden diskutiert.

Im Laufe vieler Jahrhunderte wenn nicht sogar Jahrtausende haben die Völker wichtige und nützliche Erfahrungen und Regeln für die Herstellung vor allem der metallischen Werkstoffe gesammelt. Zunächst waren es die mechanischen Eigenschaften und die Festigkeit gegenüber Kräftebelastungen, die lange Zeit bei den Materialien ausschließlich von Interesse waren. Schon früh wurde beispielsweise herausgefunden, wie lange man auf einem Metallstück herumhämmern muss, damit es die optimale Härte für seinen Gebrauch als Werkzeug, Waffe, Schmuck oder auch Geldmünze bekommt. Erst mit dem 19. Jahrhundert wurde die „Kaltverformung" systematisch entwickelt und erreichte dann einen eindrucksvollen hohen Stand, beispielsweise in den großen Walzwerken der Stahlindustrie. Während langer Zeit war auf dem Gebiet der metallischen Werkstoffe reine Empirie vorherrschend. Die mikroskopische Struktur von Schmiedeeisen wurde zum ersten Mal 1863 beobachtet. Diese Untersuchungen hat damals der in einem Vorort von Sheffield, einem Zentrum der englischen Eisen- und Stahlindustrie, geborene Henry Clifton Sorby durchgeführt. Als Amateurgeologe interessierte er sich für die Struktur von Gesteinen. Nachdem er seine Proben aus Schmiedeeisen poliert und danach geätzt hatte, entdeckte er mit dem Lichtmikroskop charakteristische Strukturen an der Oberfläche, die heute als das „Gefüge" einer Metallprobe bezeichnet werden. Wichtige Pionierarbeiten leistete etwa 20 Jahre später Adolf Martens, der sich als Begründer der Gefügemikroskopie und der wissenschaftlichen Werkstoffprüfung in Deutschland große Verdienste erworben hat. Ein markanter Meilenstein war in Deutschland dann im Jahr 1920 die Gründung des Kaiser-Wilhelm-Instituts für Metallforschung in Neubabelsberg bei Berlin. 1934 wurde das Institut nach

R. Huebener, *Leiter, Halbleiter, Supraleiter*,
DOI 10.1007/978-3-662-53281-2_12

Stuttgart verlegt. Seit dem Zweiten Weltkrieg wird dieses Institut als Max-Planck-Institut für Metallforschung in Stuttgart weiterbetrieben. Ähnliche Institute wurden auch in den anderen Industriestaaten gegründet. (2011 wurde das Stuttgarter Institut in Max-Planck-Institut für Intelligente Systeme umbenannt.)

Durch die Entdeckungen auf dem Gebiet der Elektrizität und des Magnetismus im 19. Jahrhundert kamen die elektrischen und magnetischen Werkstoffeigenschaften als wichtige neue Forschungsbereiche hinzu. Wie wir schon anhand des in Kap. 1 diskutierten Absturzes der beiden englischen Comet-Passagierflugzeuge gesehen haben, sind es immer wieder spektakuläre Ereignisse und Katastrophen, die die Notwendigkeit für eine möglichst vollständige Kenntnis der Werkstoffeigenschaften eindrucksvoll demonstrieren.

12.1 Unordnung im thermodynamischen Gleichgewicht

Selbst in dem allerreinsten Kristall, aus dem alle unerwünschten Verunreinigungen mit großen Anstrengungen entfernt wurden, gibt es unvermeidbare Gitterfehler, und zwar aus streng prinzipiellen Gründen. Dies hängt damit zusammen, dass der stabile Gleichgewichtszustand eines Stoffes immer ein bestimmtes Maß an Unordnung erfordert. Nur dann erreicht das „thermodynamische Potenzial" seinen Minimalwert, der die Garantie für das Gleichgewicht liefert. Die einzige Ausnahme hiervon besteht am absoluten Nullpunkt der Temperatur. Die zugrunde liegenden Ideen haben zwei Physiker schon im 19. Jahrhundert entwickelt: der Deutsche Hermann von Helmholtz und der Amerikaner Josiah Willard Gibbs. Bei dieser Diskussion der Unordnung spielt der Begriff der Entropie eine zentrale Rolle. Das für das Gleichgewicht notwendige Maß an Unordnung kann bei den Kristallen dadurch zustande kommen, dass in dem sonst perfekten Einkristall einzelne Gitterplätze nicht mit Atomen besetzt sind und sich dadurch Leerstellen bilden.

12.2 Leerstellen im Kristallgitter

Wir wollen am Beispiel der Leerstellen die thermodynamische Behandlung erläutern. Wir beginnen mit der Freien Enthalpie des Kristalls

$$G = U + pV - TS \tag{12.1}$$

(U = innere Energie; p = Druck; V = Volumen; T = Temperatur; S = Entropie). Anhand von Gl. 12.1 sehen wir, dass ein Anstieg der Entropie (aufgrund von Unordnung) die Freie Enthalpie reduziert. Wegen des TS-Terms in Gl. 12.1 wird diese Reduktion der Freien Enthalpie mit wachsender Temperatur immer wichtiger. Dies ist genau der Grund, weshalb im thermodynamischen Gleichgewicht Unordnung in einem Kristall auftritt.

Wir betrachten einen Kristall mit N identischen Atomen. Durch die Anwesenheit von n Gitterleerstellen ändert sich die Freie Enthalpie G um den Betrag

$$\Delta G(n, p, T) = n\,U_A + n\,p\,V_A - n\,T\,S_A^{vibr} - T\,(N+n)\,S_m \tag{12.2}$$

Die Proportionalität zu n in Gl. 12.2 gilt nur für Werte von n, die klein gegenüber N sind, also für $n \ll N$. (In Gl. 12.2: U_A = Aktivierungsenergie zur Bildung einer Leerstelle; V_A = Aktivierungsvolumen zur Bildung einer Leerstelle; s_A^{vibr} = Änderung der Entropie der Gitterschwingungen pro Leerstelle; S_m = Mischungsentropie der Teilchen). Die Mischungsentropie pro Teilchen beträgt

$$S_m = -k_B \sum_j x_j \ln x_j, \tag{12.3}$$

wobei x_j der atomare Bruchteil der Komponente j ist. Im Fall von Leerstellen gilt

$$S_m = -k_B \frac{n}{n+N} \ln \frac{n}{n+N} - k_B \frac{N}{n+N} \ln \frac{N}{n+N} \tag{12.4a}$$

$$\approx -k_B \frac{n}{N} \ln \frac{n}{N} + k_B \ln\left(1+\frac{n}{N}\right) \tag{12.4b}$$

$$\approx -k_B \left(\frac{n}{N} \ln \frac{n}{N} - \frac{n}{N}\right), \tag{12.4c}$$

(wieder in der Näherung, für die $n \ll N$). Im Gleichgewicht gilt

$$\left(\frac{\partial \Delta G}{\partial n}\right)_{p,T} = U_A + p\,V_A - T\,S_A^{vibr} + k_B T \ln \frac{n}{N} = 0 \tag{12.5}$$

und

$$c(p,T) \equiv \frac{n(p,T)}{N} = \exp\left(S_A^{vibr}/k_B\right) \cdot \exp\left[-(U_A + p\,V_A)/k_B T\right]. \tag{12.6}$$

Wir sehen aus Gl. 12.6, dass die Auftragung von log c über 1/T oder über p Geraden ergibt (vgl. Abb. 12.1). Aus der Steigung der Auftragung über 1/T erhält man $U_A + p\,V_A$ (wobei der Beitrag pV_A im Allgemeinen bei p = 1 at vernachlässigbar ist). Aus der Steigung der Auftragung über p erhält man V_A.

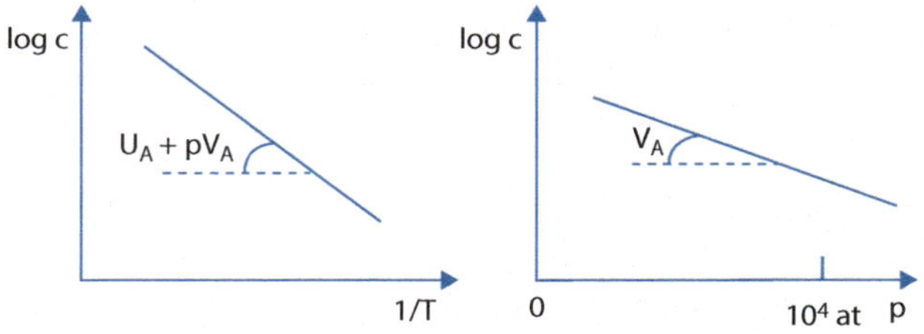

Abb. 12.1 Auftragung von log c über 1/T *(links)* und über p *(rechts)*, schematisch nach Gl. 12.6

Die im thermodynamischen Gleichgewicht stark von der Temperatur abhängige, spontane Erzeugung von Gitterleerstellen trägt auch zur Volumenausdehnung eines Kristalls bei, zusätzlich zu der üblichen thermischen Ausdehnung. Dies führt dazu, dass die mit steigender Temperatur erfolgende Volumenausdehnung eines Kristalls etwas größer ist als allein aufgrund der Wärmeausdehnung des Nachbarabstands im Kristallgitter. Das Volumen der Leerstellen muss hinzuaddiert werden. Dieser Effekt wurde in einem berühmten Experiment von Ralph O. Simmons und Robert W. Balluffi nachgewiesen. Beide verglichen die gemessene relative Längenänderung, $\Delta L/L$, eines Kristalls mit der aus der Röntgenbeugung gewonnenen relativen Änderung der Gitterkonstanten, $\Delta a/a$. In Abb. 12.2 zeigen wir das Ergebnis ihrer Messungen an einer Aluminium-Probe.

Das Volumen einer einzelnen Leerstelle ist übrigens deutlich kleiner als das einem Atom im ungestörten Kristall entsprechende Volumen (das Atomvolumen), da die Nachbaratome der Leerstelle etwas zusammenrücken und das Kristallgitter an dieser Stelle verzerrt wird. Mit der Bildung der Leerstellen ist auch ein bestimmter Zuwachs an innerer Energie des Kristalls verbunden. Dadurch wird auch ein zusätzlicher Beitrag zur spezifischen Wärme des Kristalls verursacht. Bei den Edelmetallen Kupfer, Silber und Gold kommt nicht weit unterhalb ihrer Schmelztemperatur auf etwa tausend Gitteratome eine Leerstelle. Bei Zimmertem-

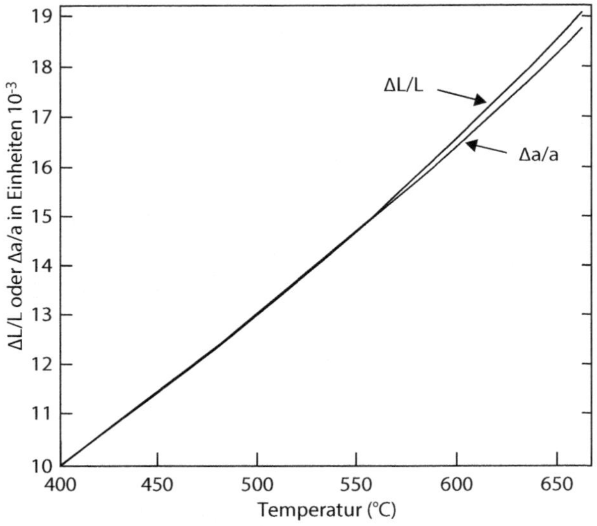

Abb. 12.2 Einfluss der im Gleichgewicht vorhandenen Leerstellen im Kristallgitter auf die Temperaturabhängigkeit des Kristallvolumens von Aluminium. Aufgrund der thermisch erzeugten Leerstellen ist die Temperaturabhängigkeit der relativen Längenänderung, $\Delta L/L$, *(obere Kurve)* etwas größer als die Temperaturabhängigkeit der relativen Änderung des Nachbarabstands im Kristallgitter, $\Delta a/a$ *(untere Kurve)*. Der Unterschied zwischen beiden Kurven wächst mit steigender Temperatur. (© R. O. Simmons und R. W. Balluffi)

peratur ist die Leerstellenkonzentration im Gleichgewicht aber um viele Zehnerpotenzen geringer.

Die im Gleichgewichtszustand gebildeten Leerstellen können sich aufgrund von Diffusion durch den Kristall bewegen. Während eines elementaren Sprungs durch Diffusion von einem Gitterplatz zum nächsten passieren die Leerstellen einen aktivierten Zustand, bei dem sie sich zwischen zwei benachbarten Gitterplätzen befinden. Wir bezeichnen die Anzahl der Leerstellen im aktivierten Zustand mit n^*. Man erhält dann für das Verhältnis n^*/n einen zu Gl. 12.6 analogen Ausdruck, bei dem die Aktivierungsenergie der Bewegung, U_B, das Aktivierungsvolumen der Bewegung, V_B, sowie die Änderung der Entropie der Gitterschwingungen, S_B^{vibr}, auftreten:

$$n^*/n = \exp\left(S_B^{vibr}/k_B\right) \cdot \exp\left[-(U_B + pV_B)/k_B T\right]. \qquad (12.7)$$

Wenn die Konzentration der Leerstellen genügend hoch ist, können sie sich mit anderen Leerstellen zu Doppelleerstellen wie bei einem Molekül aus zwei Atomen verbinden. Auch noch größere Leerstellenkomplexe können entstehen. Auf diese Weise kann sich ein umfangreiches Reaktionsschema für die Leerstellen und ihre größeren „molekularen Verbindungen" entwickeln. Leerstellen und ihre Bewegungen im Kristall sind ein wichtiger Mechanismus für den atomaren Stofftransport in Kristallen und für die Festkörperchemie. Der Prozess des Platzwechsels kann im Kristall nur stattfinden, wenn unbesetzte Gitterplätze zur Verfügung stehen. So sind chemische Reaktionen und die Diffusionsprozesse im Festkörper eng mit der Dynamik von Leerstellen gekoppelt. (Dies hat beispielsweise bei der Erzielung der optimalen Sauerstoffkonzentration für die Hochtemperatur-Supraleiter eine große Bedeutung). Bevor das Konzept der Leerstellen etabliert war, hatte man angenommen, dass es im Kristall irgendwelche „Poren im Gitter" oder „aufgelockerte Plätze" geben müsste, die den Stofftransport ermöglichen. In diesem Zusammenhang ist es wichtig zu betonen, dass wir bei dieser Diskussion nur von einem Einkristall ausgegangen sind und deshalb Korngrenzen zwischen mehreren einkristallinen Bereichen mit unterschiedlicher Kristallorientierung außer Acht gelassen haben. Tatsächlich sind solche Korngrenzen aber in vielen Fällen vorhanden und stellen dann für den Stofftransport im gesamten Kristall bevorzugte Diffusionskanäle dar.

Während im Fall der Leerstellen ein Atom auf seinem Platz im Kristallgitter fehlt, gibt es auch den Fall, dass ein Atom zu viel vorhanden ist, das sich dann auf einen „Zwischengitter-Platz" begeben muss. Das Kristallgitter ist um das Zwischengitter-Atom herum wiederum verzerrt. Der mit dem Zwischengitter-Atom verbundene Energiezuwachs im Kristall ist im Allgemeinen deutlich größer als der für eine Leerstelle, da die regulären Gitteratome nicht so leicht auf die Seite gedrängt werden können, um dem Neuankömmling etwas Platz zu machen. Zum ersten Mal hatte der Russe Abram Fedorovich Ioffe die Idee der Zwischengitter-Plätze im Jahr 1916 vorgeschlagen. Bei der Bestrahlung von Kristallen mit energiereichen Teilchen werden Leerstellen und Zwischengitter-Atome häufig gemeinsam erzeugt, wenn ein Atom beispielsweise durch die Teilchen der Strahlung aus seinem regulären Gitterplatz herausgeschossen wird und sich an anderer Stelle in dem Kristallgitter wieder einordnen muss. Das aus Leerstelle und Zwischengitter-Atom bestehende Paar von Defekten im Kristall wird als „Frenkel-Defekt" bezeichnet. Dieser Name rührt von dem russischen theoretischen Physiker Jakob Iljitsch Frenkel, der als Schüler von Ioffe zu dessen Leningrader Institut gehörte. Im Jahr 1925 entwickelte er eine Theorie zu dem Defektpaar, das später nach ihm benannt wurde.

Am Anfang der Erforschung der Leerstellen und der Zwischengitter-Plätze im Kristall, die auch als „Punktdefekte" bezeichnet werden, standen die Ionenkristalle. Dieser Kristalltyp setzt sich aus positiv und negativ geladenen Ionen zusammen. Indem die Ionen ein Elektron abgegeben oder aufgenommen haben, besitzen sie die bevorzugten abgeschlossenen Elektronenschalen. Durch die genau gleiche Anzahl der Ionen mit entgegengesetzter Ladung bleibt insgesamt die Ladungsneutralität im Kristall gewahrt. Durch die Anziehungskraft zwischen Ionen mit entgegengesetztem Ladungsvorzeichen kommt die Bindung in den Ionenkristallen zustande. Ionenkristalle können keinen elektrischen Strom leiten und sind elektrische Isolatoren. Ein typisches Beispiel ist Kochsalz, NaCl, das aus positiven Natriumionen und negativen Chlorionen zusammengesetzt ist.

Ein wichtiger Platz für die Erforschung der Ionenkristalle war schon seit den 1920er-Jahren das von Robert Wichard Pohl geleitete Erste Physikalische Institut an der Universität Göttingen. Neben seinen Forschungen wurde Pohl auch durch den einprägsamen und besonders anspruchsvollen Stil seiner großen Experimentalphysik-Vorlesung („Pohls Zirkus") berühmt. Dies hat sich dann auch in den hohen Auflagen seines dreibändigen Lehrbuchs für Experimentalphysik niedergeschlagen. In Pohls Institut wurden viele physikalische Eigenschaften der Ionenkristalle studiert. Diese Kristalle sind in einem großen Spektralbereich transparent, aber in ihren elektrischen und optischen Eigenschaften extrem empfindlich gegenüber Punktdefekten und anderen Fehlern im Kristallgitter. Berühmtheit erlangten die Punktdefekte, da sie als „Farbzentren" wirken und charakteristische optische Eigenschaften zeigen. Sie waren überhaupt die ersten Kristalldefekte, die experimentell und theoretisch genau untersucht wurden. Im Laufe der Jahre wurden verschiedenartige Farbzentren in den Ionenkristallen vor allem anhand ihrer optischen Spektraleigenschaften gefunden und anschließend modellmäßig interpretiert. Beispielsweise konnte man für ein bestimmtes Zentrum nachweisen, dass es einer Leerstelle für ein negatives Chlorion (Cl^-), die nicht besetzt war und ein Elektron eingefangen hatte, zugeordnet werden muss. Ende der 1930er-Jahre war es vor allem der Engländer Nevill Francis Mott, der in Bristol die Quantenmechanik auf die Fehlstellen in Kristallen anwandte, ähnlich wie es damals die Physik der Atome schon zuvor erlebt hatte. Mott richtete seine Aufmerksamkeit besonders auch auf die Ergebnisse von Pohls Schule in Göttingen. In den USA hat sich vor allem Frederick Seitz seinerzeit an der theoretischen Bearbeitung dieses Gebiets beteiligt. Die Punktdefekte in Ionenkristallen erschienen damals als ein relativ einfaches, aber vielversprechendes Studienobjekt, aus dem sich wertvolle Erkenntnisse beispielsweise auch im Hinblick auf die elektrischen Eigenschaften von Halbleitern und die mechanischen Eigenschaften von Metallen gewinnen lassen.

Pohl hatte in Göttingen wohl die weltweit erste bedeutende Schule für Festkörperphysik begründet. Im Jahr 1918 war er nach Göttingen gekommen. Vorher hatte er in Berlin unter anderem Fragen im Zusammenhang mit dem Austritt von Elektronen aus Metalloberflächen unter Lichteinstrahlung, dem fotoelektrischen Effekt, und zuletzt Probleme der Radiotechnik bearbeitet. Die Frage, wieso er in Göttingen sein Interesse hauptsächlich auf das Innere von Kristallen verlagert hätte, hat er später einmal (wohl nicht ganz im Ernst) damit beantwortet, dass in dem verarmten Göttingen die Finanzmittel zum Experimentieren im Hochvakuum nicht gereicht hätten.

12.3 Materialwissenschaft der Strahlenschäden

Während des Zweiten Weltkrieges setzten in den USA neue Entwicklungen ein, die mit dem Betrieb des ersten Kernreaktors zusammenhingen. Am 2. Dezember 1942 wurde nachmittags gegen 15.30 Uhr in dem Uran/Graphit-Pile, den Fermi und seine Mitarbeiter unterhalb der West-Tribüne des Stagg Field Stadions der Universität von Chicago errichtet hatten, die erste nukleare Kettenreaktion verwirklicht. Das Ergebnis wurde damals gleich weitergeleitet in der verschlüsselten berühmten Erfolgsmeldung: „Der italienische Steuermann ist soeben in der Neuen Welt gelandet. [...] Die Einwohner waren sehr freundlich.“ Die technische Nutzung von Kernreaktoren zur Energiegewinnung war damit eingeleitet. Das Gebiet der Defekte und der Strahlenschäden in Kristallen und in metallischen Werkstoffen erfuhr hierdurch eine extreme Aktualität. Der theoretische Physiker Eugene Paul Wigner hatte damals die Befürchtung, dass die im Reaktor erzeugten schnellen Neutronen in dem als Moderator für die Neutronen wirkenden Grafit eine gefährlich hohe Konzentration an Gitterdefekten verursachen (und zu einer explosionsartigen Reaktion führen) könnten. Der ebenso wie Wigner aus Ungarn stammende Leo Szilard äußerte ähnliche Ängste. Die Probleme wurden von den damals beteiligten Mitarbeitern schon bald als „Wigner'sche Krankheit“ bzw. „Szilard Komplikation“ bezeichnet. Die höchste Aktualität des Themas der Strahlenschäden in Kristallen und metallischen Werkstoffen hat Frederick Seitz damals veranlasst, seine diesbezüglichen theoretischen Rechnungen erheblich zu intensivieren. Es war übrigens Szilard, der nur wenige Jahre vorher, nach der Entdeckung der Kernspaltung durch Otto Hahn und Fritz Strassmann in Berlin, Albert Einstein dazu bewegt hat, seinen berühmten Brief an den amerikanischen Präsidenten Franklin Delano Roosevelt zu schreiben, in dem Einstein vor der Möglichkeit einer Atombombe gewarnt hat.

In den Jahren 1949 bis 1951 hat Frederick Seitz an der Universität von Illinois in Urbana ein Zentrum für Grundlagenforschung auf dem Gebiet der Defekte und Strahlenschäden in Festkörpern aufgebaut. Später hat man mit den gewonnenen Erkenntnissen beispielsweise abgeschätzt, dass in den Kernkomponenten eines schnellen Brüters während einer Betriebszeit von zehn Jahren jedes Gitteratom im Mittel 340-mal aus seinem Gitterplatz auf die Zwischengitter-Position (und dann auch wieder zurück) gestoßen wird. Für die erste Wand eines Fusionsreaktors wurde eine ähnliche Zahl, nämlich 170, abgeschätzt.

Künstlich erzeugte oder durch chemische Zusätze hervorgerufene Fehler im Kristallgitter hatten wir schon im Zusammenhang mit der Dotierung von Halbleitern kennengelernt. Ein weiteres Beispiel sind die Haftzentren in Supraleitern, die als lokale Störungen im Kristallgitter die Bewegung der quantisierten magnetischen Flusslinien und damit die Wärmeverluste bei der elektrischen Stromleitung möglichst verhindern sollen. In beiden Fällen üben die Defekte im Kristall höchst nützliche Funktionen aus. Als Nächstes wollen wir die Rolle der Kristalldefekte bei den mechanischen Festigkeitseigenschaften von Werkstoffen näher betrachten.

12.4 Mechanische Festigkeit von Werkstoffen

Schon im Jahr 1660 untersuchte der Engländer Robert Hooke experimentell die elastische Dehnung von Metallen unter Belastung und entdeckte dabei das nach ihm benannte Hooke'sche Gesetz. Später war er für einige Jahre Sekretär der Royal Society in London. Das Hooke'sche Gesetz besagt, dass die elastische Dehnung genau linear mit zunehmender Belastung ansteigt. Wird die Belastung entfernt, geht die Dehnung auch wieder auf null zurück. Die Dehnung ist noch reversibel. In diesem Zusammenhang hat man den Begriff der mechanischen Spannung definiert. Für den einfachsten Fall eines in Längsrichtung gezogenen Stabes ist sie die auf den Querschnitt des Stabes bezogene Zugkraft. Auf der Grundlage des Hooke'schen Gesetzes lässt sich die Stabilität von Metallkonstruktionen berechnen. So konnte schon 1779 die erste ganz aus Eisen bestehende Brücke der Welt in der Nähe von Birmingham in England in Betrieb genommen werden. Sie hat dann 170 Jahre lang dem Straßenverkehr gedient.

Bei der Diskussion und der technischen Nutzung ihrer elastischen Eigenschaften wurden die Metalle lange Zeit als ein stoffliches Kontinuum behandelt, ohne ihre innere Struktur zu berücksichtigen. Das noch relativ einfache elastische Verhalten gemäß dem Hooke'schen Gesetz wird allerdings nur beobachtet, wenn die Dehnung des Materials nicht zu groß wird. Oberhalb eines kritischen Dehnungsbereichs tritt plastische Verformung ein, und schließlich zerreißt der Werkstoff. Die Veränderungen im Material sind jetzt nicht mehr reversibel. Spätestens an diesem Punkt muss die mikroskopische Struktur berücksichtigt werden. Das Gleiche gilt auch im Hinblick auf die Veränderungen, die in Metallen beim Biegen, Walzen oder Schmieden passieren. Bis spät im 19. Jahrhundert wusste aber immer noch niemand, was dabei eigentlich vor sich geht.

Nachdem mithilfe der Beugung von Röntgenstrahlen die Kristallstrukturen der Metalle schon bald aufgeklärt waren, musste die Frage beantwortet werden, wie sich die Kristallgitter bei der Metallbearbeitung verformen. Den größten Erkenntnisgewinn versprach man sich damals von Proben, die nur aus einem einzigen Kristalliten bestehen, sogenannten Einkristallen. Anfang der 1920er-Jahre führten Hermann Francis Mark, Michael Polanyi und E. Schmid am damaligen Kaiser-Wilhelm-Institut für Faserstoffchemie in Berlin-Dahlem kontrollierte mechanische Zugexperimente an Zink-Einkristallen durch. Als Ergebnis stellte sich heraus, dass die Zugverformung der Metalle durch Verschiebungen von Kristallteilen entlang bestimmter Gleitebenen passiert, wobei die Gleitebene und die Gleitrichtung von der Kristallstruktur abhängen. Die Kristallstruktur selbst bleibt bei dem Prozess erhalten (Abb. 12.3). Experimente im englischen Cambridge am Cavendish-Laboratorium führten zu ähnlichen Ergebnissen. Bei diesen Forschungen tauchten aber rätselhafte Überraschungen auf. Die Metalle schienen sich zu verfestigen, wenn sie verformt wurden. Daher wurde vermutet, dass beim Verformen Fehler im Kristallgitter entstehen, die die weitere Verformung erschweren. Außerdem ergab die Berechnung der mechanischen Schubspannung, bei der sich Kristallteile gegeneinander verschieben, Werte, die bis zu 1000-mal größer waren als die experimen-

Abb. 12.3 Schema der Verformung eines Kristalls durch Gleitung. Nur die vordere Netzebene des Kristallgitters ist gezeigt, und weitere Netzebenen befinden sich dahinter. Die Kristallstruktur im unverformten *(oben)* und im verformten Zustand *(unten)* ist dieselbe. (© U. Essmann)

tellen Daten. Offenbar waren die Metallkristalle viel weicher, als man theoretisch erwartet hatte. Irgendetwas musste an den Konzepten noch falsch sein, und ein neuer Mechanismus musste erfunden werden.

Den Ausweg aus diesem Dilemma lieferten drei wissenschaftliche Arbeiten, die 1934 alle unabhängig voneinander publiziert wurden. Das gesuchte Modell musste eine Strategie präsentieren, bei der ein mehr oder weniger lokaler Fehler durch seine Wanderung durch das Kristallgitter im Endergebnis die Gleitbewegung großer Kristallbereiche gegeneinander bewirkt. Anders ausgedrückt: Mit einer kleinen Ursache musste eine große Wirkung erzielt werden. Einer der Autoren war Michael Polanyi, der sich schon länger mit der Plastizität von Metallen befasst hatte. Die zweite Arbeit stammte von dem Engländer Sir Geoffrey Taylor. Im Ersten Weltkrieg hatte er für die Royal Air Force die Rissanfälligkit von Kurbelwellen erforscht und sich mit Theorien über die Bildung und die Ausbreitung von Rissen beschäftigt. Als Royal-Society-Professor an der Universität Cambridge hat Taylor anschließend die Plastizität von Metall-Einkristallen und die Vorgänge bei der Verformung bearbeitet. Der dritte Autor war der aus Ungarn stammende Egon Orowan. Er hatte in den 1920er-Jahren an der Technischen Hochschule in Berlin-Charlottenburg Elektrotechnik studiert und dabei nebenher auch noch eine Vorliebe für Physik entwickelt. Durch den damals neu berufenen Professor für theoretische Physik, Richard Becker, wurde Orowan mit den Problemen der plastischen Deformation bekannt gemacht. Becker hatte hierzu kurz vorher eine Theorie vorgeschlagen. Orowan musste eines Tages bei Becker wegen einer Unterschrift erscheinen. Wie sich dadurch der Berufsweg des jungen Studenten plötzlich änderte, hat Orowan später folgendermaßen geschildert:

> In der folgenden Minute wurde mein Lebensweg verändert. Das hing mit dem außergewöhnlich großen Amtszimmer des Professors zusammen. Becker war ein schüchterner und zögernder Mann; aber bis ich beim Weggehen wieder an der Tür des riesigen Raumes angelangt war, hatte er sich zu einer Entscheidung durchgerungen. Er rief mich zurück

und fragte, ob ich nicht Interesse hätte, eine kleine Theorie der Plastizität, die er vor drei Jahren ausgearbeitet hatte, experimentell nachzuprüfen. Sich mit Plastizität zu beschäftigen, war ein prosaischer, wenn nicht gar erniedrigender Vorschlag im Zeitalter eines De Broglie, Heisenberg und Schrödinger, aber immer noch besser als meinen sechzigsten Transformator berechnen zu müssen, und so willigte ich ein.

12.5 Kristallversetzungen

In den genannten drei Arbeiten wurde zum ersten Mal das Konzept einer „Versetzung" vorgeschlagen, die als lokale Störung im Kristallgitter durch den Kristall hindurchwandern kann. Dabei ist in einem Teil des Kristalls eine zusätzliche Netzebene eingeschoben, die an ihrem Rand im Kristallinnern die „Versetzungslinie" bildet (Abb. 12.4). In der Umgebung dieser Versetzungslinie ist das Kristallgitter verzerrt. Indem sich die Versetzung in ihrer Gleitebene durch den Kristall bewegt, werden am Ende dieser Wanderung zwei Kristallstücke um einen Atomabstand gegeneinander verschoben. Während dieses Prozesses werden immer nur einzelne Atome auf der Versetzungslinie um nicht mehr als einen Atomabstand verschoben (Abb. 12.5). Auf diese Weise ist es bei einer Verformung nicht mehr notwendig, sämtliche Atome auf der Gleitebene gleichzeitig zu verschieben. In Übereinstimmung mit dem Experiment reicht jetzt schon eine relativ geringe Schubspannung

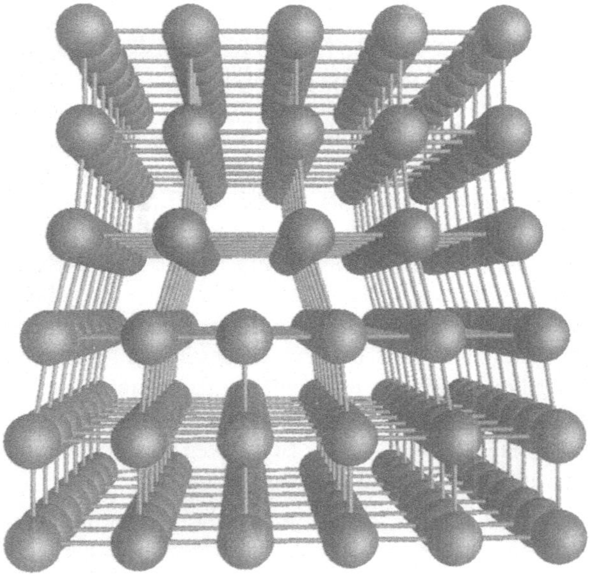

Abb. 12.4 Modell einer Stufenversetzung in einem einfach-kubischen Gitter. In der unteren Hälfte ist eine zusätzliche Netzebene von Gitteratomen zu erkennen. (© W. Sigle)

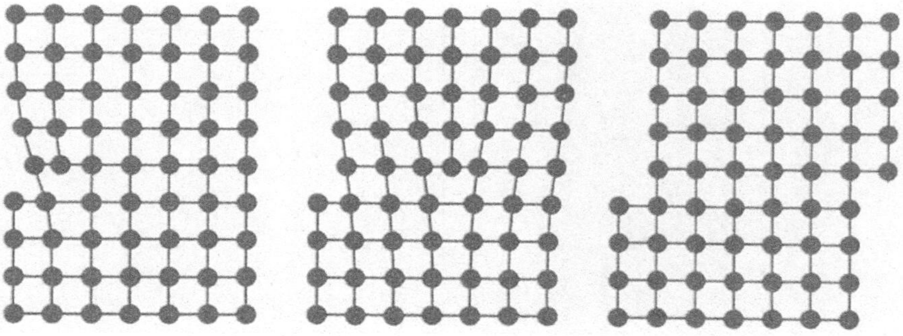

Abb. 12.5 Schematische Darstellung der Gleitung entlang einer Gleitebene durch Wanderung einer Stufenversetzung. *Links:* Die Versetzung hat sich am linken Kristallrand gebildet. *Mitte:* Die Versetzung hat die Kristallmitte erreicht. *Rechts:* Die Versetzung ist am rechten Kristallrand ausgetreten und hat eine Gleitstufe hinterlassen. (© U. Essmann)

aus, die Versetzung zum Wandern zu veranlassen. Mott hat diesen Prozess einmal sehr anschaulich illustriert:

> Sehr nützlich ist der Vergleich mit einer Teppichfalte … Wir alle wissen, dass es zwei Methoden gibt, um einen Teppich über den Flur zu ziehen. Man kann entweder das eine Ende fassen und daran ziehen, oder man kann am Ende eine Falte bilden und diese sorgfältig ans andere Ende treiben. Bei einem großen, schweren Teppich erfordert die zweite Methode weniger Anstrengung… Nun wollen wir die Situation im Kristall betrachten. Was ich hier eine Falte nenne, bezeichnet man in der Fachsprache als „Versetzung"… Man sieht, dass es zum selben Ergebnis führt, wenn eine Versetzung auf der einen Seite eines Kristalls entsteht und sich durch den Kristall bewegt, wie wenn eine Hälfte über die andere gleitet …

Die Versetzungslinie ist als Rand eines Teilbereichs der Gleitebene zu verstehen, in dem die angrenzenden Teile des Kristalls beiderseits der Gleitebene um einen Atomabstand gegeneinander verschoben worden sind. Eine Versetzungslinie kann deshalb nicht mitten im Kristall enden, sondern muss sich bis an die Kristalloberfläche erstrecken oder wenigstens einen geschlossenen Ring bilden. Alle unsere bisherigen Erklärungen beziehen sich auf die „Stufenversetzungen". Daneben gibt es aber auch noch weitere Typen von Versetzungen, die weniger anschaulich zu beschreiben sind und hier nicht weiter erörtert werden sollen.

Das Konzept der Versetzungen lieferte den Mechanismus für unser Verständnis der mechanischen Kristalleigenschaften. An dieser Stelle erinnern wir uns an unsere Diskussion in Abschn. 8.6 des anderen Beispiels, bei dem die Bewegung eines anderen Defekttyps, nämlich die von einzelnen magnetischen Flussquanten, der zentrale Mechanismus ist für den Verlust der Supraleitung und für das Auftreten von elektrischem Widerstand.

Der erste direkte Nachweis der Kristallversetzungen durch ihre Abbildung im Elektronenmikroskop gelang im Jahr 1956 im Batelle-Institut in Genf und am Cavendish-Laboratorium in Cambridge. Ein besonderer Höhepunkt war es,

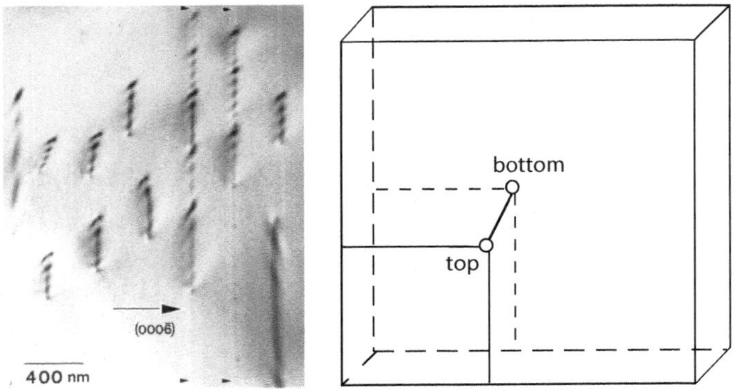

Abb. 12.6 *Links:* Zweistrahl Abbildung von mehreren parallel zueinander verlaufenden Stufenversetzungen in einer hexagonalen $BaTiO_3$-Keramik. Die Versetzungen wurden durch Beugungskontrast in einem Transmissionselektronenmikroskop abgebildet. Aufgrund des Spannungsfelds der Versetzungen sind die Beugungsebenen gekrümmt, sodass entlang der Versetzungslinie ein Kontrast entsteht. *Rechts:* Skizze einer von oben nach unten durch die TEM-Folie von ca. 100 nm Dicke verlaufenden Versetzung. (© O. Eibl)

als man sogar auch die Bewegung von Versetzungen im Elektronenmikroskop verfolgen konnte. Die Verzerrung des Kristallgitters in der Umgebung der Versetzungslinie führt zu mechanischen Spannungen in diesem Bereich des Materials. Das zu jeder Versetzung gehörende Spannungsfeld besitzt eine relativ große Reichweite, und über die Spannungsfelder kommt eine Wechselwirkung zwischen den Versetzungen zustande. Mit fortschreitender Verformung nimmt die Zahl der Versetzungen ständig zu. Hierbei setzt aber eine gegenseitige Behinderung unter den Versetzungen ein, sodass die zur Verformung notwendige Kraft ansteigt. Der Kristall verfestigt sich und wird härter, bis er schließlich bricht. Die gleiche Verfestigung erreicht man bei der Kaltverformung von Metallen, also durch Schmieden, Walzen oder Biegen. Man hatte somit gefunden, dass der gleiche Fehler im Kristallgitter, der die so nützliche Duktilität bei den Metallen verursacht, zugleich auch für die Entwicklung ihrer Härte bei der Kaltverformung verantwortlich ist (Abb. 12.6).

Besonders schädlich sind für Metalle wechselnde mechanische Belastungen. Metalle können ermüden, und es kommt dann zum Ermüdungsbruch. Wir alle kennen das Phänomen, dass ein Metalldraht brechen kann, wenn man ihn nur oft genug hin und her biegt. Wechselnde mechanische Belastungen treten bei technischen Einrichtungen besonders häufig auf. Solange die Belastung im streng elastischen Bereich des Materials bleibt, ist sie noch harmlos. Kritisch wird es aber, wenn winzige plastische Verformungen hinzukommen, sodass Versetzungen im Kristallgitter hin und her wandern. Das Zusammenwirken vieler Versetzungen kann schließlich zur Bildung von Risskeimen führen, dem Anfangsstadium des Ermüdungsbruchs. Die Einzelheiten sind besonders komplex und werden auch heute noch weiter erforscht. Ein ähnliches Szenario hat offenbar am 3. Juni 1998 bei Eschede nördlich von Hannover zu dem schrecklichen ICE-Eisenbahnunglück mit vielen Toten und Verletzten geführt. Betroffen war damals der ICE 884 „Wilhelm Conrad Röntgen“, der München mit Hamburg-Altona verbindet. Ein nicht entdeckter Riss auf der Innenseite eines Radreifens hat schließlich zum Ermüdungsbruch des Radreifens geführt. Der Radreifen verfing sich dann in einer Weiche, wodurch das Unglück erst seinen weiteren schrecklichen Verlauf nahm. Das betroffene Rad war 1994 in Betrieb genommen worden und war bis zum Unglückstag 1,8 Mio. km gelaufen. Während der vier Jahre wurde es allerdings kein einziges Mal genau kontrolliert.

12.6 Materialprüfung

Das zuletzt geschilderte Unglücksereignis wirft die Frage nach dem frühzeitigen Erkennen von Materialfehlern und von evtl. schon vorhandenen Mikrorissen oder Korrosionsschäden auf. Die hierzu erforderlichen technischen Einrichtungen gibt es schon seit vielen Jahren, und sie werden auch ständig weiterentwickelt. Die zerstörungsfreie Werkstoffprüfung ist inzwischen zu einem wichtigen und unverzichtbaren Teilgebiet der Technik geworden. Neben der Inspektion der Rohmaterialien in der Eisen- und Stahlindustrie sind wichtige Anwendungsfelder der Prüfmethoden beispielsweise die Eisenarmierungen von Spannbeton, Teile von Flugzeugen wie Räder, Rumpf und Tragflächen oder die Unterwasser-Stahlkonstruktion von Öl-Bohrtürmen. Eine besonders prominente Rolle für die Materialprüfung bei Metallen spielt das elektrische Wirbelstromverfahren. Bei dieser Methode wird mit einer Hochfrequenzspule ein hochfrequenter elektrischer Wechselstrom in dem zu untersuchenden Werkstück lokal induziert und gleichzeitig das elektrische Widerstandsverhalten des Werkstücks an dieser Stelle bestimmt. Schon kleinste Mikrorisse im Innern des Materials können so detektiert werden. Durch seine langjährigen Pionierarbeiten auf diesem Gebiet, mit denen er schon in den 1930er-Jahren begann, hat der Deutsche Friedrich Förster weltweite Berühmtheit erlangt.

Auch das auf dem Josephson-Effekt und der magnetischen Flussquantisierung in Supraleitern beruhende SQUID hat in den letzten Jahren für die zerstörungsfreie Werkstoffprüfung besonders auch zum Nachweis von Mikrorissen oder Fremdeinschlüssen zunehmend an Bedeutung gewonnen. Als Sensoren für Magnetfelder mit der höchsten Empfindlichkeit dienen die SQUIDs zur Detektion lokaler Anomalien im magnetischen oder elektromagnetischen Streufeld. Zunächst waren die SQUIDs aus den klassischen Supraleitern angefertigt und mussten üblicherweise mit flüssigem Helium auf nur wenige Kelvin abgekühlt werden. Seit einigen Jahren stehen hierfür aber auch SQUIDs aus Hochtemperatur-Supraleitern zur Verfügung, die nur noch auf etwa 80 K abgekühlt werden müssen, beispielsweise mit flüssigem Stickstoff. Gegenüber dem oben erwähnten konventionellen elektrischen Wirbelstromverfahren sind die SQUID-Sensoren deutlich empfindlicher, vor allem für die Detektion von Fehlern, die tiefer im Material lokalisiert sind. Ein Routine-Eignungstest auf dem Rad-Prüfstand der Deutschen Lufthansa am Frankfurter Flughafen hat vor wenigen Jahren Erfolg versprechende Ergebnisse gebracht.

Wie wichtig die Materialprüfung vor allem bei Stahlkonstruktionen ist, wollen wir noch an einem weiteren Beispiel erläutern: dem Untergang der Titanic im April 1912. Diese Schiffskatastrophe ist auch heute noch ein viel diskutiertes Thema, das besonders 2012 genau 100 Jahre danach große Aufmerksamkeit erfuhr. Der am Max-Planck-Institut für Metallforschung in Stuttgart früher tätige Physiker Uwe Essmann hat diesen Fall in einem Aufsatz „Metalle: Vom Steinzeitschmuck zum Strahltriebwerk", der auf einen Artikel in der *International Herald Tribune* vom 19. Februar 1998 Bezug nimmt, eindrucksvoll zusammengefasst. Seine Zusammenfassung wollen wir hier wiedergeben:

> Die Titanic war auf ihrer Jungfernfahrt am 14. April 1912 kurz vor Mitternacht mit einem Eisberg zusammengestoßen und am 15. April um 2.20 Uhr gesunken. Das Wrack wurde 1985 von dem Ozeanografen Robert Ballard auf der Höhe von Neufundland in einer Tiefe von 3650 Metern entdeckt. Der Rumpf war 1910 auf einer Werft in Belfast aus ca. 2,5 cm dicken Stahlplatten unter Verwendung von annähernd drei Millionen schmiedeeisernen Nieten zusammengebaut worden. Mittels spezieller Roboter konnten Stahlplatten vom Rumpf und einige Nieten geborgen werden, und es ist zu erwarten, dass bei zukünftigen Expeditionen zum Wrack noch weitere Indizien zum Ablauf der Kollision mit dem Eisberg gefunden werden.
>
> Die Titanic hatte nach einem Rudermanöver mit der Steuerbordseite den Eisberg gestreift. Bisher hatte man angenommen, dass dabei ein Längsriss über mehrere Schotten hinweg entstand, der letztendlich den Untergang zur Folge hatte. Untersuchungen am Wrack mit einem speziellen Sonargerät im Jahr 1996 konnten diese Annahme nicht bestätigen. Stattdessen wurden sechs laterale Öffnungen im Rumpf gefunden, die offensichtlich von Stößen verursacht wurden, als die Titanic am Eisberg entlang schrammte.
>
> Diese Beobachtung weckte bei den beteiligten Ingenieuren den Verdacht, dass an den Öffnungen die genieteten Nähte zwischen benachbarten Stahlplatten geplatzt waren. Daraufhin wurde am (amerikanischen) National Institute of Standards and Technology in Gaithersburg, Maryland, von Tim Foecke eine metallographische Untersuchung der geborgenen Nieten in die Wege geleitet. Eine Niete wurde mit einer Diamantsäge der Länge nach geteilt und ihr inneres Gefüge mit einem Metallmikroskop untersucht. Schmiedeeisen ist kein reines Eisen, sondern enthält normalerweise ungefähr 2 % Schlacke-Fasern, die beim Schmieden aus Schlacke-Einschlüssen entstehen und im Gefüge gut zu erkennen sind. Die Schlacke-Fasern verbessern die Ermüdungs- und Korrosionseigenschaften des Werkstoffs, allerdings darf ihr Volumenanteil 2 % nicht wesentlich überschreiten, da andernfalls die Festigkeit der Nieten darunter leidet. Die untersuchte Niete hatte einen Schlacke-Gehalt von 9 %, was nicht tolerabel ist. Wenn erst einmal einige schwache Nieten nachgegeben haben, könnte eine Naht wie eine angerissene Stoffnaht weiterreißen und einen fatalen Wassereinbruch zur Folge haben. [...] Wenn die Verbindungen zwischen den Stahlplatten intakt gewesen wären, hätte es vielleicht nur kleine Lecks gegeben, die durch die Bilge-Pumpen der Titanic beherrschbar gewesen wären.

Der genannte Tim Foecke hat zusammen mit Jennifer Hooper McCarty in einem 2008 erschienenen Buch *What Really Sank the Titanic – New Forensic Discoveries* (deutsche Ausgabe: *Warum sank die Titanic wirklich,* Springer Vieweg, 2012) die fast zehn Jahre langen materialwissenschaftlichen Forschungen an den von der Titanic geborgenen Gegenständen, insbesondere an den Nieten und ihrer schlechten Qualität, eindrucksvoll dargestellt.

12.7 Magnetische Verunreinigungen, Kondo-Effekt

Wie wir in Abschn. 5.4 diskutiert haben, wird der (nahezu temperaturunabhängige) elektrische Restwiderstand eines Metalls im Grenzfall tiefer Temperaturen durch Streuung der Elektronen an strukturellen Gitterfehlern und chemischen Verunreinigungen verursacht. Walther Meissner und B. Voigt haben aber schon im Jahr 1930 gefunden, dass in bestimmten Metallen bei tiefen Temperaturen der elektrische Widerstand ein Minimum durchläuft und mit weiter abnehmender Temperatur um einige Prozent wieder anwächst. Dieses *Widerstandsminimum* wurde anschließend von G. J. van den Berg und Mitarbeitern in Leiden näher untersucht. Die gleiche Anomalie wurde in verschiedenen Metallen beobachtet, die kleine Mengen an magnetischen Verunreinigungen (beispielsweise Co in Cu) enthielten. Obwohl dieses Phänomen von einer wachsenden Anzahl von Leuten untersucht wurde, blieb es ein unerklärtes Rätsel.

Dann betrat im Jahr 1964 der Japaner Jun Kondo die Bühne und schlug eine theoretische Erklärung vor, die auf der Streuung von Elektronen an magnetischen Verunreinigungen basiert. Seitdem spricht man vom Kondo-Effekt. Als Kondo die Streuung an einem magnetischen Ion untersuchte, das mit den Spins der Leitungselektronen wechselwirkt, machte er eine überraschende Entdeckung. Er fand, dass ein Beitrag in seiner Berechnung viel größer als erwartet sein kann und dass der elektrische Widerstand eines Metalls mit abnehmender Temperatur bei tiefen Temperaturen logarithmisch wieder anwachsen kann.

Diese Ergebnisse können qualitativ folgendermaßen verstanden werden. Wir beginnen mit dem einfachsten Modell einer magnetischen Verunreinigung, das Philip W. Anderson 1961 vorgeschlagen hat. Er nahm an, dass nur ein elektronisches Niveau mit der Energie ε_o unterhalb der Fermi-Energie ε_F existiert, das von einem Elektron mit seinem nach oben gerichteten Spin ½ besetzt ist (Abb. 12.7a). Das Elektron kann durch einen quantenmechanischen Tunnelprozess aus der Verunreinigung entkommen, aber nur unter der Bedingung, dass seine Energie oberhalb der Fermi-Energie ε_F des umgebenden Fermi-Sees der Leitungselektronen liegt. Andernfalls bleibt das Elektron gefangen, da alle Zustände besetzt sind.

Die Quantenmechanik erlaubt aber „Austauschprozesse", die den Spin der Verunreinigung von seiner Richtung nach oben in die Richtung nach unten, oder umgekehrt, umklappen können, während gleichzeitig eine Spin-Anregung in dem umgebenden Fermi-See erfolgt. In Abb. 12.7a illustrieren wir die Entfernung eines Elektrons aus dem lokalisierten Zustand der Verunreinigung und seine Platzierung in einem unbesetzten Energiezustand an der Oberfläche des Fermi-Sees. Klassisch erfordert dieser Prozess bei magnetischen Verunreinigungen eine Energiezufuhr von etwa 1–10 eV. Die Quantenmechanik erlaubt aber einen Prozess in Form eines Übergangs über einen virtuellen transienten Zustand während einer sehr kurzen Zeit τ aufgrund der Unbestimmtheitsrelation von Heisenberg. Diese Zeit τ ist.

$$\tau = {}^{h}\!/_{|\varepsilon_o|} \tag{12.8}$$

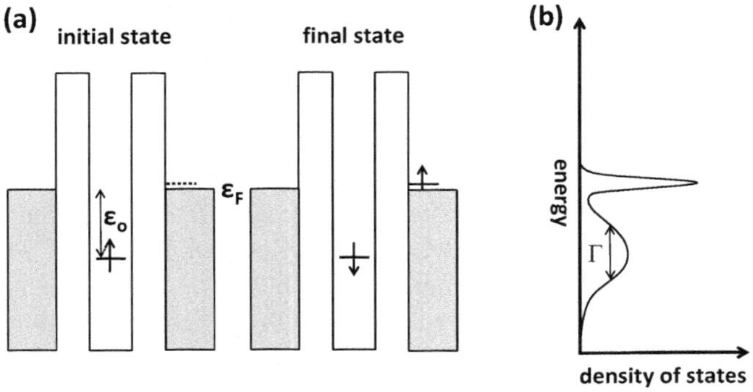

Abb. 12.7 Das Anderson-Modell beschreibt eine magnetische Verunreinigung in Form eines elektronischen Energieniveaus mit der Energie ε_0 unterhalb der Fermi-Energie ε_F, das von einem Elektron besetzt ist. Die Coulomb-Abstoßung verhindert die Anwesenheit eines zweiten Elektrons bei dieser Energie. In Teil **a** sind der mit der magnetischen Verunreinigung verbundene Potenzialtopf und der umliegende Fermi-See außerhalb der Potenzialbarriere schematisch angedeutet. Teil **a** illustriert den quantenmechanischen Austauschprozess während dem ein Elektron mit Spin nach oben durch Tunneln die Verunreinigung verlässt und ein unbesetztes Energieniveau oberhalb der Fermi-Energie erreicht. Gleichzeitig tunnelt ein Elektron mit umgekehrter Spin-Richtung aus dem Fermi-See zurück an die Stelle der Verunreinigung. Dieser Austauschprozess wird aufgrund der Unbestimmtheitsrelation von Heisenberg, die den Übergang durch einen virtuellen transienten Zustand für sehr kurze Zeit erlaubt, energetisch möglich. Teil **b** zeigt das Auftreten eines deutlichen scharfen Peaks in der Zustandsdichte bei der Fermi-Energie aufgrund der Anwesenheit vieler magnetischer Verunreinigungen. Die Größe Γ ist die Breite des Energieniveaus der Verunreinigung, die durch die kurze Lebensdauer beim Tunnelprozess verursacht ist

mit der Planck'schen Konstanten h. Innerhalb dieser Zeit τ muss ein anderes Elektron aus dem Fermi-See zurück zur Verunreinigung tunneln. Der Spin dieses Elektrons zeigt jetzt aber in die umgekehrte Richtung wie vorher, und ein Umklapp-Prozess des Spins hat stattgefunden.

Wir haben es hier wieder mit der quantenmechanischen Austausch-Wechselwirkung zu tun. (In Abschn. 10.3, 10.4 und 10.5 haben wir die wichtige Rolle dieser Wechselwirkung im Fall des Magnetismus diskutiert.) Falls die Konzentration der magnetischen Verunreinigungen im Kristall niedrig genug ist, können die individuellen magnetischen Defekte unabhängig voneinander behandelt und Interferenzeffekte zwischen ihnen vernachlässigt werden.

Diese Spinaustausch-Wechselwirkung ändert das Energiespektrum des Systems qualitativ. Die Anwesenheit vieler magnetischer Verunreinigungen verursacht einen scharfen Peak in der Zustandsdichte („Kondo-Resonanz") bei der Fermi-Energie (Abb. 12.7b). Dieser Peak liefert viel zusätzlichen Phasenraum für die Streuung von Elektronen und beeinflusst deshalb deutlich den elektrischen Widerstand bei tiefen Temperaturen.

Es stellt sich heraus, dass der elektrische Widerstand unterhalb der „Kondo-Temperatur" mit abnehmender Temperatur logarithmisch ansteigt. Typische Werte der Kondo-Temperatur liegen zwischen 1 und 100 K. Die starke Energieabhängigkeit der Zustandsdichte nahe der Fermi-Energie, die in Abb. 12.7b gezeigt ist, verursacht ferner große Werte der Thermokraft *(giant thermopower)* bei tiefen Temperaturen.

Anhang

Nobelpreise in Physik mit engem Bezug zur Physik der festen Stoffe

1901	Wilhelm Conrad Röntgen, München, für die Entdeckung der nach ihm benannten Strahlen
1909	Guglielmo Marconi, London und Ferdinand Braun, Strassburg, für ihre Beiträge zur Entwicklung der drahtlosen Telegraphie
1913	Heike Kamerlingh Onnes, Leiden, für seine Forschungen über die Eigenschaften von Materie bei tiefen Temperaturen, die auch zur Produktion von flüssigem Helium geführt haben
1914	Max von Laue, Frankfurt/Main, für seine Entdeckung der Beugung von Röntgenstrahlen an Kristallen
1915	William Henry Bragg, London und William Lawrence Bragg, Manchester, für ihre Kristallstruktur Analyse mit Röntgenstrahlen
1918	Max Planck, Berlin, für seine Entdeckung der Energiequanten
1920	Charles Edouard Guillaume, Sèvres, für seine Entdeckung der Anomalien in Nickel-Stahl Legierungen
1921	Albert Einstein, Berlin, für seine Beiträge zur Theoretischen Physik und besonders für seine Erklärung des photoelektrischen Effekts
1923	Robert Andrews Millikan, Pasadena, Cal., für seine Forschungen über die elektrische Elementarladung und den photoelektrischen Effekt
1924	Manne Siegbahn, Uppsala, für seine Forschungen auf dem Gebiet der Röntgenspektroskopie
1926	Jean Baptiste Perrin, Paris, für seine Erforschung der diskontinuierlichen Struktur der Materie und die Entdeckung des Sedimentationsgleichgewichts
1928	Owen Willans Richardson, London, für die Entdeckung des nach ihm benannten Gesetzes
1929	Louis Victor de Broglie, Paris, für seine Entdeckung der Welleneigenschaften der Elektronen
1930	Venkata Raman, Calcutta, für seine Erforschung der Lichtstreuung und die Entdeckung des nach ihm benannten Effekts
1932	Werner Heisenberg, Leipzig, für die Schaffung der Quantenmechanik, deren Anwendung auch zur Entdeckung der allotropen Formen des Wasserstoffs geführt hat

R. Huebener, *Leiter, Halbleiter, Supraleiter,*
DOI: 10.1007/978-3-662-53281-2

1933	Erwin Schrödinger, Berlin und Paul Adrien Maurice Dirac, Cambridge, für die Entdeckung neuer Formen der Atomtheorie
1937	Clinton Joseph Davisson, New York, N. Y. und George Paget Thomson, London, für die Entdeckung der Elektronenbeugung durch Kristalle
1945	Wolfgang Pauli, Zürich, für die Entdeckung des Ausschliessungsprinzips, das auch Pauli Prinzip genannt wird
1946	Percy Williams Bridgman, Harvard University, Mass., für die Erfindung eines Apparats zur Erzeugung extrem hoher Drucke und für seine Entdeckungen auf dem Gebiet der Physik bei hohen Drucken
1952	Felix Bloch, Stanford University, Cal., und Edward Mills Purcell, Harvard University, Mass., für die Entwicklung von neuen Methoden für nukleare magnetische Präzissionsmessungen und die damit zusammenhängenden Entdeckungen
1956	William Shockley, Pasadena, Cal., John Bardeen, Urbana, Ill., und Walter Houser Brattain, Murray Hill, N. J., für ihre Erforschung von Halbleitern und ihre Entdeckung des Transistor Effekts
1961	Rudolf Ludwig Mössbauer, München, für seine Erforschung der Resonanzabsorption der Gamma-Strahlung und für die Entdeckung des nach ihm benannten Effekts
1962	Lew Dawidowitsch Landau, Moskau, für seine bahnbrechenden Theorien der kondensierten Materie und besonders des flüssigen Heliums
1965	Sin-itiro Tomonaga, Tokyo, Julian Seymour Schwinger, Cambridge, Mass., und Richard Phillips Feynman, Pasadena, Cal., für ihre grundlegenden Arbeiten zur Quanten-Elektrodynamik mit den tiefgehenden Konsequenzen für die Physik der Elementarteilchen
1970	Louis Eugène Félix Néel, Grenoble, für die Erforschung der Grundlagen und für Entdeckungen zum Antiferromagnetismus und Ferrimagnetismus, die zu wichtigen Anwendungen in der Festkörperphysik geführt haben
1972	John Bardeen, Urbana, Ill., Leon Neil Cooper, Providence, R. I., und John Robert Schrieffer, Philadelphia, Penn., für ihre Theorie der Supraleitung, die gewöhnlich BCS Theorie genannt wird
1973	Leo Esaki, Yorktown Heights, N. Y., Ivar Giaever, Schenectady, N. Y., für ihre experimentellen Entdeckungen der Tunnel Effekte in Halbleitern und in Supraleitern, und Brian David Josephson, Cambridge, U. K., für seine theoretischen Vorhersagen der Eigenschaften eines Suprastromes durch eine Tunnelbarriere und besonders der Phänomene, die allgemein als Josephson Effekte bekannt sind
1977	Philip Warren Anderson, Murray Hill, N. J., Nevill Francis Mott, Cambridge, U. K., und John Hasbrouck Van Vleck, Cambridge, Mass., für ihre theoretischen Grundlagenforschungen zur elektronischen Struktur von magnetischen und ungeordneten Systemen
1978	Pyotr Leonidovich Kapitza, Moskau, für seine Erfindungen und Entdeckungen auf dem Gebiet der Tieftemperatur-Physik
1981	Kai Manne Siegbahn, Uppsala, für seinen Beitrag zur Entwicklung der hoch-auflösenden Elektronenspektroskopie
1982	Kenneth Geddes Wilson, Cornell University, für seine Theorie der kritischen Phänomene im Zusammenhang mit Phasenumwandlungen
1885	Klaus von Klitzing, Stuttgart, für die Entdeckung des Quanten-Hall Effekts
1986	Ernst Ruska, Berlin, für seine Grundlagenforschung zur Elektronenoptik und die Konstruktion des ersten Elektronenmikroskops, sowie Gerd Binnig und Heinrich Rohrer, Zürich, für ihre Konstruktion des Raster-Tunnelmikroskops
1987	Johannes Georg Bednorz und Karl Alexander Müller, Zürich, für ihren wichtigen Durchbruch bei der Entdeckung von Supraleitung in keramischen Materialien
1991	Pierre-Gilles de Gennes, Paris, für die Entdeckung, dass Methoden zum Studium von Ordnungsphänomenen in einfachen Systemen für komplexere Formen der Materie verallgemeinert werden können, insbesondere für Flüssigkristalle und Polymere

1994	Bertram Neville Brockhouse, McMaster University und Clifford Glenwood Shull, Massachusetts Institute of Technology, für ihre bahnbrechenden Beiträge zur Entwicklung der Technik der Neutronenstreuung für das Studium der kondensierten Materie
1996	David Morris Lee, Cornell University, Douglas Dean Osheroff, Stanford University, und Robert Coleman Richardson, Cornell University, für ihre Entdeckung der Supraflüssigkeit in Helium-3
1998	Robert Betts Laughlin, Stanford University, Horst Ludwig Störmer, Columbia University und Daniel Chee Tsui, Princeton University, für ihre Entdeckung einer neuen Art von Quantenflüssigkeit mit fraktionierten Ladungen der Anregungen
2000	Zhores Ivanovich Alferov, St. Petersburg, Herbert Kroemer, Santa Barbara, Cal., und Jack St. Clair Kilby, Dallas, Texas, für ihre grundlegenden Beiträge zur Informations- und Kommunikationstechnologie, die Entwicklung von Halbleiter Heterostrukturen für Hochgeschwindigkeits- und Opto-Elektronik, bzw. die Erfindung der Integrierten Schaltungen
2003	Alexei Alexeyevich Abrikosov, Argonne, Illinois, Vitaly Lazarevich Ginzburg, Moskau, und Anthony James Leggett, University of Illinois, für ihre Beiträge zur Theorie der Supraleiter und der Supraflüssigkeiten
2007	Albert Louis Francois Fert, Universität Paris-Süd, und Peter Grünberg, Forschungszentrum Jülich, für die Entdeckung des Riesen-Magnetwiderstands
2009	Willard S. Boyle, Charles Kuen Kao und George Elwood Smith, Bell Laboratories, für die Erfindung einer bildgebenden Halbleiter Schaltung, des CCD Sensors
2010	Andre Geim und Konstantin Novoselov, Universität Manchester, für bahnbrechende Experimente zum zweidimensionalen Material Graphen
2012	Serge Haroche, Collège de France und Ecole Normale Supérieure, Paris und David J. Wineland, National Institute of Standards and Technology und Universität von Colorado, Boulder, CO, USA, für bahnbrechende experimentelle Methoden zur Messung und Manipulation von individuellen Quantensystemen
2014	Isamu Akasaki, Meijo Universität und Universität von Nagoya, Japan, Hiroshi Amano, Universität von Nagoya, Japan, und Shuji Nakamura, Universität von Kalifornien, Santa Barbara, CA, USA, für die Erfindung der blaues Licht emittierenden Dioden, die helle und Energie sparende Lichtquellen ermöglicht haben
2016	David J. Thouless, University of Washington, Seattle, USA, J. Michael Kosterlitz, Brown University, Providence, USA, und F. Duncan M. Haldane, Princeton University, Princeton, USA, für theoretische Entdeckungen topologischer Phasenübergänge und topologischer Materie Phasen

Nobelpreise in Chemie mit engem Bezug zur Physik der festen Stoffe

1920	Walther Nernst, Berlin, für seine Arbeiten zur Thermochemie
1936	Peter Debye, Berlin-Dahlem, für seine Beiträge zu unserer Kenntnis der molekularen Struktur durch die Erforschung der Dipolmomente und der Beugung von Röntgenstrahlen und Elektronen in Gasen
1949	William Francis Giauque, Berkeley, Cal., für seine Beiträge zur chemischen Thermodynamik, besonders im Hinblick auf die Stoffeigenschaften bei extrem tiefen Temperaturen
1954	Linus Carl Pauling, Pasadena, Cal., für seine Erforschung der Natur der chemischen Bindung und die Anwendung zur Aufklärung der Struktur komplexer Substanzen
1966	Robert Sanderson Mulliken, Chicago, Ill., für seine Grundlagenforschung zur chemischen Bindung und zur elektronischen Struktur von Molekülen durch die Methode der Molekül-Orbitale
1968	Lars Onsager, New Haven, Conn., für die Entdeckung der nach ihm benannten Reziprozitäts-Beziehungen als die Grundlage der Thermodynamik der irreversiblen Prozesse
1977	Ilya Prigogine, Brüssel, für seine Beiträge zur Nichtgleichgewichts-Thermodynamik und besonders zur Theorie der dissipativen Strukturen
1985	Herbert Aaron Hauptman, Buffalo, N. Y., und Jerome Karle, Washington, DC, für ihre herausragenden Erfolge bei der Entwicklung von direkten Methoden zur Bestimmung von Kristallstrukturen
1991	Richard Robert Ernst, Zürich, für seine Beiträge zur Entwicklung von Methoden der hochauflösenden Kernresonanz-Spektroskopie
1996	Robert Floyd Curl, Jr., Rice University, Harold Walter Kroto, University of Sussex, und Richard Errett Smalley, Rice University, für ihre Entdeckung der Fullerene
1998	Walter Kohn, University of California, für seine Entwicklung der Dichtefunktional-Theorie, und John Anthony Pople, Northwestern University, für seine Entwicklung der numerischen Methoden in der Quantenchemie
2000	Alan Jay Heeger, Santa Barbara, Cal., Alan Graham MacDiarmid, Philadelphia, Penn., und Hideki Shirakawa, Tsukuba, für die Entdeckung und Entwicklung der leitenden Polymere
2007	Gerhard Ertl, Fritz-Haber-Institut, Berlin, für seine Studien von chemischen Verfahren auf festen Oberflächen
2011	Daniel Shechtman, Technion, Haifa, für die Entdeckung der Quasikristalle
2014	Eric Betzig, Howard Hughes Medical Institute, Ashburn, VA, USA, Stefan W. Hell, Max Planck Institut für Biophysikalische Chemie, Göttingen und Deutsches Zentrum für Krebsforschung, Heidelberg, und William E. Moerner, Stanford University, Stanford, CA, USA, für die Entwicklung höchstauflösender Fluoreszenzmikroskopie
2016	Jean-Pierre Sauvage, Universität Straßburg, J. Fraser Stoddart, Northwestern University, Evanston, USA, und Bernard L. Feringa, Universität Groningen, für die Entwicklung von molekularen Maschinen

Bibliografie

Allgemeine Festkörperphysik

N. W. Ashcroft, N. D. Mermin: Solid State Physics, Holt, Rinehart and Winston, New York (1976)

L. Hoddeson, E. Braun, J. Teichmann, S. Weart (eds.): Out of the Crystal Maze: Chapters from the History of Solid State Physics, Oxford University Press, London (1992)

Ch. Kittel: Introduction to Solid State Physics, Fourth Edition, John Wiley, New York (1971)

Theorie

A. A. Abrikosov: Fundamentals of the Theory of Metals, North-Holland, Amsterdam (1988)

J. Callaway: Quantum Theory of the Solid State, 2 volumes, Academic Press, New York (1974)

H. Haken: Quantum Field Theory of Solids, North Holland Publ., Amsterdam, New York (1976)

W. A. Harrison: Solid State Theory, McGraw-Hill, New York (1969)

O. Madelung: Introduction to Solid State Theory, Springer, Berlin (1978)

R. M. Martin: Electronic Structure – Basic Theory and Practical Methods, Cambridge University Press, Cambridge, UK (2004)

N. F. Mott, H. Jones: The Theory of the Properties of Metals and Alloys, Dover Publications, New York (1958)

R. E. Peierls: Quantum Theory of Solids, Oxford University Press, London (1965)

F. Seitz: The Modern Theory of Solids, Mc-Graw Hill, New York (1940)

A. H. Wilson: The Theory of Metals, Cambridge University Press, London (1965)

J. M. Ziman: Electrons and Phonons, Oxford University Press, London (1960)

J. M. Ziman: Principles of the Theory of Solids, Cambridge University Press (1972)

Halbleiter

G. Allan, G. Bastard, N. Boccara, M. Lanoo, M. Voos (eds.): Heterojunctions and Semiconductor Superlattices, Springer, Berlin (1986)

V. L. Bonch-Bruyevich: The Electronic Theory of Heavily Doped Semiconductors, American Elsevier, New York (1966)

R. Huebener, *Leiter, Halbleiter, Supraleiter,*
DOI: 10.1007/978-3-662-53281-2

K. Seeger: Semiconductor Physics, 8th edition, Springer, Berlin (2002)
B. Shklovskii, A. L. Efros: Electronic Properties of Doped Semiconductors, Springer, Berlin (1984)
E. Spenke: Electronic Semiconductors, McGraw-Hill, New York (1958)
S. M. Sze: Physics of Semiconductor Devices, 2nd edition, John Wiley, New York (1969)
W. Tom Wenckebach: Essentials of Semiconductor Physics, John Wiley, Chichester (1999)

Supraleitung

K. H. Bennemann, J. B. Ketterson (eds.): The Physics of Superconductors, 2 volumes, Springer, Berlin (2003)
W. Buckel, R. Kleiner: Supraleitung – Grundlagen und Anwendungen, 7. Aufl., Wiley-VCH, Weinheim (2013)
P. F. Dahl: Superconductivity – Its Historical Roots and Development from Mercury to the Ceramic Oxides, American Institute of Physics, New York (1992)
P. G. De Gennes: Superconductivity of Metals and Alloys, W. A. Benjamin, New York (1966)
R. P. Huebener: Magnetic Flux Structures in Superconductors, 2nd edition, Springer, Berlin (2001)
J. B. Ketterson, S. N. Song: Superconductivity, Cambridge University Press, Cambridge (1999)
E. A. Lynton: Superconductivity, Methuen & Co, London (1962)
R. D. Parks (ed.): Superconductivity, 2 volumes, Marcel Dekker, New York (1969)
Ch. P. Poole, Jr., H. A. Farach, R. J. Creswick: Superconductivity, Academic Press, New York (1995)
R. Rickayzen: Theory of Superconductivity, John Wiley, New York (1965)
M. Tinkham: Introduction to Superconductivity, 2nd edition, McGraw-Hill, New York (1996)
J. R. Waldram: Superconductivity of Metals and Cuprates, Institute of Physics Publishing, Bristol (1996)

Magnetismus

A. S. Chakravarty: Introduction to the Magnetic Properties of Solids, John Wiley, New York (1980)
S. Chikazumi: Physics of Magnetism, John Wiley, New York (1964)
S. Chikazumi: Physics of Ferromagnetism, 2nd edition, Oxford University Press, Oxford (1997)
J. Crangle: The Magnetic Properties of Solids, Arnold, London (1977)
A. H. Morrish: The Physical Principles of Magnetism, John Wiley, New York (1965)
R. M. White: Quantum Theory of Magnetism, McGraw-Hill, New York (1970)

Spezielle Themen

R. D. Barnard: Thermoelectricity in Metals and Alloys, Taylor & Francis, London (1972)
M. Born, K. H. Huang: Dynamical Theory of Crystal Lattices, Oxford University Press, Oxford (1954)
J. H. Davies: The Physics of Low-Dimensional Semiconductors – An Introduction, Cambridge University Press, Cambridge (1998)

J. Hooper McCarty, T. Foecke: Warum sank die Titanic wirklich? – Neue forensische Erkenntnisse, Springer Vieweg, Wiesbaden (2012)

D. K. C. MacDonald: Thermoelectricity – An Introduction to the Principles, John Wiley, New York (1962)

A. A. Maradudin, E. W. Montroll, G. H. Weiss: Theory of Lattice Dynamics in the Harmonic Approximation, Academic Press, New York (1971)

R. E. Prange, S. M. Girvin (eds.): The Quantum Hall Effect, 2nd edition, Springer, New York (1990)

A. M. Stoneham: Theory of Defects in Solids – Electronic Structure and Defects in Insulators and Semiconductors, Oxford University Press, Oxford (1975)

P. T. Townsend, J. C. Kelly: Color Centers and Imperfections in Insulators and Semiconductors, Crane & Russack, New York (1973)

R. Waser (ed.): Nanoelectronics and Information Technology, Wiley-VCH, Weinheim (2003)

Personenverzeichnis

R. Huebener, *Leiter, Halbleiter, Supraleiter,*
DOI: 10.1007/978-3-662-53281-2

Sachverzeichnis

R. Huebener, *Leiter, Halbleiter, Supraleiter,*
DOI: 10.1007/978-3-662-53281-2

Printed by Printforce, the Netherlands